普通高等院校"十三五"精品教材

U0169453

电路基础

主 编　贾亚娟　南江萍
　　　　谢国坤　王娟娟

西南交通大学出版社
·成　都·

图书在版编目（CIP）数据

电路基础 / 贾亚娟等主编. —成都：西南交通大学出版社，2020.3（2022.4 重印）
普通高等院校"十三五"精品教材
ISBN 978-7-5643-7374-0

Ⅰ. ①电… Ⅱ. ①贾… Ⅲ. ①电路理论 – 高等学校 – 教材 Ⅳ. ①TM13

中国版本图书馆 CIP 数据核字（2020）第 030346 号

普通高等院校"十三五"精品教材
Dianlu Jichu

电路基础

主编　贾亚娟　南江萍　谢国坤　王娟娟

责任编辑	梁志敏
封面设计	何东琳设计工作室
出版发行	西南交通大学出版社
	（四川省成都市金牛区二环路北一段 111 号
	西南交通大学创新大厦 21 楼）
邮政编码	610031
发行部电话	028-87600564　028-87600533
网址	http://www.xnjdcbs.com
印刷	成都蓉军广告印务有限责任公司

成品尺寸	185 mm × 260 mm
印张	14.75
字数	365 千
版次	2020 年 3 月第 1 版
印次	2022 年 4 月第 2 次
定价	42.00 元
书号	ISBN 978-7-5643-7374-0

·前　言·

本教材根据教育部电路课程的教学基本要求编写而成。主要内容包括电路的基本概念和基本定律、电阻电路的等效分析法、电路定理、电阻电路的一般分析方法、动态电路分析，磁路与变压器、三相交流电路、交流异步电动机、常用电工仪表等。在编写过程中，编者根据多年的教学经验，结合现在应用型本科教育的特点和教育部相关教学改革要求，力求做到基本概念讲解清晰，原理分析准确，减少理论验证，做到深入浅出，通俗易懂，以更好地适应现代应用型本科教育人才培养模式和教学内容体系改革的需要。

为配合理论教学需要，本书列举了较多例题，目的在于加深学生对所学理论的进一步理解及应用，掌握对具体电路的分析能力，进而掌握一般电路的分析计算方法。每章最后附有一定数量的习题，覆盖了这一章中要求理解和掌握的学习内容，其中许多题目是编者根据多年来的教学实践体会而精心挑选的，目的在于使学生有效巩固所学的基本概念，进一步加强对相关知识点的深入理解，达到举一反三的效果。在例题和习题的选择上力求典型、具体、实用性强，以激发学生的学习兴趣，调动学习的积极性。本书在全面介绍电路原理知识的基础上，适当引入了有实际应用背景的电路问题以及与后续课程有关的电路问题的分析。

本书由西安交通工程学院电路基础教研组老帅共同完成。其中南江萍编写第 1 章，谢国坤编写第 2、3 章，王娟娟编写第 4、5 章，贾亚娟编写第 6、7、8 章。

本书可供高等学校电子信息与电气类（强、弱电）专业师生作为"电路原理""电工理论基础"课程的教材使用，也可作为相关工程技术人员的参考书。

本书编号过程中参考了很多文献，在此对参考文献的著作者致以真诚的感谢。

限于编者水平，书中难免有错误和不妥之处，敬请同行和读者批评指正。

编　者
2019 年 11 月

目　录

基　础　篇

第1章　电路的基本概念、定律和分析方法 ………………………………………………… 2

1.1　电路的基本概念 …………………………………………………………………… 2

1.2　电路的基本定律 …………………………………………………………………… 9

1.3　电路的等效变换 ………………………………………………………………… 15

1.4　电路的分析方法 ………………………………………………………………… 28

本章小结 ……………………………………………………………………………… 37

习　题 ………………………………………………………………………………… 39

第2章　正弦交流电路 …………………………………………………………………… 46

2.1　正弦交流电的基本概念 ………………………………………………………… 46

2.2　正弦量的表示方法 ……………………………………………………………… 48

2.3　单一参数的交流电路 …………………………………………………………… 52

2.4　RLC 串联交流电路 ……………………………………………………………… 61

2.5　RLC 并联交流电路 ……………………………………………………………… 69

2.6　有功功率、无功功率和视在功率 ……………………………………………… 77

2.7　电费的计量 ……………………………………………………………………… 79

本章小结 ……………………………………………………………………………… 80

习　题 ………………………………………………………………………………… 80

第3章　三相电路及安全用电 …………………………………………………………… 84

3.1　三相电动势 ……………………………………………………………………… 84

3.2　三相电源的连接 ………………………………………………………………… 85

3.3　三相电路负载的连接 …………………………………………………………… 87

3.4　三相电路的功率 ………………………………………………………………… 91

3.5　发电、输电和安全用电 ………………………………………………………… 95

本章小结 …………………………………………………………………………… 102

习　题 ……………………………………………………………………………… 103

第 4 章　动态电路分析 ·· 104

4.1　一阶动态电路 ·· 104

4.2　一阶电路的零输入响应 ·· 108

4.3　一阶电路的零状态响应 ·· 113

4.4　全响应 ·· 116

4.5　一阶电路的三要素法 ··· 118

4.6　简单的二阶动态电路分析 ·· 120

本章小结 ··· 122

习　题 ·· 123

第 5 章　磁路与变压器 ·· 126

5.1　磁路及其分析方法 ·· 126

5.2　铁心线圈电路 ·· 131

5.3　变压器 ·· 133

5.4　三相变压器的应用 ·· 139

本章小结 ··· 142

习　题 ·· 143

第 6 章　交流异步电动机 ··· 146

6.1　三相异步电动机概述 ··· 146

6.2　三相异步电动机的结构与工作原理 ····························· 146

6.3　三相异步电机的转矩特性与机械特性 ·························· 150

6.4　三相异步电动机技术数据及选择 ································ 152

本章小结 ··· 156

习　题 ·· 157

第 7 章　异步电动机的继电接触控制 ································· 158

7.1　常用低压电器 ·· 158

7.2　异步电动机的启动与调速分析 ··································· 161

7.3　三相异步电动机的控制 ·· 163

本章小结 ··· 168

习　题 ·· 168

第 8 章　常用电工仪表 ··· 169

8.1　测量的基本知识 ··· 169

8.2　万用表的使用 ·· 170

8.3　兆欧表的使用 ·· 174

8.4　接地电阻测试仪 ··· 176

8.5 钳型表的使用 ··· 179

8.6 电桥的使用 ··· 179

本章小结 ··· 181

习 题 ··· 181

实 验 篇

实验 1 电路基本元件的认识 ··· 184

实验 2 电路中电位、电压的测定 ··· 188

实验 3 基尔霍夫定律验证 ··· 191

实验 4 分压器 ··· 193

实验 5 叠加定理的验证 ··· 196

实验 6 有源二端网络的研究 ·· 199

实验 7 简单正弦交流电路的研究 ··· 202

实验 8 三相电电压、电流测量 ··· 206

实验 9 动态电路仿真实验 ··· 211

实验 10 单相变压器实验 ·· 213

实验 11 三相异步电动机工作特性和参数测定实验 ······················· 218

实验 12 三相异步电动机的正、反转控制 ·································· 222

实验 13 单臂电桥法测量电阻 ··· 224

参考文献 ··· 227

基础篇

第1章　电路的基本概念、定律和分析方法

随着电力工业和现代科学技术的日益发展，电能已成为人们生产、生活中不可缺少的能源，我们的世界几乎是一个电的世界，所以掌握一定的电工基础知识就显得十分重要。电工与电子技术的应用离不开电路，电路由电路元件构成。本章介绍电路的基本概念、基本定律、分析电路的基本方法以及电工常用工具与仪表的使用知识。

1.1　电路的基本概念

1.1.1　电路、理想元件和电路模型

1.1.1.1　电路

为了完成某种功能，将实际的电气设备与元件按照一定的方式组合连接而成的整体称为电路。通常组成一个简单电路，至少要有电源、连接导线、开关和负载。负载、连接导线和开关称为外电路，电源内部的电路称为内电路。电路的基本组成包括以下四部分：

（1）电源（供能元件）：为电路提供电能的设备和器件，如电池、发电机等。

电源就是把非电能转换为电能的一种能量转换装置。例如：干电池是把化学能转换为电能的装置；发电机是把机械能转换为电能的装置。直流电还可以通过交流电得到，其整个过程包括变压、整流、滤波、稳压。

（2）负载（耗能元件）：电路中吸收电能或输出信号的元件，如灯泡等用电器。

（3）控制器件：控制电路工作状态的器件或设备，如开关等。

（4）连接导线：将电气设备和元器件按一定方式连接起来的导线，如各种铜、铝电缆线等。

由于电路中的电压、电流是在电源的作用下产生的，因此电源又称为激励；由激励在电路中产生的电压、电流称为响应。有时，根据激励与响应之间的因果关系，把激励称为输入，响应称为输出。

如图 1-1-1（a）中，干电池为电源，小灯泡为负载，导线和开关为传输控制元件。

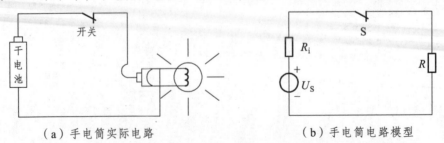

（a）手电筒实际电路　　　　　　　　　　　（b）手电筒电路模型

图 1-1-1　手电筒实际电路与电路模型

1.1.1.2　电路理想元件

为了便于对复杂的实际电路进行分析和综合，我们有必要在满足实际工程需要和假设的条件下，抓住实际电路中发生的主要现象和表现出来的主要矛盾，将实际电路中发生的物理过程或物理现象理想化，这就得到了理想电路元件，简称理想元件。

理想元件是电路元件理想化的模型，简称为电路元件。

电阻元件是表示只消耗电能的元件，简称电阻。

电感元件是表示其周围空间存在着磁场而可以储存磁场能量的元件，简称电感。

电容元件是表示其周围空间存在着电场而可以储存电场能量的元件，简称电容。

具有两个引出端的元件，称为二端元件；具有两个以上引出端的元件，称为多端元件。

1.1.1.3　电路模型

实际电路可以用一个或若干个理想电路元件经理想导体连接起来模拟，这便构成了电路模型。用理想电路元件或它们的组合模拟实际元件就是建立其模型，简称建模。建模时必须考虑工作条件，并按不同准确度的要求把给定工作情况下的主要物理现象和功能反映出来。常用理想元件及符号如表 1-1-1 所示。

表 1-1-1　常用理想元件及符号

名称	符号	名称	符号
电阻	⊸—▭—⊸	电压表	⊸—Ⓥ—⊸
电池	⊸—⊣⊢—⊸	接地	⏚ 或 ⏉
电灯	⊸—⊗—⊸	熔断器	⊸—▭—⊸
开关	⊸—╱ ⊸	电容	⊸—⊣⊢—⊸
电流表	⊸—Ⓐ—⊸	电感	⊸—〰〰〰—⊸

在不同的工作条件下，同一实际元件可能采用不同的模型。模型取得恰当，对电路进行分析计算的结果就与实际情况接近；模型取得不恰当，就会造成很大误差甚至导致错误的结果。模型取得太复杂则会造成分析困难，而取得太简单则可能无法反映真实的物理现象。如图 1-1-1（b）所示，将干电池简化为理想电源 U_S 和内阻 R_i，小灯泡简化为电阻 R，基本符合实际电路的物理现象和满足准确度的要求。

本书中，如无特殊说明，电路元件均指理想电路元件，电路均指电路模型。

1.1.2　电路的基本物理量

1.1.2.1　电流、电压与电位

1. 电流

电流是电路中带电粒子在电源作用下有规则地移动形成的。规定正电荷移动的方向为电流的实际方向。

在电路中要获得持续电流，一是要有自由电荷，二是要有电位差，且电路一定要闭合。

1）直流电流

如果电流的大小及方向都不随时间变化，即在单位时间内通过导体横截面的电量相等，则称之为稳恒电流或恒定电流，简称为直流（Direct Current），记为 DC 或"—"。直流电流要用大写字母 I 表示。

2）交流电流

如果电流的大小及方向均随时间变化，则称为交流电流。对电路分析来说，一种最为重要的交流电流是正弦交流电流，其大小及方向均随时间按正弦规律作周期性变化，将之简称为交流（Alternating Current），记为 AC 或"~"。交流电流的瞬时值要用小写字母 i 或 $i(t)$ 表示。

电流的大小用电流强度（简称电流）来表示，其数值等于单位时间 t 内通过导体截面的电荷量 Q，通常用符号 I 表示。

直流电路中，电流的大小表示为

$$I = \frac{Q}{t} \tag{1-1-1}$$

式中电流强度 I 的单位为安培（A），电荷量 Q 的单位为库仑（C），时间 t 的单位为秒（s）。

交流电路中，电流的大小表示为

$$i = \lim_{\Delta t \to 0} \frac{\Delta q}{\Delta t} = \frac{\mathrm{d}q}{\mathrm{d}t} \tag{1-1-2}$$

在国际单位制（简称 SI 制）中，电流的单位是安培（A），以及千安（kA）、毫安（mA）、微安（mA）等，其换算关系为

$$1\,A = 10^{-3}\,kA = 10^{3}\,mA = 10^{6}\,\mu A$$

而在进行电路分析计算时，电流的实际方向有时难以确定，为了分析和计算电路，常假设一个电流的方向，这个假设的方向称为参考方向（正方向），在电路中用箭头表示，如图 1-1-2 所示。

规定了参考方向以后，电流就是一个代数量了，若电流的实际方向与参考方向一致[见图 1-1-2（a）]，则电流为正值；若两者相反[见图 1-1-2（b）]，则电流为负值。这样就可以利用电流的参考方向和正负值来判断电流的实际方向。

应该注意的是，在未规定参考方向时，电流的正负是没有意义的。

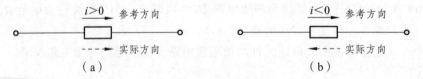

图 1-1-2　电流的参考方向箭头表示

例如，在图 1-1-3 中，图（a）中电流的大小为 5 A，为正值，电流的实际方向与参考方向一致；图（b）中电流的大小为 – 5 A，电流的实际方向与参考方向相反。

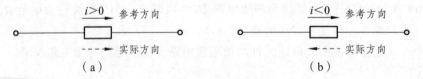

图 1-1-3　电流的参考方向

电流强度 I 可用电流表测量，测量时应将电流表串联在被测电路中。

2. 电压与电位

1) 电压

带电体的周围存在电场，电场对处在电场中的电荷有力的作用，称之为电场力。电压是衡量电场力做功能力的物理量。电压的定义为：电路中两点 a、b 之间的电位差 U_{ab}（简称为电压），在大小上等于电场力把单位正电荷从 a 点移动到 b 点所做的功。

如果电压的大小及方向都不随时间变化，则称之为稳恒电压或恒定电压，简称为直流电压，用大写字母 U 表示。

如果电压的大小及方向随时间变化，则称为变动电压。对电路分析来说，一种最为重要的变动电压是正弦交流电压（简称交流电压），其大小及方向均随时间按正弦规律作周期性变化。交流电压的瞬时值要用小写字母 u 或 $u(t)$ 表示。

在直流电路中，电压为一恒定值，即

$$U = \frac{W}{Q} \tag{1-1-3}$$

式中，W 为电场力所做的功，单位一般取焦耳（J）。

在变动电流电路中，电压为一变值，即

$$u = \frac{\mathrm{d}W}{\mathrm{d}q} \tag{1-1-4}$$

在国际单位制（SI）中，电压的单位是伏特（Volt），简称伏，用字母 V 表示，即电场力将 1 库仑（C）正电荷由 A 点移至 B 点所做的功为 1 焦耳（J）时，A、B 两点间的电压为 1 V。有时也需用千伏（kV）、毫伏（mV）或微伏（μV）作为电压的单位，其换算关系为

$$1\ \mathrm{V} = 10^{-3}\ \mathrm{kV} = 10^3\ \mathrm{mV} = 10^6\ \mathrm{\mu V}$$

与需要为电流指定参考方向一样，在电路分析中，也需要为电压指定参考方向。在元件或电路中两点间可以任意选定一个方向作为电压的参考方向。电路图中，电压的参考方向一般用实箭线表示，也可用双下标 u_{AB}（电压参考方向由 A 点指向 B 点）或"＋""－"极性表示（电压参考方向由"＋"极性指向"－"极性），如图 1-1-4 所示。

当电压的实际方向与它的参考方向一致时，电压值为正，即 $u > 0$；反之，当电压的实际方向与它的参考方向相反时，电压值为负，即 $u < 0$。

电压的参考方向与实际方向（电路图中用虚箭线表示）的关系如图 1-1-5 所示，在图 1-1-5（a）中，$u > 0$；在图 1-1-5（b）中，$u < 0$。

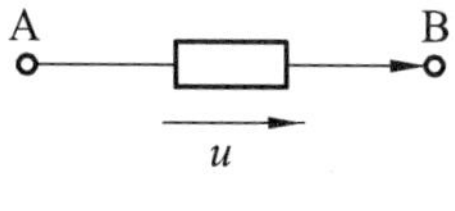

图 1-1-4　电压的参考方向表示法 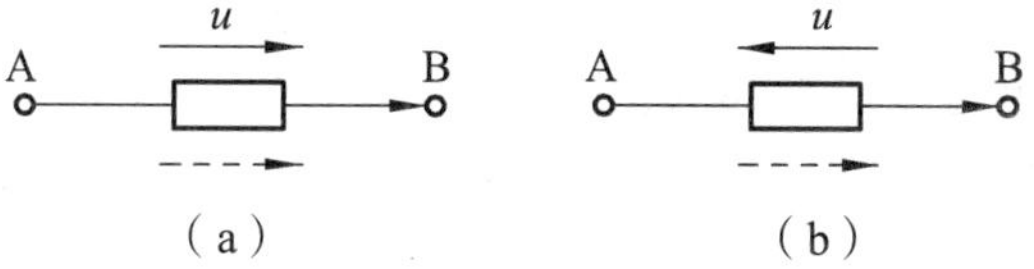　　图 1-1-5　电压的实际方向与参考方向

电压的实际方向也是客观存在的，它决不因该电压的参考方向选择的不同而改变。由此

可知：$u_{AB} = -u_{BA}$。

若电压与电流的参考方向一致，称为关联参考方向，否则，称为非关联参考方向。如图 1-1-6 所示，在图 1-1-6（a）、（b）中，电压与电流为关联参考方向；在图 1-1-6（c）中，电压与电流为非关联参考方向。

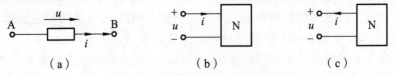

（a）　　　　　　　　　（b）　　　　　　　　　（c）

图 1-1-6　关联参考方向与非关联参考方向

电压可用电压表来测量，测量时应将电压表并联在被测电路中。

【例 1.1】　计算图 1-1-7 所示电路中电流源的端电压 U_1，5 Ω电阻两端的电压 U_2 和电流源、电阻、电压源的功率 P_1、P_2、P_3。

解：
$$U_2 = 5 \times 2 = 10(V)$$
$$U_1 = U_2 + U_3 = 10 + 3 = 13(V)$$

电流源的电流、电压选择为非关联参考方向，所以

$$P_1 = U_1 I_S = 13 \times 2 = 26(W)(发出)$$

电阻的电流、电压选择为关联参考方向，所以

$$P_2 = 10 \times 2 = 20(W)(接收)$$

电压源的电流、电压选择为关联参考方向，所以

$$P_3 = 2 \times 3 = 6(W)(接收)$$

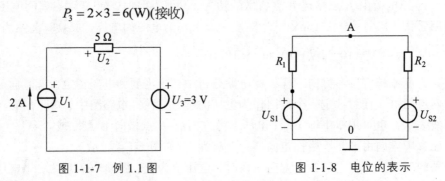

图 1-1-7　例 1.1 图　　　　　　　　图 1-1-8　电位的表示

2）电位

在电路中，经常用电位的概念来分析电路。所谓电位，是指在电路中任选一点作为参考点，即该点电位为 0。某点与参考点的电压差叫作该点的电位。电位用 V 表示，电路中 A 点的电位可表示为 V_A，如图 1-1-8 所示。电位的单位和电压的单位一样，用伏特（V）表示。

图 1-1-8 中，已知 A、B 两点的电位分别为 V_A、V_B，则此两点间的电压为

$$U_{AB} = U_{A0} - U_{B0} = V_A - V_B$$

即

$$U_{AB} = V_A - V_B \tag{1-1-5}$$

由上述分析可知，在电路中取不同参考点，电路各点的电位可能会发生变化，但两点之

间的电压是确定的，两点之间的电压等于两点的电位之差。

1.1.2.2　电动势

衡量电源的做功能力大小及其方向的物理量叫作电源的电动势。

电动势通常用符号 E 或 $e(t)$ 表示，E 表示大小与方向都恒定的电动势（即直流电源的电动势），$e(t)$ 表示大小和方向随时间变化的电动势，也可简记为 e。电动势的国际单位制单位为伏特，记作 V。

电动势的大小等于电源力（非电场力）把单位正电荷从电源的负极经过电源内部移到电源正极所做的功。如果设 W 为电源中非静电力（电源力）把正电荷量 q 从负极经过电源内部移送到电源正极所做的功，则电动势大小为

$$E = \frac{W}{q} \qquad\qquad (1\text{-}1\text{-}6)$$

电动势的方向规定为从电源的负极经过电源内部指向电源的正极，即与电源两端电压的方向相反。

在不接外电路时，电源两极间电压的大小等于电动势。在近代电路理论中，逐步淡化了电动势这个物理量，而用电压标注电源的电动势。

1.1.2.3　电功率和电能

1. 电功率

电功率（简称功率）所表示的物理意义是电路元件或设备在单位时间内吸收或发出的电能。两端电压为 U、通过电流为 I 的任意二端元件（可推广到一般二端网络）的功率大小为

$$P = UI \qquad\qquad (1\text{-}1\text{-}7)$$

功率的国际单位制单位为瓦特（W），常用的单位还有毫瓦（mW）、千瓦（kW），它们与瓦特（W）的换算关系是

$$1\ \text{W} = 10^{-3}\ \text{kW} = 10^{3}\ \text{mW}$$

一个电路最终的目的是电源将一定的电功率传送给负载，负载将电能转换成工作所需的一定形式的能量。即电路中存在发出功率的器件（供能元件）和吸收功率的器件（耗能元件）。

习惯上，通常把耗能元件吸收的功率写成正数，把供能元件发出的功率写成负数，而储能元件（如理想电容、电感元件）既不吸收功率也不发出功率，即其功率 $P = 0$。

通常所说的功率 P 又叫作有功功率或平均功率。

2. 电能

电能是指在一定的时间内电路元件或设备吸收或发出的电能量，用符号 W 表示，其国际单位制单位为焦耳（J），电能的计算公式为

$$W = P \cdot t = UIt \qquad\qquad (1\text{-}1\text{-}8)$$

通常电能用千瓦·小时（kW·h）来表示大小，也叫作度（电）。

$$1\ \text{度（电）} = 1\ \text{kW·h} = 3.6 \times 10^{6}\ \text{J}$$

即功率为 1 000 W 的供能或耗能元件，在 1 h 的时间内所发出或消耗的电能量为 1 度。

【例 1.2】 有一功率为 60 W 的电灯，每天使用它照明的时间为 4 h，如果平均每月按 30 天计算，那么每月消耗的电能为多少度？合为多少 J？

解： 该电灯平均每月工作时间 $t = 4×30 = 120$（h），则 $W = P·t = 60×120 = 7\ 200$（W·h）$= 7.2$（kW·h），即每月消耗的电能为 7.2 度，约合为 $3.6×10^6×7.2≈2.6×10^7$（J）。

3. 电气设备的额定值

为了保证电气设备和电路元件能够长期安全地正常工作，规定了额定电压、额定电流、额定功率等铭牌数据。

额定电压 —— 电气设备或元器件在正常工作条件下允许施加的最大电压。

额定电流 —— 电气设备或元器件在正常工作条件下允许通过的最大电流。

额定功率 —— 在额定电压和额定电流下消耗的功率，即允许消耗的最大功率。

额定工作状态 —— 电气设备或元器件在额定功率下的工作状态，也称满载状态。

轻载状态 —— 电气设备或元器件在低于额定功率的工作状态，轻载时电气设备不能得到充分利用或根本无法正常工作。

过载（超载）状态 —— 电气设备或元器件在高于额定功率的工作状态，过载时电气设备很容易被烧坏或造成严重事故。

轻载和过载都是不正常的工作状态，一般是不允许出现的。

4. 焦耳定律

电流通过导体时产生的热量（焦耳热）为

$$Q = I^2Rt$$

式中　I —— 通过导体的直流电流或交流电流的有效值，单位为安培（A）；

　　　R —— 导体的电阻值，单位为欧姆（Ω）；

　　　T —— 通过导体电流持续的时间，单位为秒（s）；

　　　Q —— 焦耳热，单位为焦耳（J）。

1.1.3　电路的工作状态

电路的形式千变万化，但归纳起来不外乎两种类型：一是进行能量的转换、传输、分配；二是进行信息处理。任何一个电路都可能具有三种状态，即：通路、断路和短路。如图 1-1-9 所示。

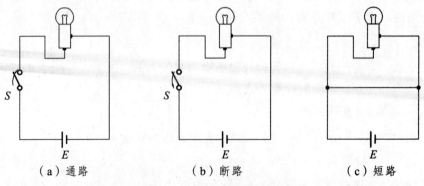

（a）通路　　　　　　　（b）断路　　　　　　　（c）短路

图 1-1-9　电路的三种工作状态

（1）通路（闭路）：电源与负载接通，电路中有电流通过，电气设备或元器件获得一定的电压和电功率，进行能量转换。如图1-1-9（a）所示。

（2）开路（断路）：电路中没有电流通过，又称为空载状态。如图1-1-9（b）所示。

（3）短路（捷路）：电源两端的导线直接相连接，如图1-1-9（c）所示。输出电流过大对电源来说属于严重过载，如没有保护措施，电源或电器会被烧毁或发生火灾，所以通常要在电路或电气设备中安装熔断器、保险丝等保险装置，以避免发生短路事故，确保安全。

1.2 电路的基本定律

1.2.1 欧姆定律

欧姆定律是电路的基本定律之一，其内容为：流过线性电阻的电流 I 与电路两端的电压 U 成正比，与电阻阻值 R 成反比。

1.2.1.1 部分电路的欧姆定律

电阻 R 在电压 U 的作用下，有电流 I 通过，如图1-1-10所示。当电压和电流为关联参考方向时[见图1-1-10（a）]，欧姆定律的数学表达式为

$$U = RI \quad \text{或} \quad I = \frac{U}{R} \tag{1-1-9}$$

当电压和电流为非关联参考方向时[见图1-1-10（b）]，欧姆定律的数学表达式为

$$U = -RI \quad \text{或} \quad I = -\frac{U}{R} \tag{1-1-10}$$

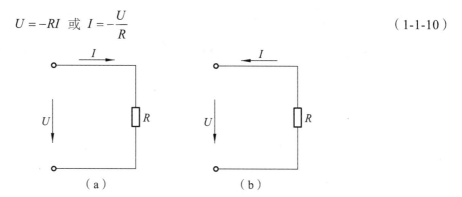

（a）   （b）

图1-1-10 部分电路欧姆定律电路

【例1.3】 应用欧姆定律求例1.3图1-1-11所示电路中的电阻 R。

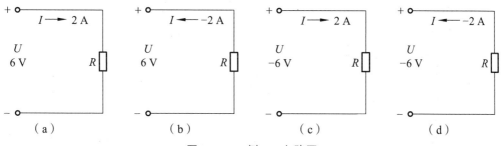

（a）   （b）   （c）   （d）

图1-1-11 例1.3电路图

解题思路：

在图 1-1-11（a）中，电压和电流参考方向一致，根据公式 $U = RI$

$$得： R = \frac{U}{I} = \frac{6}{2} = 3 \ (\Omega)$$

在图 1-1-11（b）中，电压和电流参考方向不一致，根据公式 $U = -RI$

$$得： R = -\frac{U}{I} = -\frac{6}{-2} = 3 \ (\Omega)$$

在图 1-1-11（c）中，电压和电流参考方向不一致，根据公式 $U = -RI$

$$得： R = -\frac{U}{I} = -\frac{-6}{2} = 3 \ (\Omega)$$

在图 1-1-11（d）中，电压和电流参考方向一致，根据公式 $U = RI$

$$得： R = \frac{U}{I} = \frac{-6}{-2} = 3 \ (\Omega)$$

本例题告诉我们，在运用公式解题时，首先要列出正确的计算公式，然后再把电压或电流自身的正、负取值代入计算公式进行求解。

1.2.1.2　全电路的欧姆定律

含有电源和负载的闭合电路称为全电路，如图 1-1-12 所示，其欧姆定律表达式为

$$I = \frac{E}{R + r_0} \tag{1-1-11}$$

式中，r_0 为电源内阻，单位符号为 Ω，R 表示电源外部连接的电阻（负载）。

外电阻 R 两端电压 $U = RI = E - r_0 I = \frac{R}{R + r_0} E$，显然，

负载电阻 R 值越大，其两端电压 U 也越大；当 $R >> r_0$ 时（相当于开路），则 $U = E$；当 $R << r_0$ 时（相当于短路），则 $U = 0$，此时一般情况下的电流（$I = E/r_0$）很大，电源容易烧毁。

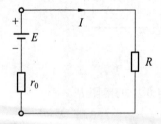

图 1-1-12　全电路欧姆定律电路

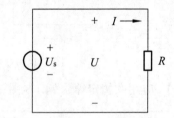

图 1-1-13　例 1.4 电路图

【例 1.4】　图 1-1-13 所示电路中，理想电压源的电压 $U_S = 10 \ V$。

求：（1）$R = \infty$ 时的电压 U、电流 I；

（2）$R = 10 \ \Omega$ 时的电压 U、电流 I；

（3）$R \rightarrow 0$ 时的电压 U、电流 I。

解：题意明确告知图 1-1-13 电路中的电源是理想电源，即内阻 $r_0 \rightarrow 0$，此时全电路欧姆

定律为

$$U_S = E = IR + Ir_0 = IR - 0 = IR = U$$

电路的工作状况主要由外接电阻 R 决定。

（1）当 $R = \infty$ 时，即外电路开路，U_S 为理想电压源，故 $U = U_S = 10$ V

则
$$I = \frac{U}{R} = \frac{U_S}{R} = 0$$

（2）当 $R = 10$ Ω 时，$U = U_S = 10$ V

则
$$I = \frac{U}{R} = \frac{U_S}{R} = \frac{10}{10} = 1 \, (\text{A})$$

（3）当 $R = 0$ 时，电路短路，故 $U = U_S = 10$ V

则
$$I = \frac{U}{R} = \frac{U_S}{R} \to \infty$$

显然，这么大的电流极易烧毁电路元器件和设备，所以，要避免电路中出现短路情况。结合这个例题，大家要很好地理解电路三种工作状态的概念。

1.2.2 基尔霍夫定律

欧姆定律可以确定电阻元件的电压与电流的关系，但一般只用于简单电路。对于一个比较复杂的电路，如图 1-1-14 所示的电路，如果电源电压和各电阻已知，用欧姆定律是不能确定各支路电流的。

对于复杂电路要利用基尔霍夫定律进行求解。基尔霍夫定律是分析电路的重要定律，它包括基尔霍夫电流定律（KCL）和基尔霍夫电压定律（KVL）。它反映了电路中所有支路电压和电流所遵循的基本规律，是分析集总参数电路的基本定律。基尔霍夫定律与元件特性构成了电路分析的基础。

1.2.2.1 常用电路名词

以图 1-1-14 所示电路为例说明常用电路名词。

1. 支路（branch）

电路中流过同一电流的每个分支，称为支路。如图 1-1-14 电路中的支路数目为 $b = 3$，即 AEDB、AB、AFCB 三条支路。其中 AEDB 和 AB 支路称为有源支路，AFCB 称为无源支路。

2. 节点（node）

电路中三条或三条以上支路的连接点，称为节点。如图 1-1-14 电路中的节点数目为 $n = 2$，即 A 点和 B 点。

3. 回路（loop）

电路中任意一个闭合的路径，称为回路。如图 1-1-14 电路中的回路数目为 $l = 3$，即

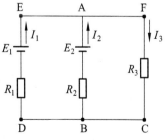

图 1-1-14　常用电路名词电路分析图

CDEFC、AFCBA 和 EABDE 回路。

4. 网孔（mesh）

平面电路中，内部不含有其他支路的闭合回路，称为网孔。如图 1-1-14 电路中的网孔数目为 $m = 2$，即 AFCBA 和 EABDE。网孔是回路，但回路不一定是网孔。

【**练习 1.1**】 在如图 1-1-15 所示，电路中，求节点 $n = $ _____？支路 $b = $ _____？网孔 m = _____？

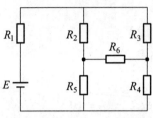

图 1-1-15 练习 1.1 电路图

1.2.2.2 基尔霍夫电流定律（Kirchhoff's Current Law，KCL）

> 在任一时刻，流入一个节点的电流之和等于从该节点流出的电流之和，这就是基尔霍夫电流定律，简写为 KCL。

例如，在图 1-1-16 所示的电路中，各支路电流的参考方向已选定并标注在图上，对于节点 A，KCL 可表示为

$$i_1 + i_4 = i_2 + i_3 + i_5 \quad 或 \quad i_1 - i_2 - i_3 + i_4 - i_5 = 0 \qquad （1-1-12）$$

写成一般形式为

$$\sum i = 0 \qquad （1-1-13）$$

对于直流电路也可以写成

$$\sum I = 0 \qquad （1-1-14）$$

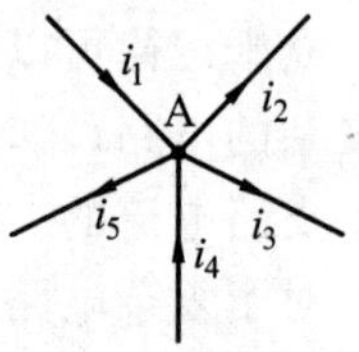

图 1-1-16 一般节点

从上述过程可知，若将任意一个回路看作一个节点，该节点叫作广义节点，则基尔霍夫电流定律可以扩展为：流入一个回路的电流之和等于流出该回路的电流之和。

在图 1-1-17（a）中，对于回路 2-3-4-2，$i_1 + i_2 + i_3 = 0$；在图（b）中，$i = 0$；在图（c）中，$i = 0$。

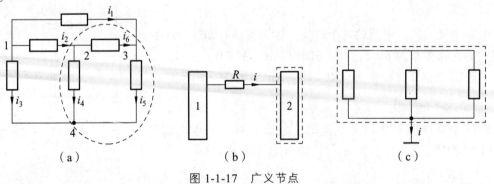

图 1-1-17 广义节点

【**例 1.5**】 在图 1-1-18 中，已知 $I_1 = 2\,A$，$I_2 = -3\,A$，$I_3 = -2\,A$，试求 I_4。

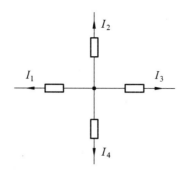

图 1-1-18　例 1.5 图

解：由基尔霍夫电流定律可列出：

$$I_1+I_2+I_3+I_4 = 0$$

即　　　　　　$$2+(-3)+(-2)+I_4 = 0$$

则　　　　　　$$I_4 = 3\text{ A}$$

1.2.2.3　基尔霍夫电压定律（Kirchhoff's Voltage Law, KVL）

在任何时刻，沿着电路中的任一回路绕行方向，回路中各段电压的代数和恒等于零，简写为 KVL。

其数学表达式为

$$\sum u = 0 \hspace{4cm} （1-1-15）$$

在直流电路中，可表示为

$$\sum U = 0 \hspace{4cm} （1-1-16）$$

式（1-1-15）和式（1-1-16）取和时，需要任意选定一个回路的绕行方向，凡电压的参考方向与绕行方向一致时，该电压前面取"＋"号；凡电压的参考方向与绕行方向相反时，前面取"－"号。

图 1-1-19 所示的电路是某电路的一个回路，则有

$$U_{AB}+U_{BC}+U_{CD}+U_{DE}-U_{FE}-U_{AF} = 0$$

也可以写成

$$U_{AF}+U_{FE} = U_{AB}+U_{BC}+U_{CD}+U_{DE}$$

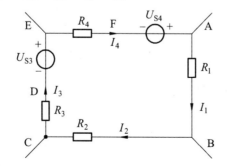

图 1-1-19　KVL 的应用

【例 1.6】 一闭合回路如图 1-1-20 所示，各支路的元件是任意的，已知 $U_{AB} = 5\,V$，$U_{BC} = -4\,V$，$U_{DA} = -3\,V$。试求：（1）U_{CD}；（2）U_{CA}。

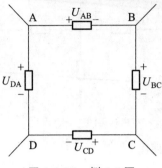

图 1-1-20　例 1.6 图

解：（1）由基尔霍夫电压定律可列出

$$U_{AB}+U_{BC}+U_{CD}+U_{DA} = 0$$

即　　　　　　　$5 + (-4) + U_{CD} + (-3) = 0$

得　　　　　　　$U_{CD} = 2\,V$

（2）ABCA 不是闭合回路，也可应用基尔霍夫电压定律列出

$$U_{AB}+U_{BC}+U_{CA} = 0$$

即　　　　　　　$5 + (-4) + U_{CA} = 0$

得　　　　　　　$U_{CA} = -1\,V$

【例 1.7】 在如图 1-1-21 所示的电路中，已知 $R_1 = 10\,k\Omega$，$R_2 = 20\,k\Omega$，$U_{S1} = 6\,V$，$U_{S2} = 6\,V$，$U_{AB} = -0.3\,V$。试求电流 I_1、I_2 和 I_3。

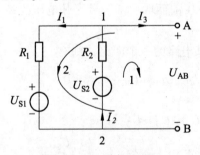

图 1-1-21　例 1.7 图

解：对回路 1 应用基尔霍夫电压定律得

$$-U_{S2}+R_2I_2+U_{AB} = 0$$

即　　　　　　　$-6 + 20I_2 + (-0.3) = 0$

故　　　　　　　$I_2 = 0.315\,mA$

对回路 2 应用基尔霍夫电压定律得

$$U_{S1}+R_1I_1 - U_{AB} = 0$$

即 $$6+10I_1 - (- 0.3) = 0$$

故 $$I_1 = - 0.63 \text{ mA}$$

对节点 1 应用基尔霍夫电流定律得

$$- I_1+I_2 - I_3 = 0$$

即 $$0.63 + 0.315 - I_3 = 0$$

故 $$I_3 = 0.945 \text{ mA}$$

【例 1.8】 在如图 1-1-22 所示的电路中，设节点 B 为参考点，求电位 V_C、V_A、V_D。

解：在节点 A 上应用 KCL，得

$$I = 4 + 6 = 10 （A）$$
$$V_A = U_{AB} = 6I = 6 \times 10 = 60 （V）$$
$$V_C = U_{CA}+V_A = 20 \times 4+60 = 140 （V）$$
$$V_D = U_{DA}+V_A = 5 \times 6+60 = 90 （V）$$

工程中常采用简图表示电路图，图 1-1-22 的简图如图 1-1-23 所示。

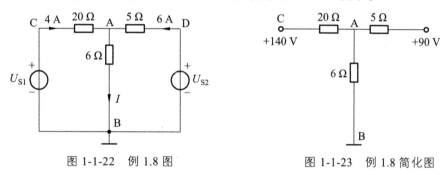

图 1-1-22 例 1.8 图   图 1-1-23 例 1.8 简化图

1.3 电路的等效变换

1.3.1 电阻的串联、并联及混联

1.3.1.1 电阻的串联

在电路中，把几个电阻元件依次首尾相连接，中间没有分支，在电源的作用下流过各电阻的是同一电流。这种连接方式叫作电阻的串联，如图 1-1-24 所示。

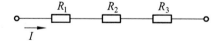

图 1-1-24 电阻的串联

1. 电阻串联电路的特点

设总电压为 U、电流为 I、总功率为 P。

（1）等效电阻：$R = R_1 + R_2 + \cdots + R_n$

（2）分压关系：$\dfrac{U_1}{R_1} = \dfrac{U_2}{R_2} = \cdots = \dfrac{U_n}{R_n} = \dfrac{U}{R} = I$

（3）功率分配：$\dfrac{P_1}{R_1} = \dfrac{P_2}{R_2} = \cdots = \dfrac{P_n}{R_n} = \dfrac{P}{R} = I^2$

特例：两只电阻 R_1、R_2 串联时，等效电阻 $R = R_1 + R_2$，则有分压公式

$$U_1 = \frac{R_1}{R_1 + R_2}U , \qquad U_2 = \frac{R_2}{R_1 + R_2}U$$

2. 应用举例

【例 1.9】 有一盏额定电压 $U_1 = 40$ V、额定电流 $I = 5$ A 的电灯，如何把它接入电压 $U = 220$ V 照明电路中？

解：将电灯（设电阻为 R_1）与一只分压电阻 R_2 串联后，接入 $U = 220$ V 电源上，如图 1-1-25 所示。

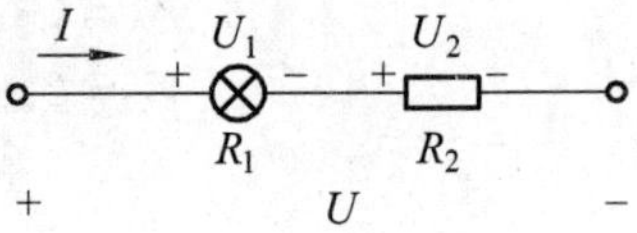

解法一：分压电阻 R_2 上的电压为

$U_2 = U - U_1 = 220 - 40 = 180$ V，且 $U_2 = R_2 I$，则

图 1-1-25 例 1.9 图

$$R_2 = \frac{U_2}{I} = \frac{180}{5} = 36 \ (\Omega)$$

解法二：利用两只电阻串联的分压公式 $U_1 = \dfrac{R_1}{R_1 + R_2}U$，且 $R_1 = \dfrac{U_1}{I} = 8 \ (\Omega)$，可得

$$R_2 = R_1 \frac{U - U_1}{U_1} = 36 \ (\Omega)$$

即将电灯与一只 36 Ω 分压电阻串联后，接入 $U = 220$ V 的电源上即可。

【例 1.10】 有一只电流表，内阻 $R_g = 1$ kΩ，满偏电流为 $I_g = 100$ μA，要把它改成量程为 $U_n = 3$ V 的电压表，应该串联一只多大的分压电阻 R？

解：如图 1-1-26 所示。

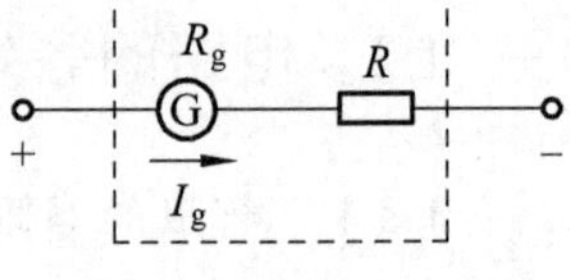

该电流表的电压量程为 $U_g = R_g I_g = 0.1$ V，与分压电阻 R 串联后的总电压 $U_n = 3$ V，即将电压量程扩大到 $n = U_n/U_g = 30$ 倍。

图 1-1-26 例 1.10 图

利用两只电阻串联的分压公式，可得 $U_g = \dfrac{R_g}{R_g + R}U_n$，则

$$R = \frac{U_n - U_g}{U_g}R_g = \left(\frac{U_n}{U_g} - 1\right)R_g = (n-1)R_g = 29 \ \text{k}\Omega$$

上例表明，将一只量程为 U_g、内阻为 R_g 的表头扩大到量程为 U_n，所需要的分压电阻为 $R = (n-1)R_g$，其中 $n = (U_n/U_g)$ 称为电压扩大倍数。

1.3.1.2 电阻的并联

在电路中，把几个电阻元件的首尾两端分别连接在两个节点上，在电源的作用下，它们

两端的电压都相同，这种连接方式叫作电阻的并联。如图 1-1-27 所示。

1. 电阻并联电路的特点

设总电流为 I、电压为 U、总功率为 P。

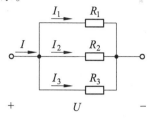

图 1-1-27　电阻的并联

（1）等效电阻：$\dfrac{1}{R} = \dfrac{1}{R_1} + \dfrac{1}{R_2} + \cdots + \dfrac{1}{R_n}$

（2）分流关系：$R_1I_1 = R_2I_2 = \cdots = R_nI_n = RI = U$

（3）功率分配：$R_1P_1 = R_2P_2 = \cdots = R_nP_n = RP = U^2$

特例：两只电阻 R_1、R_2 并联时，等效电阻 $R = \dfrac{R_1R_2}{R_1 + R_2}$，则有分流公式：

$$I_1 = \frac{R_2}{R_1 + R_2}I , \qquad I_2 = \frac{R_1}{R_1 + R_2}I$$

2. 应用举例

【例 1.11】　如图 1-1-28 所示，电源供电电压 $U = 220$ V，每根输电导线的电阻均为 $R_1 = 1\ \Omega$，电路中一共并联 100 盏额定电压为 220 V、功率为 40 W 的电灯。假设电灯在工作（发光）时电阻值为常数。试求：（1）当只有 10 盏电灯工作时，每盏电灯的电压 U_L 和功率 P_L；（2）当 100 盏电灯全部工作时，每盏电灯的电压 U_L 和功率 P_L。

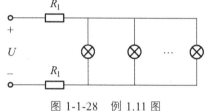

图 1-1-28　例 1.11 图

解：每盏电灯的电阻为 $R = U^2/P = 1210\ \Omega$，n 盏电灯并联后的等效电阻为 $R_n = R/n$。

根据分压公式，可得每盏电灯的电压

$$U_L = \frac{R_n}{2R_1 + R_n}U ,$$

功率　　　　　$$P_L = \frac{U_L^2}{R}$$

（1）当只有 10 盏电灯工作时，即 $n = 10$，则 $R_n = R/n = 121\ \Omega$，因此

$$U_L = \frac{R_n}{2R_1 + R_n}U \approx 216\ \text{V} , \quad P_L = \frac{U_L^2}{R} \approx 39\ \text{W}$$

（2）当 100 盏电灯全部工作时，即 $n = 100$，则 $R_n = R/n = 12.1\ \Omega$，

$$U_L = \frac{R_n}{2R_1 + R_n}U \approx 189\ \text{V} , \quad P_L = \frac{U_L^2}{R} \approx 29\ \text{W}$$

【例 1.12】　有一只微安表，满偏电流为 $I_g = 100\ \mu\text{A}$、内阻 $R_g = 1\ \text{k}\Omega$，要改装成量程为 $I_n = 100\ \text{mA}$ 的电流表，试求所需分流电阻 R。

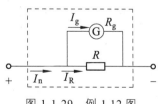

图 1-1-29　例 1.12 图

解：如图 1-1-29 所示，设 $n = I_n/I_g$（称为电流量程扩大倍数），

根据分流公式可得 $I_g = \dfrac{R}{R_g + R}I_n$，则

$$R = \dfrac{R_g}{n-1}$$

本题中 $n = I_n / I_g = 1\,000$，

$$R = \dfrac{R_g}{n-1} = \dfrac{1\,\mathrm{k\Omega}}{1000-1} \approx 1\,\Omega。$$

上例表明，将一只量程为 I_g、内阻为 R_g 的表头扩大到量程为 I_n，所需要的分流电阻为 $R = R_g /(n-1)$，其中 $n = (I_n / I_g)$ 称为电流扩大倍数。

1.3.1.3 电阻的混联

在电阻电路中，既有电阻的串联关系又有电阻的并联关系，称为电阻混联。

1. 分析步骤

对混联电路的分析和计算大体上可分为以下几个步骤：

（1）首先整理清楚电路中电阻串、并联关系，必要时重新画出串、并联关系明确的电路图。

（2）利用串、并联等效电阻公式计算出电路中总的等效电阻。

（3）利用已知条件进行计算，确定电路的总电压与总电流。

（4）根据电阻分压关系和分流关系，逐步推算出各支路的电流或电压。

2. 解题举例

【例 1.13】 如图 1-1-30 所示，已知 $R_1 = R_2 = 8\,\Omega$，$R_3 = R_4 = 6\,\Omega$，$R_5 = R_6 = 4\,\Omega$，$R_7 = R_8 = 24\,\Omega$，$R_9 = 16\,\Omega$；电压 $U = 224\,\mathrm{V}$。试求：

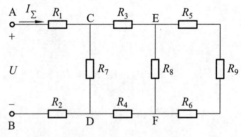

图 1-1-30 例 1.13 图

（1）电路总的等效电阻 R_{AB} 与总电流 I_Σ；

（2）电阻 R_9 两端的电压 U_9 与通过它的电流 I_9。

解：（1）R_5、R_6、R_9 三者串联后，再与 R_8 并联，E、F 两端等效电阻为

$$R_{EF} = (R_5 + R_6 + R_9) /\!/ R_8 = 24\,\Omega /\!/ 24\,\Omega = 12\,\Omega$$

R_{EF}、R_3、R_4 三者电阻串联后，再与 R_7 并联，C、D 两端等效电阻为

$$R_{CD} = (R_3 + R_{EF} + R_4) /\!/ R_7 = 24\,\Omega /\!/ 24\,\Omega = 12\,\Omega$$

总的等效电阻　　　$R_{AB} = R_1 + R_{CD} + R_2 = 28\ \Omega$

总电流　　　$I_{\Sigma} = U/R_{AB} = 224/28 = 8$（A）

（2）利用分压关系求各部分电压：

$$U_{CD} = R_{CD}\, I_{\Sigma} = 96\ \text{V}$$

$$U_{EF} = \frac{R_{EF}}{R_3 + R_{EF} + R_4} U_{CD} = \frac{12}{24} \times 96 = 48\ (\text{V})$$

$$I_9 = \frac{U_{EF}}{R_5 + R_6 + R_9} = 2\ \text{A}, \quad U_9 = R_9 I_9 = 32\ \text{V}$$

【例 1.14】 如图 1-1-31 所示，已知 $R = 10\ \Omega$，电源电动势 $E = 6\ \text{V}$，内阻 $r = 0.5\ \Omega$，试求电路中的总电流 I。

解：首先整理清楚电路中电阻串、并联关系，并画出等效电路，如图 1-1-32 所示。四只电阻并联的等效电阻为

$$R_e = R/4 = 2.5\ \Omega$$

根据全电路欧姆定律，电路中的总电流为

$$I = \frac{E}{R_e + r} = 2\ \text{A}$$

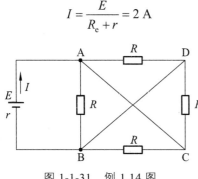

图 1-1-31　例 1.14 图

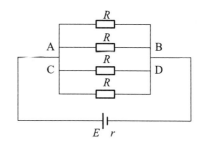

图 1-1-32　例 1.14 的等效电路

1.3.1.4　电阻的星形连接、三角形连接及其等效变换

1. 电阻的星形（Y形）连接和三角形（△形）连接

3 个电阻元件首尾相连，连成一个三角形，就叫作三角形连接，简称△形连接，如图 1-1-33（a）所示。3 个电阻元件的一端连接在一起，另一端分别连接到电路的 3 个节点，这种连接方式叫作星形连接，简称 Y 形连接，如图 1-1-33（b）所示。

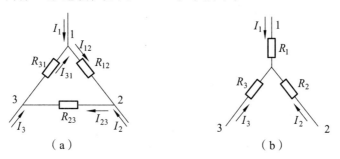

（a）　　　　　　　　　（b）

图 1-1-33　电阻的三角形和星形连接

2. 电阻的星形连接和三角形连接的等效变换（Y-△等效变换）

在电路分析中，常利用 Y 形网络与△形网络的等效变换来简化电路的计算。根据等效网络的定义，在图 1-1-32 所示的 Y 形网络与△形网络中，若电压 U_{12}、U_{23}、U_{31} 和电流 I_1、I_2、I_3 都分别相等，则两个网络对外是等效的。据此，可导出 Y 形连接电阻 R_1、R_2、R_3 与△形连接电阻 R_{12}、R_{23}、R_{31} 之间的等效关系。

将 KVL 应用于图 1-1-33（a）中的回路 1231，得

$$R_{12}I_{12}+R_{23}I_{23}+R_{31}I_{31} = 0$$

由 KCL 得　　　　$$I_{23} = I_2+I_{12}$$

$$I_{31} = I_{12} - I_1$$

代入上式，得　　　$$R_{12}I_{12}+R_{23}(I_2+I_{12})+R_{31}(I_{12} - I_1) = 0$$

经过整理后，得

$$I_{12} = \frac{R_{31}}{R_{12} + R_{23} + R_{31}} I_1 - \frac{R_{23}}{R_{12} + R_{23} + R_{31}} I_2$$

$$U_{12} = R_{12}I_{12} = \frac{R_{31}R_{12}}{R_{12} + R_{23} + R_{31}} I_1 - \frac{R_{12}R_{23}}{R_{12} + R_{23} + R_{31}} I_2$$

（1-1-17）

同理可求得

$$U_{23} = \frac{R_{12}R_{23}}{R_{12} + R_{23} + R_{31}} I_2 - \frac{R_{23}R_{31}}{R_{12} + R_{23} + R_{31}} I_3$$

$$U_{31} = \frac{R_{23}R_{31}}{R_{12} + R_{23} + R_{31}} I_3 - \frac{R_{12}R_{31}}{R_{12} + R_{23} + R_{31}} I_1$$

（1-1-18）

对于图 1-1-33（b）有

$$\begin{cases} U_{12} = R_1I_1 - R_2I_2 \\ U_{23} = R_2I_2 - R_3I_3 \\ U_{31} = R_3I_3 - R_1I_1 \end{cases}$$

（1-1-19）

比较式（1-1-17）和式（1-1-18）可得：若满足等效条件，两组方程式 I_1、I_2、I_3 前面的系数必须相等，即

$$\begin{cases} R_1 = \dfrac{R_{12}R_{31}}{R_{12} + R_{23} + R_{31}} \\[3mm] R_2 = \dfrac{R_{23}R_{12}}{R_{12} + R_{23} + R_{31}} \\[3mm] R_3 = \dfrac{R_{31}R_{23}}{R_{12} + R_{23} + R_{31}} \end{cases}$$

（1-1-20）

式（1-1-20）就是从已知的△形连接电阻变换为等效 Y 形连接电阻的计算公式。解方程组式（1-1-20），可得

$$\begin{cases} R_{12} = \dfrac{R_1R_2 + R_2R_3 + R_3R_1}{R_3} = R_1 + R_2 + \dfrac{R_1R_2}{R_3} \\[2mm] R_{23} = \dfrac{R_1R_2 + R_2R_3 + R_3R_1}{R_1} = R_2 + R_3 + \dfrac{R_2R_3}{R_1} \\[2mm] R_{31} = \dfrac{R_1R_2 + R_2R_3 + R_3R_1}{R_2} = R_3 + R_1 + \dfrac{R_3R_1}{R_2} \end{cases} \qquad (1\text{-}1\text{-}21)$$

式（1-1-21）就是从已知的 Y 形连接电阻变换为等效△形连接电阻的计算公式。

若△形（或 Y 形）连接的 3 个电阻相等，则变换后的 Y 形（或△形）连接的 3 个电阻也相等。设△形 3 个电阻 $R_{12} = R_{23} = R_{31} = R_{\triangle}$，则等效 Y 形的 3 个电阻为

$$R_Y = R_1 = R_2 = R_3 = \frac{R_{\triangle}}{3} \qquad (1\text{-}1\text{-}22)$$

反之

$$R_{\triangle} = R_{12} = R_{23} = R_{31} = 3R_Y \qquad (1\text{-}1\text{-}23)$$

【例 1.15】 在图 1-1-34（a）所示电路中，已知 $U_S = 225$ V，$R_0 = 1\ \Omega$，$R_1 = 40\ \Omega$，$R_2 = 36\ \Omega$，$R_3 = 50\ \Omega$，$R_4 = 55\ \Omega$，$R_5 = 10\ \Omega$，试求各电阻的电流。

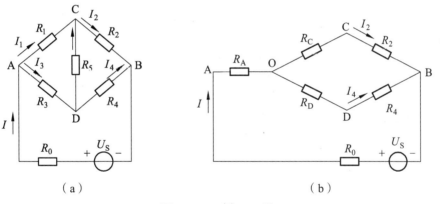

图 1-1-34　例 1.15 图

解：将△形连接的 R_1、R_3、R_5 等效变换为 Y 形连接的 R_A、R_C、R_D，如图 1-1-34（b）所示，代入式（1-1-20）求得

$$R_A = \frac{R_3R_1}{R_5 + R_3 + R_1} = \frac{50 \times 40}{10 + 50 + 40} = 20\ (\Omega)$$

$$R_C = \frac{R_1R_5}{R_5 + R_3 + R_1} = \frac{40 \times 10}{10 + 50 + 40} = 4\ (\Omega)$$

$$R_D = \frac{R_5R_3}{R_5 + R_3 + R_1} = \frac{10 \times 50}{10 + 50 + 40} = 5\ (\Omega)$$

图 1-1-34（b）是电阻混联网络，串联的 R_C、R_2 的等效电阻 $R_{C2} = 40\ \Omega$，串联的 R_D、R_4 的等效电阻 $R_{D4} = 60\ \Omega$，二者并联的等效电阻

$$R_{OB} = \frac{40 \times 60}{40 + 60} = 24 \; (\Omega)$$

R_A 与 R_{OB} 串联，A、B 间桥式电阻的等效电阻

$$R_i = 20+24 = 44 \; (\Omega)$$

桥式电阻的端口电流

$$I = \frac{U_S}{R_0 + R_i} = \frac{225}{1 + 44} = 5(A)$$

R_2、R_4 的电流各为

$$I_2 = \frac{R_{D4}}{R_{C2} + R_{D4}} \cdot I = \frac{60}{40 + 60} \times 5 = 3(A)$$

$$I_4 = \frac{R_{C2}}{R_{C2} + R_{D4}} \cdot I = \frac{40}{40 + 60} \times 5 = 2(A)$$

从图 1-1-34（b）求得

$$U_{AC} = R_A I + R_C I_2 = 20 \times 5 + 4 \times 3 = 112(V)$$

回到图 1-1-34（a）电路，利用 KCL 可求得流过 R_1、R_3 和 R_5 的电流

$$I_1 = \frac{U_{AC}}{R_1} = \frac{112}{40} = 2.8 \; (A)$$

$$I_3 = I - I_1 = 5 - 2.8 = 2.2 \; (A)$$

$$I_5 = I_3 - I_4 = 2.2 - 2 = 0.2 \; (A)$$

1.3.2 电压源、电流源及等效变换

电源可以用两种不同的电路模型来表示：一种是以电压的形式向外供电，称为电压源模型；另一种是以电流的形式向外供电，称为电流源模型。

1.3.2.1 电压源

电压源是一个理想二端元件，其图形符号如图 1-1-35（a）所示，$u_S(t)$ 为电压源电压，"+" "−" 为电压的参考极性。电压 $u_S(t)$ 是某种给定的时间函数，与流过电压源的电流无关。因此电压源具有以下两个特点：

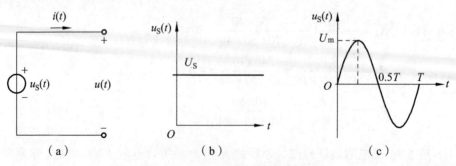

（a）　　　　　　　（b）　　　　　　　（c）

图 1-1-35　电压源及其电压波形

（1）电压源对外提供的电压 $u(t)$ 是某种确定的时间函数，不会因所接的外电路不同而改变，即 $u(t) = u_S(t)$。

（2）通过电压源的电流 $i(t)$ 随外接电路不同而不同。

图 1-1-36 是直流电压源的伏安特性，它是一条与电流轴平行且纵坐标为 U_S 的直线，表明其端电压恒等于 U_S，与电流大小无关。当电流为零，亦即电压源开路时，其端电压仍为 U_S。

如果一个电压源的电压 $U_S = 0$，则此电压源的伏安特性为与电流轴重合的直线，它相当于短路。即电压为零的电压源相当于短路。由此，我们也可以发现，要使电压源 $u_S(t)$ 对外不输出电压 $u(t)$，可将其短路，即起到"置零"的作用。

由图 1-1-35（a）可知，电压源的电压 $u_S(t)$ 与流过它的电流 $i(t)$ 是非关联参考方向，则电压源的功率为

$$p = -u_S(t) \cdot i(t)$$

当 $p<0$ 时，电压源实际上是发出功率，电流的实际方向是从电压源的低电位流向高电位，电压源此时是作为电源存在的；当 $p>0$ 时，电压源实际上是接收功率，电流的实际方向是从电压源的高电位流向低电位，电压源此时是作为负载存在的。

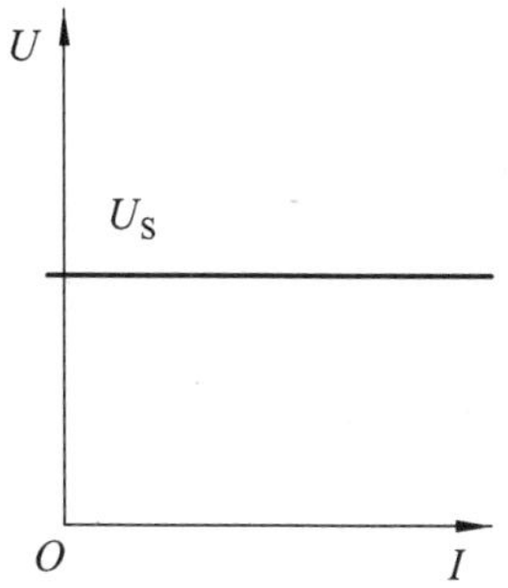

图 1-1-36　直流电压源的
伏安特性

1.3.2.2　电流源

电流源也是一个理想二端元件，其图形符号如图 1-1-37（a）所示，$i_S(t)$ 为电流源电流，"→"为电流的参考方向。电流 $i_S(t)$ 是某种给定的时间函数，与电流源两端的电压无关。因此电流源具有以下两个特点：

（1）电流源对外提供的电流 $i(t)$ 是某种确定的时间函数，不会因所接的外电路不同而改变，即 $i(t) = i_S(t)$。

（2）电流源两端的电压 u 随外接电路不同而不同。

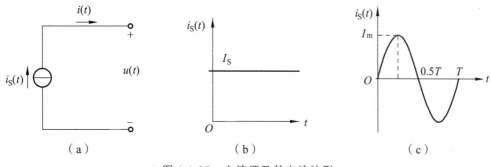

（a）　　　　　　　　（b）　　　　　　　　（c）

图 1-1-37　电流源及其电流波形

图 1-1-38 是直流电流源的伏安特性，它是一条与电压轴平行且横坐标为 I_S 的直线，表明其电流恒等于 I_S，与电压大小无关。当电压为零，亦即电流源短路时，其电流仍为 I_S。

如果一个电流源的电流 $I_S = 0$，则此电流源的伏安特性为与电压轴重合的直线，相当于开路，即电流为零的电流源相当于开路。由此，我们也可以发现，要使电流源 $i_S(t)$ 对外不输出电流 $i(t)$，可将其开路，即起到"置零"的作用。

由图 1-1-37（a）知，电流源的电流 $i_S(t)$ 与其两端的电压 $u(t)$ 是非关联参考方向，则电流源的功率为：$p = -u(t) \cdot i_S(t)$。

当 $p<0$ 时，电流源实际上是发出功率，电压的实际方向与其参考方向相同，电流源此时是作为电源存在的；当 $p>0$ 时，电流源实际上是接收功率，电压的实际方向与其参考方向相反，电流源此时是作为负载存在的。

上述电压源对外输出的电压为一个独立量，电流源对外输出的电流也为一个独立量，因此二者常被称为独立电源。

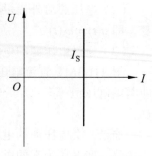

图 1-1-38　直流电流源的伏安特性

1.3.2.3　实际电压源、实际电流源及其等效变换

1. 实际电压源、电流源的模型

常见实际电源（如发电机、蓄电池等）的工作原理比较接近电压源，其电路模型是电压源与其内阻的串联组合，如图 1-1-39（a）所示。像光电池这类器件，其工作时的特性比较接近电流源，电路模型是电流源与其内阻的并联组合，如图 1-1-39（b）所示。

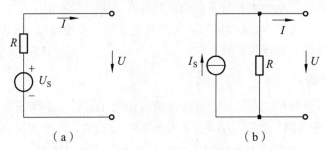

（a）　　　　　　　　　（b）

图 1-1-39　实际电压源与电流源的模型

当负载变化时，电路中的电流 I 与电源端口电压 U 之间的变化关系称为电源的伏安特性。假设一负载 R_L 接于图 1-1-39（a）、（b）端口处，构成完整电路，电路中的电流 I 与电源端电压 U 如该图中所示，则实际电压源和实际电流源模型的伏安特性方程分别为

$$U = -RI + U_S \tag{1-1-24}$$

和

$$U = -RI + I_S R \tag{1-1-25}$$

由式（1-1-24）和式（1-1-25）可分别作出实际电压源和实际电流源模型的伏安特性曲线，如图 1-1-40 所示。

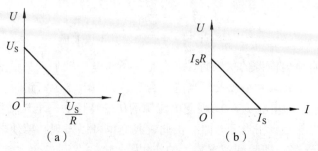

（a）　　　　　　　　　（b）

图 1-1-40　实际电压源与电流源的伏安特性曲线

2. 实际电压源、电流源模型之间的等效变换

在电路分析中，常利用实际电压源与实际电流源模型之间的等效变换，即电压源串联电阻等效变换为电流源并联电阻来化简电路的计算。

根据等效原理，对外电路而言，图 1-1-39 中的实际电压源与实际电流源模型端口输出的电压 U、电流 I 应大小相等，方向相同，即二者的伏安特性方程一致。比较式（1-1-24）和式（1-1-25）可得二者等效条件为

$$U_S = I_S R \quad 或 \quad I_S = \frac{U_S}{R} \quad\quad\quad（1-1-26）$$

且二者内阻 R 相等。

【例 1.16】 求图 1-1-41 所示电路的电流 I。

解：根据实际电压源与实际电流源等效变换的条件，图 1-1-41（a）所示电路可简化为图 1-1-41（e）所示单回路电路。简化过程如图 1-1-41（b）、（c）、（d）、（e）所示。由化简后的电路可求得电流为

$$I = \frac{5}{3+7} = 0.5 \ (A)$$

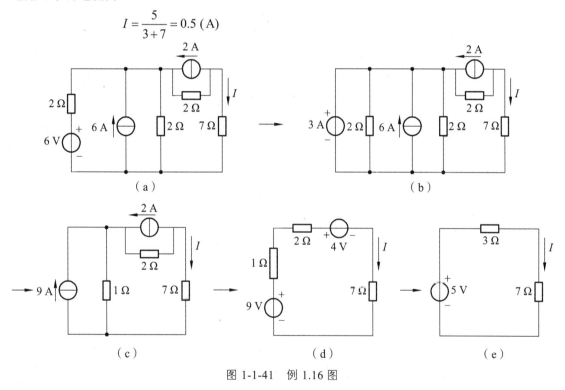

图 1-1-41 例 1.16 图

*1.3.2.4 受控源

1. 受控源的概念

电压源和电流源称为独立源。在电子电路的模型中还常常遇到另一种电源，它们的源电压和源电流不是独立的，受电路中另一处的电压或电流控制。

电源的电压或电流受电路中其他部分的电压或电流控制的电源称为受控源，亦称为非独立电源。当控制的电压或电流消失或等于零时，受控源的电压或电流也将为零。受控源由两个支路组成，一个叫控制支路，一个叫受控支路。

如果电路向外连接有两个端子，从一个端子流入的电流恒等于从另一个端子流出的电流，则我们把这两个端子称为一个端口。受控源一般由两个端口构成，一个称为输入端口或控制端，是施加控制量的端口，所施加的控制量可以是电流也可以是电压；另一个称为输出端口或受控端，是对外提供电压或电流的。

输出端是电压的称为受控电压源。受控电压源又按其输入端的控制量是电压还是电流分为电压控制电压源（Voltage Controlled Voltage Source，VCVS）和电流控制电压源（Current Controlled Voltage Source，CCVS）两种。

输出端是电流的称为受控电流源。同样，受控电流源也按其输入端的控制量是电压还是电流分为电压控制电流源（Voltage Controlled Current Source，VCCS）和电流控制电流源（Current Controlled Current Source，CCCS）两种。

受控源就是从实际电路中抽象出来的四端理想电路模型。例如：晶体三极管工作在放大状态时，其集电极电流受到基极电流的控制；运算放大器的输出电压受到输入电压的控制。这些都可以看成是受控源，器件的某些端口电压或电流受到另外一些端口电压或电流的控制，并不是独立的，因此，又把受控源称为非独立电源。

按受控源的端口电压和电流关系可作以下分类。

（1）电压控制电压源（VCVS）：

$$\begin{cases} u_S(t) = \mu u_C(t) \\ i_C(t) = 0 \end{cases}$$ （1-1-27）

（2）电流控制电压源（CCVS）：

$$\begin{cases} u_S(t) = r i_C(t) \\ u_C(t) = 0 \end{cases}$$ （1-1-28）

（3）电压控制电流源（VCCS）：

$$\begin{cases} i_S(t) = g u_C(t) \\ i_C(t) = 0 \end{cases}$$ （1-1-29）

（4）电流控制电流源（CCCS）：

$$\begin{cases} i_S(t) = \alpha i_C(t) \\ u_C(t) = 0 \end{cases}$$ （1-1-30）

式中，μ、r、g、α 是控制系数。其中，μ 和 α 无量纲，r 和 g 分别具有电阻和电导的量纲。当这些系数为常数时，被控电源数值与控制量成正比。这种受控源称为线性受控源。本书只涉及这类受控源。图1-1-42分别给出了这四种受控源的电路符号。

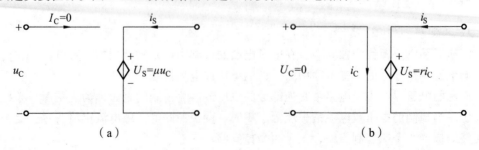

（a）　　　　　　　　　　　　　　　　　　（b）

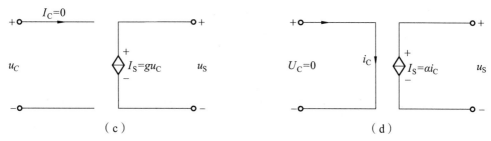

图 1-1-42 受控源的四种形式

受控源有两个端口，但由于控制口功率为零，端口不是开路就是短路。因此，在电路图中，不一定要专门画出控制口，只要在控制支路中标明该控制量即可。如图 1-1-43 所示，两种画法本质上是相同的，但图（a）更简单明了。

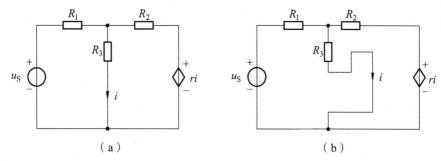

图 1-1-43 含受控源的电路

2. 含受控源电路的分析

互连约束和元件的电压电流关系是分析计算电路的基本依据。以上介绍的各种方法和定理都可用来计算有受控源的电路，即把受控源先按独立源对待，但又必须掌握受控源是非独立源这一特点。下面简要介绍含受控源电路的特点。

（1）受控电压源和电阻串联组合与受控电流源和电阻并联组合之间，像独立源一样可以进行等效变换。但在变换过程中，必须保留控制变量的所在的支路。

（2）应用网络方程法分析计算含受控源的电路时，将受控源按独立源一样对待和处理，但在网络方程中，要将受控源的控制量用电路变量来表示。

（3）用叠加定理求每个独立源单独作用下的响应时，受控源要像电阻那样全部保留。同样，用戴维南定理求网络去除源后的等效电阻时，受控源也要全部保留。

（4）含受控源的二端电阻网络的等效电阻可能为负值，这表明该网络向外部电路发送能量。

【例 1.17】 如图 1-1-44 所示，$i_S = 2\,A$， VCCS 的控制系数 $g = 2\,S$，求 u。

解：由图 1-1-44 左部先求控制电压 u_1。

$$u_1 = 5i_S = 5 \times 2 = 10\,(\text{V})$$

故

$$i = gu_1 = 2 \times 10 = 20\,(\text{A})$$

则求得 u 为

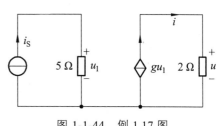

图 1-1-44 例 1.17 图

$$u = 2i = 2 \times 20 = 40 \ (\text{V})$$

1.4 电路的分析方法

直流电路可以分为简单电路和复杂电路。通常，简单电路利用串、并联化简的方法进行计算。但是，实际应用的电路往往比较复杂，不能简单地用串、并联规律进行分析。因此，我们需要学习一些复杂电路的分析方法。复杂电路的分析方法基本上有两类：一类是以前面学过的基尔霍夫定律为基础，列出电路的方程组分析电路，这类方法如支路电流法和节点电压法等；电路结构越复杂，方程数目越多，计算也越复杂，可借助于计算机进行辅助分析计算；另一类是利用线性电路的原理或定理，对复杂电路进行简化，从而简化电路的计算，如叠加定理和戴维南定理等。

这些分析方法不仅适用于直流电路，略加扩展后也适用于交流电路。

1.4.1 支路电流法

支路电流法是以支路电流为未知量，根据基尔霍夫电流定律（KCL）和基尔霍夫电压定律（KVL）列出电路方程组，然后联立方程求解的方法。对于一个有 b 条支路、n 个节点的电路，则需以 b 个支路电流为未知量，列写 b 个独立方程。所谓独立方程就是指其中任意一个方程都不能通过对其他方程推导得出。

下面以图 1-1-45 所示的电路为例，说明支路电流法的求解过程。

在电路中，支路数 $b = 3$，节点数 $n = 2$。在应用支路电流法时，应该以支路电流 I_1、I_2 和 I_3 为未知量，列出三个独立方程。列方程前指定各支路电流的参考方向如图 1-1-45 所示。

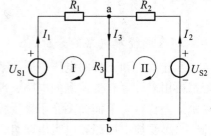

图 1-1-45 支路电流法的求解过程

首先，根据电流的参考方向对其中 $n - 1$ 个节点（2 $-1 = 1$）列出独立的 KCL 方程。

对节点 a：　　$I_1 + I_2 - I_3 = 0$　　①

其次，选取 $b - n + 1$ 个独立回路，根据回路的绕向列出 KVL 方程，对于平面电路而言，每一个网孔都是一个独立回路，且网孔的数目恰好为 $b - n + 1$，故一般选取网孔作为独立回路（即回路 Ⅰ 和 Ⅱ）。

对网孔 Ⅰ：　　$I_1 R_1 + I_3 R_3 = U_{S1}$　　②

对网孔 Ⅱ：　　$I_2 R_2 + I_3 R_3 = U_{S2}$　　③

最后，联立求解上述的 b 个独立方程，得出各个支路电流；再通过支路电流来求解其他待求量。

用支路电流法时应注意：当电路中存在电流源时，如果是电流源与电阻的并联组合，则可以把它变换成电压源与电阻的串联组合，这样可以简化计算；如果是无伴电流源（即无并联电阻的电流源），则可先设定电流源的端电压及其参考方向，此时，电流源所在支路的电流为已知的电流源的电流，方程组中待求量的数目仍然不变。

【例 1.18】 在图 1-1-45 所示电路中，设 $U_{S1} = 140\text{ V}$，$U_{S2} = 90\text{ V}$，$R_1 = 20\ \Omega$，$R_2 = 5\ \Omega$，$R_3 = 6\ \Omega$。求各支路电流。

解：以各支路电流为变量，应用 KCL 和 KVL 列出方程

$$\begin{cases} I_1 + I_2 - I_3 = 0 \\ 20I_1 + 6I_3 = 140 \\ 5I_2 + 6I_3 = 90 \end{cases}$$

解之，得

$$I_1 = 4\text{ A}, \quad I_2 = 6\text{ A}, \quad I_3 = 10\text{ A}$$

1.4.2 节点电压法

节点电压法是以节点电压为未知量，对 $n-1$（n 为节点数）个独立节点列出 KCL 方程来求解电路的一种方法。在电路中任选一节点为参考点，则其他节点为独立节点，其他节点对参考点的电压则称为节点电压。下面以图 1-1-46 所示的电路图为例，介绍节点电压法的应用步骤。

首先，标定各支路电流参考方向，并选取参考节点，若以节点 3 为参考点，独立节点 1、2 的节点电压分别为 U_{n1} 和 U_{n2}。

其次，对独立节点 1、2 列写 KCL 方程。

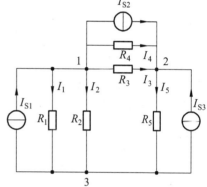

图 1-1-46 节点电压法的求解过程

$$\begin{cases} I_{S1} = I_1 + I_2 + I_3 + I_4 + I_{S2} \\ I_{S2} + I_4 + I_3 + I_{S3} = I_5 \end{cases} \quad （1\text{-}1\text{-}31）$$

根据 KVL 和电路元件的伏安关系，求出各支路电流与节点电压的关系。

$$I_1 = \frac{U_{n1}}{R_1}, \quad I_2 = \frac{U_{n1}}{R_2}, \quad I_3 = \frac{U_{n1} - U_{n2}}{R_3}, \quad I_4 = \frac{U_{n1} - U_{n2}}{R_4}, \quad I_5 = \frac{U_{n2}}{R_5}$$

将其代入式（1-1-31），得

$$\begin{cases} I_{S1} = \dfrac{U_{n1}}{R_1} + \dfrac{U_{n1}}{R_2} + \dfrac{U_{n1} - U_{n2}}{R_3} + \dfrac{U_{n1} - U_{n2}}{R_4} + I_{S2} \\ I_{S2} + \dfrac{U_{n1} - U_{n2}}{R_3} + \dfrac{U_{n1} - U_{n2}}{R_4} + I_{S3} = \dfrac{U_{n2}}{R_5} \end{cases} \quad （1\text{-}1\text{-}32）$$

整理得

$$\begin{cases} \left(\dfrac{1}{R_1} + \dfrac{1}{R_2} + \dfrac{1}{R_3} + \dfrac{1}{R_4} \right)U_{n1} - \left(\dfrac{1}{R_3} + \dfrac{1}{R_4} \right)U_{n2} = I_{S1} - I_{S2} \\ -\left(\dfrac{1}{R_3} + \dfrac{1}{R_4} \right)U_{n1} + \left(\dfrac{1}{R_3} + \dfrac{1}{R_4} + \dfrac{1}{R_5} \right)U_{n2} = I_{S2} + I_{S3} \end{cases} \quad （1\text{-}1\text{-}33）$$

上式可改写成

$$\begin{cases} G_{11}U_{n1} + G_{12}U_{n2} = I_{S11} \\ G_{21}U_{n1} + G_{22}U_{n2} = I_{S22} \end{cases}$$ （1-1-34）

式（1-1-34）即为具有 3 个节点的电阻性电路的节点电压方程的一般形式。其中 G_{11}、G_{22} 分别是节点 1、节点 2 相连接的各支路电导之和，称为各节点的自电导，自电导总是正的。$G_{12} = G_{21}$ 是连接在节点 1 与节点 2 之间的公共支路的电导之和，称为两相邻节点的互电导，互电导总是负的。I_{S11}、I_{S22} 分别是流入节点 1 和节点 2 的各支路电流源电流的代数和，列写到等式的右边后，流入节点的电流源电流为正，流出的为负。

在具有 n 个节点的电路中，其节点电压方程为

$$\begin{cases} G_{11}U_{n1} + G_{12}U_{n2} + ... + G_{1(n-1)}U_{n(n-1)} = I_{S11} \\ G_{21}U_{n1} + G_{22}U_{n2} + ... + G_{2(n-1)}U_{n(n-1)} = I_{S22} \\ \vdots \\ G_{(n-1)1}U_{n1} + G_{(n-1)2}U_{n2} + ... + G_{(n-1)(n-1)}U_{n(n-1)} = I_{S(n-1)(n-1)} \end{cases}$$ （1-1-35）

解出方程组中的节点电压，可根据 VCR 求出各支路电流及其他参数。

在列写节点电压方程式时应注意以下几个问题：

（1）如果电路中有电压源与电阻的串联组合，则可以把其等效为电流源与电阻的并联组合，以便简化计算。

（2）如果存在无伴电压源（没有电阻与其串联的电压源）且在独立支路上，与之相连的节点的节点电压即为该电压源的电压，可少列一个方程。

（3）无伴电压源在共用支路上时，可把流经电压源的电流作为一个未知电流源的电流变量列入节点电压方程的右边，但在多一个未知量的情况下，必须列写一个补充方程。补充方程列写的原则是：共用该电压源的两个节点的节点电压按照电压源的电压方向进行叠加，叠加结果应与电压源电压的大小相等。

对于只有一个独立节点的电路，如图 1-1-47（a）所示，可用节点电压法直接求出独立节点的电压。先把图 1-1-47（a）中的电压源和电阻串联组合等效为电压源和电阻并联组合，如图 1-1-47（b）所示，则

$$U_{10} = \frac{\dfrac{U_{S1}}{R_1} - \dfrac{U_{S2}}{R_2} + \dfrac{U_{S3}}{R_3}}{\dfrac{1}{R_1} + \dfrac{1}{R_2} + \dfrac{1}{R_3} + \dfrac{1}{R_4}} = \frac{G_1U_{S1} - G_2U_{S2} + G_3U_{S3}}{G_1 + G_2 + G_2 + G_4}$$

写成一般形式为

$$U_{10} = \frac{\sum(G_kU_{Sk})}{\sum G_k}$$ （1-1-36）

式（1-1-36）称为弥尔曼定理。代数和 $\sum(G_kU_{Sk})$ 中，当电压源的正极性端接到节点 1 时，G_kU_{Sk} 前取 "+" 号，反之取 "–" 号。

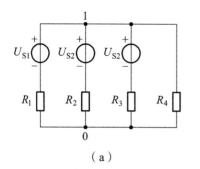
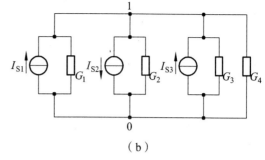

（a）   （b）

图 1-1-47   弥尔曼定理举例

【例 1.19】 如图 1-1-48 所示电路中，$R_2 = 4\,\Omega$，$R_4 = 2\,\Omega$，$R_5 = 6\,\Omega$，$R_6 = 3\,\Omega$，$I_{S1} = 5\,\text{A}$，$I_{S3} = 10\,\text{A}$，$U_{S4} = 6\,\text{V}$，$U_{S6} = 15\,\text{V}$，用节点电压法求电压源 U_{S4} 发出的功率。

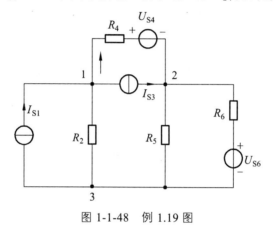

图 1-1-48   例 1.19 图

解：选定节点 3 为参考点，设定各节点电压和支路电流，选定各支路电流的参考方向并标于电路图中。

计算各独立节点的自电导、两独立节点之间的互电导，以及流入各独立节点的电流源电流的代数和。

$$G_{11} = \frac{1}{R_2} + \frac{1}{R_4} = \frac{1}{4} + \frac{1}{2} = 0.75\,(\text{S})$$

$$G_{22} = \frac{1}{R_4} + \frac{1}{R_5} + \frac{1}{R_6} = \frac{1}{2} + \frac{1}{6} + \frac{1}{3} = 1\,(\text{S})$$

$$G_{12} = G_{21} = -\frac{1}{R_4} = -\frac{1}{2} = -0.5\,(\text{S})$$

$$I_{S11} = I_{S1} - I_{S3} + \frac{U_{S4}}{R_4} = 5 - 10 + \frac{6}{2} = -2\,(\text{A})$$

$$I_{S22} = I_{S3} - \frac{U_{S4}}{R_4} + \frac{U_{S6}}{R_6} = 10 - \frac{6}{2} + \frac{15}{3} = 12\,(\text{A})$$

将参数代入式（1-1-34）得

$$\begin{cases} 0.75U_{n1} - 0.5U_{n2} = -2 \\ -0.5U_{n1} + U_{n2} = 12 \end{cases}$$

联立求解得

$$U_{n1} = 8\ \text{V}, \quad U_{n2} = 16\ \text{V}$$

根据 KVL 和元件的伏安关系，得

$$I = \frac{U_{n1} - U_{n2} - U_{S4}}{R_4} = \frac{8 - 16 - 6}{2} = -7\ (\text{A})$$

所以电压源 U_{S4} 发出的功率为

$$P = -U_{S4}I = -6 \times (-7) = 42\ (\text{W})$$

【例 1.20】 图 1-1-49 为一由电阻元件和理想运算放大器构成的减法电路。试说明其工作原理。

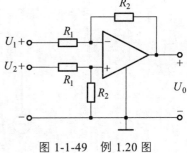

解：运算放大器是一种多端器件，它有两个输入端和一个输出端，输入端 1 称为倒向输入端，输入端 2 称为非倒向输入端。理想运算放大器具有两条性质：

① 倒向端和非倒向端的输入电流均为零；

② 对公共端（地）来说，倒向输入端的电压与非倒向输入端的电压相等。

图 1-1-49　例 1.20 图

首先：对节点 1、2 分别写出节点电压方程并应用性质①，有

$$\left(\frac{1}{R_1} + \frac{1}{R_2}\right)U_{n1} - \frac{U_1}{R_1} - \frac{U_0}{R_2} = 0$$

$$\left(\frac{1}{R_1} + \frac{1}{R_2}\right)U_{n2} - \frac{U_2}{R_1} = 0$$

注意到性质②，有 $U_{n1} = U_{n2}$，代入上式，得

$$-\frac{U_1}{R_1} - \frac{U_0}{R_2} = -\frac{U_2}{R_1}$$

或

$$U_0 = \frac{R_2}{R_1}(U_2 - U_1)$$

1.4.3　叠加定理

叠加定理是分析多源线性电路的重要定理，可表述如下：线性电阻电路中，任一电压或电流都是电路中各个独立电源单独作用时，在该处产生的电压或电流的叠加。在应用叠加定理考虑某个电源的单独作用时，应保持电路结构不变，将电路中的其他独立电源视为零值，亦即电压源短路，电动势为零；电流源开路，电流为零。

下面以图 1-1-50 中的 U_1、I_2 的求解为例，说明叠加定理。

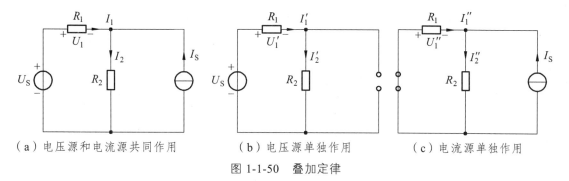

（a）电压源和电流源共同作用　　（b）电压源单独作用　　（c）电流源单独作用

图 1-1-50　叠加定律

在图 1-1-50（a）所示的电路中共有两个电源，先考虑电压源单独作用的情况，即将电流源"置零"视为断路，可得电压源单独作用时的电路，如图 1-1-50（b）所示。

$$I_2' = I_1' = \frac{U_S}{R_1 + R_2}$$

$$U_1' = I_1'R_1 = \frac{U_S R_1}{R_1 + R_2}$$

再考虑电流源单独作用的情况，即将电压源"置零"视为短路，可得电流源单独作用时的电路图，如图 1-1-50（c）所示。

$$I_2'' = \frac{I_S R_1}{R_1 + R_2}$$

$$U_1'' = I_1''R_1 = -\frac{R_2 I_S}{R_1 + R_2} R_1 = -\frac{R_1 R_2 I_S}{R_1 + R_2}$$

根据叠加定律得

$$U_1 = U_1' + U_1''$$

$$I_2 = I_2' + I_2''$$

使用叠加定理时，应注意以下几个问题：

（1）叠加定理只适用于线性电路的分析计算。

（2）不能用叠加定理来直接分析计算功率。

（3）叠加时，应根据电流和电压的参考方向确定各量前面的正、负号。当分电压和分电流的参考方向与原电路一致时取正号，不一致时取负号。

【例 1.21】　在图 1-1-51（a）所示电路中，$U_{S1} = 12$ V，$U_{S2} = 6$ V，$R_1 = R_3 = R_4 = 510$ Ω，$R_2 = 1$ kΩ，$R_5 = 330$ Ω，应用叠加定理求解电路中的电流 I_3。

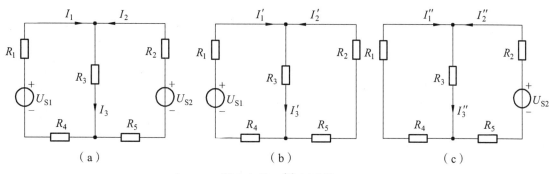

（a）　　　　　　　　　（b）　　　　　　　　　（c）

图 1-1-51　例 1.21 图

解：（1）当电压源 U_{S1} 单独作用时，电路图如图 1-1-51（b）所示。根据电路中各元件的串并联关系可得：

$$I_1' = \cfrac{U_{S1}}{R_1 + R_4 + \cfrac{R_3 \times (R_2 + R_5)}{R_3 + R_2 + R_5}}$$

$$= \cfrac{12}{510 + 510 + \cfrac{510 \times (1000 + 330)}{510 + 1000 + 330}}$$

$$= 0.0086 \, (\text{A}) = 8.6 \, (\text{mA})$$

由分流公式可得：

$$I_3' = \frac{R_2 + R_5}{R_2 + R_3 + R_5} I_1' = \frac{1000 + 330}{1000 + 510 + 330} \times 8.6 = 6.1 \, (\text{mA})$$

（2）当电压源 U_{S2} 单独作用时，电路如图 1-1-51（c）所示，可得

$$I_2'' = \cfrac{U_{S2}}{R_2 + R_5 + \cfrac{R_3 \times (R_1 + R_4)}{R_1 + R_3 + R_4}}$$

$$= \cfrac{6}{1000 + 330 + \cfrac{510 \times (510 + 510)}{510 + 510 + 510}} = 0.0036 \, (\text{A}) = 3.6 \, (\text{mA})$$

$$I_3'' = \frac{R_1 + R_4}{R_1 + R_3 + R_4} I_2'' = \frac{510 + 510}{510 + 510 + 510} \times 3.6 = 1.8 \, (\text{mA})$$

（3）电压源 U_{S1} 和 U_{S2} 共同作用时：

$$I_3 = I_3' + I_3'' = 6.1 + 1.8 = 7.9 \, (\text{mA})$$

1.4.4 戴维南定理

首先，我们分析图 1-1-52（a）所示电路，经计算可知，$I_1 = I_2 = 0.2$ A，$U_{ab} = 18$ V。当分别用 18 V 的电压源和 0.2 A 的电流源代替图中 20 V 与 10 Ω电阻的串联支路时，如图 1-1-52（b）、（c）所示，电路中的电流 I_1、I_3 没有发生变化。

因此，我们可得到：当电路中某条支路的电压 U 或电流 I 已知时，那么此支路就可以用电压为 U 的电压源或电流为 I 的电流源来代替,代替后电路中的所有电压和电流均保持不变，这就是替代定理。

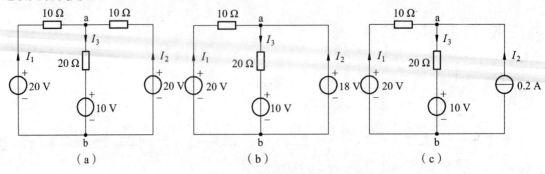

图 1-1-52　替代定理说明图

1. 戴维南定理概述

在分析一些复杂电路时，有时仅仅要分析某一条支路上的电压或电流。若用前面的支路电流法、网孔分析法等方法来分析，必然会引出一些不必要的物理量，而戴维南定理在解决这方面的问题上具有独特的优越性。

在图 1-1-53（a）所示电路中，a、b 两端的左边是任意一个线性有源二端网络，右边是一个二端元件。设端口处的电压、电流分别为 U、I。根据替代定理，将二端元件用电流为 I 的电流源代替，如图 1-1-53（b）所示。

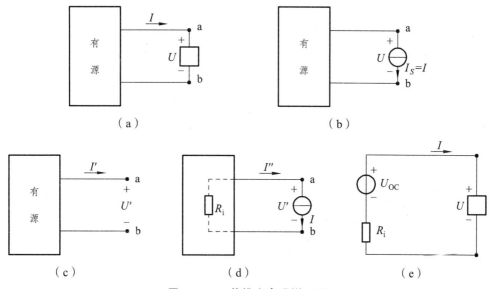

图 1-1-53　戴维南定理说明图

对图 1-1-53（b）应用叠加定理，当电流源 I_S 不作用，而有源二端网络内的全部独立电源作用时，如图 1-1-53（c）所示，有

$$I' = 0, \qquad U' = U_{OC}$$

当有源二端网络内的全部独立电源不作用，而电流源 I_S 单独作用时，如图 1-1-53（d）所示，有

$$I'' = I, \qquad U'' = -R_i I'' = -R_i I$$

将图 1-1-53（c）和图 1-1-53（d）叠加，得

$$\begin{cases} I = I' + I'' = I \\ U = U' + U'' = U_{OC} - R_i I \end{cases}$$

上式即为有源二端网络端口处电压和电流应满足的关系。图 1-1-53（e）所示电压源和电阻串联组合的电压电流关系与上式完全相同。所以图（a）中的二端网络可以用图（e）中的等效串联组合置换。此即戴维南定理。

戴维南定理可表述如下：任何一个含独立源的线性二端电阻网络，对其外部而言，都可以用一个理想电压源与电阻的串联组合来替代。其中，理想电压源的电压等于二端网络的开

路电压 U_{OC}，电阻等于网络内部所有独立源置零后网络的等效电阻 R_i。

【例 1.22】已知 $R_1 = 5\ \Omega$，$R_2 = R_3 = 10\ \Omega$，$U_S = 60\ V$，$I_S = 15\ A$。用戴维南定理求图 1-1-54（a）中的电流 I_2。

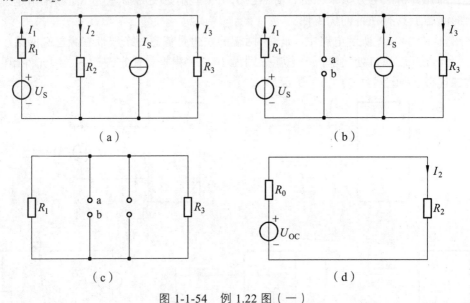

图 1-1-54　例 1.22 图（一）

解：（1）将图 1-1-54（a）所示电路中的电阻 R_2 支路移去，余下的电路为有源二端网络，如图 1-1-54（b）所示。计算该有源二端网络的开路电压，即

$$U_{OC} = U_{ab} = U_S - \frac{U_S - R_3 I_S}{R_1 + R_3} R_1 = 60 - \frac{60 - 15 \times 10}{5 + 10} \times 5 = 90\ (V)$$

（2）将图 1-1-54（b）所示有源二端网络中的独立源置零（即电压源短路，电流源开路），如图 1-1-54（c）所示。计算网络等效电阻，即

$$R_0 = R_{ab} = \frac{R_1 R_3}{R_1 + R_3} = \frac{10}{3}\ (\Omega)$$

（3）用戴维南等效电路代替图 1-1-54（b）所示有源二端网络，并加上去掉的支路，如图 1-1-54（d）所示。

这样，通过电阻 R_2 的电流

$$I_2 = \frac{U_{OC}}{R_0 + R_2} = \frac{90}{\frac{10}{3} + 10} = 6.75\ (A)$$

如图 1-1-55 所示为另一种求戴维南等效电阻的方法。求出给定有源二端网络的开路电压 U_{OC} 和短路电流 I_{SC}。按图可求出

$$R_0 = \frac{U_{OC}}{I_{SC}} \qquad\qquad (1-1-37)$$

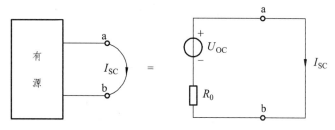

图 1-1-55 例 1.22 图（二）

2. 最大功率传输

对于线性含源二端网络，当在网络两端接上不同的负载之后，负载获得的功率不同。下面我们讨论负载为多大时，能获得最大功率，获得的最大功率值是多少？

设电阻 R_L 所接网络的开路电压为 U_S，除源后的等效电阻为 R_0。则负载上消耗的功率为

$$P = I^2 R_L = \left(\frac{U_S}{R_0 + R_L} \right)^2 R_L$$

当 $\mathrm{d}P/\mathrm{d}R_L = 0$ 时，功率 P 达到最大值，由此得到负载获得最大功率的条件是

$$R_L = R_0 \qquad\qquad (1\text{-}1\text{-}38)$$

此时，负载上获得的最大功率为

$$P_{max} = \frac{U_S^2}{4R_0} \qquad\qquad (1\text{-}1\text{-}39)$$

由于负载获得最大功率的条件是负载与电源内阻相同，但是此时内阻上消耗的功率与负载相同，电源的供电效率很低，所以在电力系统中必须避免这种匹配现象的发生。

在电子电路中，由于信号很弱，常常要求从信号源获得最大功率，因此，要尽量满足匹配条件。

本章小结

电路是由电源、负载和中间环节 3 部分组成的电流通路，它的作用是实现电能的输送和转换，电信号的传递和处理。

电流、电压、电动势和功率是电路的主要物理量。

电路有开路、短路、通路 3 种状态。使用电路元件必须注意其额定值，在额定状态下工作最为经济，应防止发生短路故障。

在分析计算电路时，必须首先标出电流、电压、电动势的参考方向。参考方向一经选定，在解题过程中不能更改。当求得的电压或电流为正值时，表明假定的参考方向与实际方向相同，否则相反。在未标出参考方向的情况下，所得电压值或电流值的正负是无意义的。

由理想电路元件（简称电路元件）组成的电路称为电路模型。理想电路元件有电

阻元件、电感元件、电容元件、理想电压源和理想电流源，它们只有单一的电磁性质。在进行理论分析时需将实际的电路元件模型化。

一个实际的直流电源可采用两种理论模型，即电压源模型和电流源模型，两者之间可以进行等效变换，其变换的条件为 $I_S = E/R_0$。它们的等效关系是对外电路而言的，对电源内部则是不等效的。

电路中某点的电位等于该点与"参考点"之间的电压。参考点改变，则各点的电位值相应改变，但任意两点间的电位差（电压）不变。

基尔霍夫定律是电路的基本定律，它分为电流定律（KCL）和电压定律（KVL）。KCL 适用于节点，其表达式为 $\sum I = 0$，基本含义是任一瞬时通过任一节点的电流代数和等于零。

KVL 适用于回路，其表达式为 $\sum U = 0$，表示任一瞬间，沿任一闭合回路，回路中各部分电压的代数和为零。基尔霍夫定律具有普遍性，它不仅适用于直流电路，也适用于由各种不同电路元件构成的交流电路。

1. 等效变换

（1）n 个电阻串联。

等效电阻：$\qquad R = \sum_{k=1}^{n} R_k$

分压公式：$\qquad U_j = U \dfrac{R_j}{R}$

（2）n 个电导并联。

等效电导：$\qquad G = \sum_{k=1}^{n} G_k$

分流公式：$\qquad I_j = I \dfrac{G_j}{G}$

（3）△-Y 电阻网络的等效变换：

$$R_Y = \frac{\text{△形相邻两电阻的乘积}}{\text{△形电阻之和}}$$

$$R_\triangle = \frac{\text{Y形相邻两电阻的乘积}}{\text{Y形电阻之和}}$$

3 个电阻相等时，或 $R_\triangle = 3R_Y$。两种电源模型的等效互换条件：

$$I_S = \frac{U_S}{R} \quad \text{或} \quad U_S = RI_S$$

R 的大小不变，只是连接位置改变。

电流源与任何线性元件串联都可以等效成电流源本身；电压源与任何线性元件并联都可以等效成电压源本身。

实际电压源可以看成是电压源 U_S 与内阻 R_0 的串联电路；实际电流源可以看成是电流源 I_S 与电阻 R_i' 的并联电路。

实际受控源的等效变换方法与实际电源的等效变换方法一致。

2．网络方程法

（1）支路电流法。

支路电流法以 b 个支路的电流为未知数，列 $n-1$ 个节点电流方程，用支路电流表示电阻电压，列 $m=b-(n-1)$ 个网孔回路电压方程，共列 b 个方程联立求解。

（2）节点电压法。

节点电压法以 $n-1$ 个节点电压为未知数，用节点电压表示支路电压、支路电流，列 $n-1$ 个节点电流方程联立求解。

3．网络定理

（1）叠加定理。

线性电路中，每一支路的响应等于各独立源单独作用下在此支路所产生的响应的代数和。

（2）戴维南定理。

含独立源的二端线性电阻网络，对其外部而言都可用电压源和电阻串联组合等效代替。电压源的电压等于网络的开路电压 U_{OC}，电阻 R_0 等于网络除源后的等效电阻。

在应用叠加定理和戴维南定理时，受控源要与电阻一样对待。

4．最大功率传输定理

含源线性电阻单口网络（$R_0>0$）向可变电阻负载 R_L 传输最大功率的条件是：负载电阻 R_L 与单口网络的输出电阻 R_0 相等。满足 $R_L=R_0$ 条件时，称为最大功率匹配，此时负载电阻 R_L，获得的最大功率为

$$P_{max}=\frac{U_{OC}^2}{4R_0}$$

习　题

1．一个 220 V、1000 W 的电热器，若将它接到 110 V 的电源上，其吸收的功率为多少？若把它误接到 380 V 的电源上，其吸收的功率又为多少？是否安全？

2．已知电路图 1-1-56 所示。

若 $i=2\,A$，$u=4\,V$，求元件吸收的功率；

若 $i=2\,A$，$u=-4\,V$，求元件吸收的功率；

若 $i=2\,A$，元件吸收的功率 $p=100\,W$，求电压 u；

若 $u=4\,V$，元件提供的功率 $p=100\,W$，求电流 i。假如上述电压 u 用 u' 代替，情况又如何？

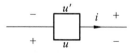

图 1-1-56　题 2 图

3. 在图 1-1-57 所示电路中，5 个元件代表电源或负载。今测得 $I_1 = -4\,\text{A}$，$I_2 = 6\,\text{A}$，$I_3 = 10\,\text{A}$，$U_1 = 140\,\text{V}$，$U_2 = -90\,\text{V}$，$U_3 = 60\,\text{V}$，$U_4 = -80\,\text{V}$，$U_5 = 30\,\text{V}$。

（1）判断哪些元件是电源，哪些是负载；

（2）计算各元件的功率，并说明电源发出的功率和负载吸收的功率是否平衡。

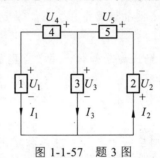

图 1-1-57　题 3 图

4. 求图 1-1-58 所示电路中电压源、电流源和电阻消耗的功率。

5. 在图 1-1-59 所示的电路中，试求流过 6 Ω 电阻的电流 I。

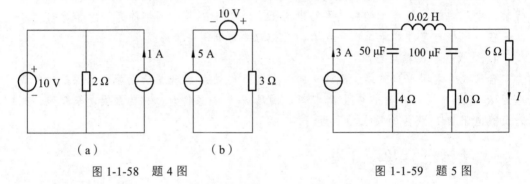

（a）　　　　　　　　（b）

图 1-1-58　题 4 图　　　　　　　图 1-1-59　题 5 图

6. 一只 110 V、8 W 的指示灯，现在要接在 380 V 的电源上，需要串多大阻值的电阻？该电阻选用多大功率？

7. 在图 1-1-60 所示两个电路中，要使 6 V、50 mA 的电珠能正常发光，应该采用哪一个电路？

8. 图 1-1-61 所示是一个测量电源电阻 R_0 和电源电压 U_S 的电路。已知 $R_1 = 2.6\,\Omega$，$R_2 = 5.5\,\Omega$。当将开关 S 置向 1 时，电流表读数为 2 A；当 S 置向 2 时，读数为 1 A。试求 R_0 和 U_S。

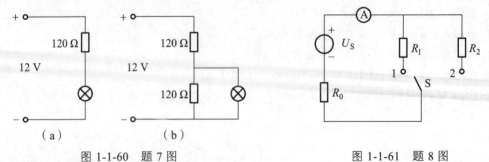

（a）　　　　　　　（b）

图 1-1-60　题 7 图　　　　　　图 1-1-61　题 8 图

9. 试写出如图 1-1-62 所示电路的端口伏安关系。

10. 试求图 1-1-63 所示电路中的电阻 R。

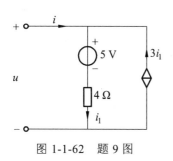

图 1-1-62 题 9 图

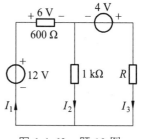

图 1-1-63 题 10 图

11. 求图 1-1-64 所示电路中的电压 u_S 和电流 i（已知 $u_1 = 3$ V）。

12. 求图 1-1-65 所示电路中各支路电流 I_1、I_2、I_3 及电压源的功率，并确定它们是吸收还是发出功率。

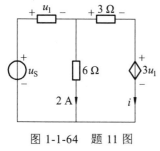

图 1-1-64 题 11 图

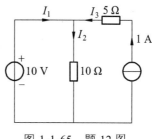

图 1-1-65 题 12 图

13. 在图 1-1-66 所示电路中，已知 $I_1 = 0.01$ A，$I_2 = 0.3$ A，$I_5 = 9.61$ A。试求电流 I_3、I_4 和 I_6。

14. 求图 1-1-67 所示电路中的 I 和 U_{34}。

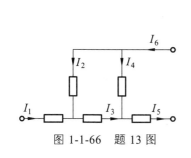

图 1-1-66 题 13 图

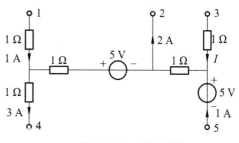

图 1-1-67 题 14 图

15. 求图 1-1-68 所示电路中的电阻 R。

16. 求图 1-1-69 所示电路中 A 点的电位。

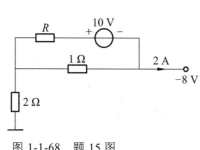

图 1-1-68 题 15 图

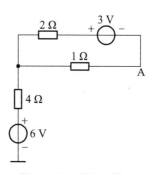

图 1-1-69 题 16 图

17. 在图 1-1-70 所示电路中，试求在开关 S 断开和闭合的两种情况下 A 点的电位。

18. 在图 1-1-71 所示电路中，已知 $R_1 = R_2 = R_3 = R_4 = R_5 = R_6 = 1\,\Omega$，$U_{S1} = 3\,V$，$U_{S2} = 2\,V$，以 D 点为参考点，求 V_A、V_B 和 V_C。

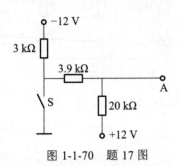

图 1-1-70　题 17 图

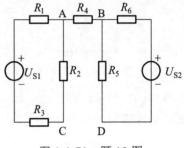

图 1-1-71　题 18 图

19. 电路及参数如图 1-1-72 所示，求：

（1）支路电流 I_1 和 I_2。

（2）分析计算电路中各元件的功率，并说明是发出功率还是接收功率。

（3）校核电路的功率是否平衡。

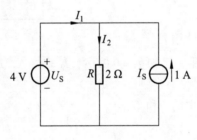

图 1-1-72　题 19 图

20. 电阻 R_1、R_2 串联后接在电压为 36 V 的电源上，电流为 4 A；并联后接在同一电源上，电流为 18 A。

（1）求电阻 R_1 和 R_2。

（2）并联时，每个电阻吸收的功率为串联时的几倍？

21. 电路如图 1-1-73 所示，求 R_L 分别等于 1 Ω、2 Ω、4 Ω 时负载获得的功率。

22. 求图 1-1-74 所示桥形电路的总电阻 R_{AB}。

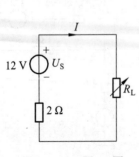

图 1-1-73　题 21 图

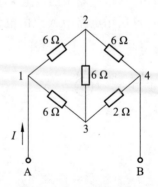

图 1-1-74　题 22 图

23. 求图 1-1-75 所示各电路的等效电阻 R_{AB}。

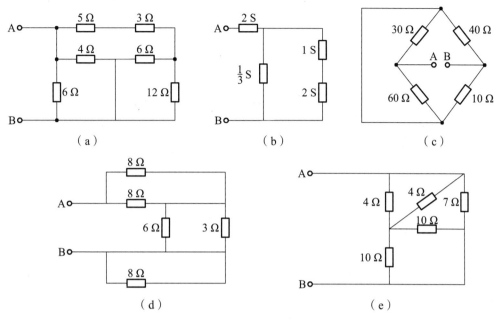

图 1-1-75 题 23 图

24. 一个内阻 R_g 为 1 kΩ、电流灵敏度 I_g 为 10 μA 的表头,今欲将其改装成量程为 100 mA 的电流表,需并联一个多大的电阻?

25. 试求图 1-1-76 所示电路中的电流 I。

26. 电路如图 1-1-77 所示,已知 $R_1 = 12\ \Omega$,$R_2 = 6\ \Omega$,$R_3 = 4\ \Omega$,电源电压 $U = 24$ V,求支路电流 I_1、I_2、I_3。

27. 电路如图 1-1-78 所示,$R_1 = 2\ \Omega$,$R_2 = 4\ \Omega$,$R_3 = 10\ \Omega$,$U_1 = 18$ V,$U_2 = 6$ V,$U_3 = 4$ V,用支路电流法求出各支路的电流。

28. 电路如图 1-1-79 所示,用支路电流法求电路各支路的电流。

29. 电路如图 1-1-80 所示,已知 $R_1 = 1\ \Omega$,$R_2 = 3\ \Omega$,$R_3 = 6\ \Omega$,$U_3 = 9$ V,求支路电流 I_1、I_2、I_3。

30. 电路如图 1-1-81 所示,已知 $R_1 = 2\ \Omega$,$R_2 = 2\ \Omega$,$U_S = 12$ V,$I_S = 2$ A,求支路电流 I_1、I_2 和 A、B 两端的电压 U_{AB}。

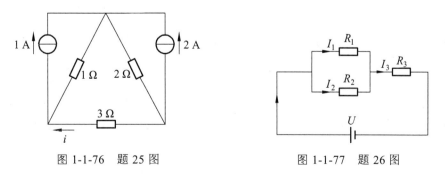

图 1-1-76 题 25 图　　　　　　图 1-1-77 题 26 图

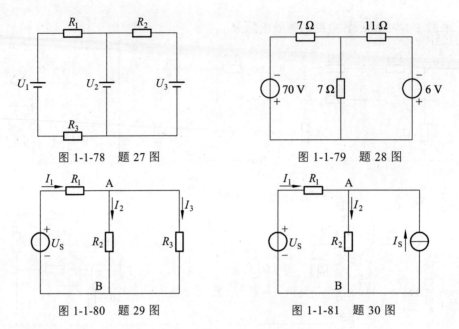

图 1-1-78 题 27 图 　　　　　　　　图 1-1-79 题 28 图

图 1-1-80 题 29 图 　　　　　　　　图 1-1-81 题 30 图

31. 用支路电流法求图 1-1-82 所示电路中各支路的电流。

32. 用节点电压法求图 1-1-83 所示电路中各支路的电流。

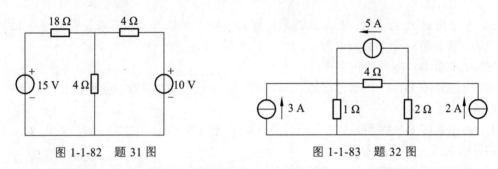

图 1-1-82 题 31 图 　　　　　　　　图 1-1-83 题 32 图

33. 用叠加定理求图 1-1-84 所示电路中的 I 和 U。

34. 用叠加定理求图 1-1-85 所示电路中的 U。

35. 已知 $R_1 = 6\ \Omega$，$U_S = 10\ \text{V}$，$R_2 = 4\ \Omega$，$I_S = 4\ \text{A}$，用叠加定理求图 1-1-86 所示电路中的 I_1、I_2，若把电压源、电流源增倍，其结果如何？

36. 电路如图 1-1-87 所示，用戴维南定理求图中支路电流 I 的值。

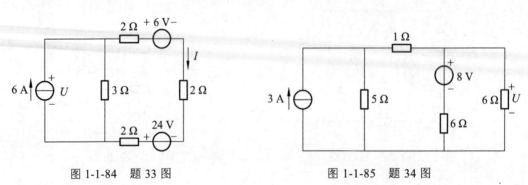

图 1-1-84 题 33 图 　　　　　　　　图 1-1-85 题 34 图

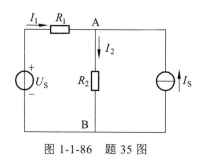

图 1-1-86　题 35 图

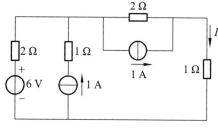

图 1-1-87　题 36 图

37. 电路如图 1-1-88 所示，求负载电阻 R_L 上消耗的功率 P_L。

38. 如图 1-1-89 所示电路中，已知 $u_{S1} = 80V$，$u_{S2} = 40$ V，$R_1 = 4\ \Omega$，$R_2 = 16\ \Omega$。求 A、B 两端的戴维南等效电路。

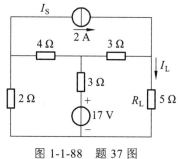

图 1-1-88　题 37 图

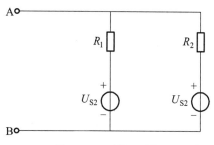

图 1-1-89　题 38 图

39. 用戴维南定理求图 1-1-90 所示电路中流过 10 Ω电阻的电流 I。

40. 求图 1-1-91 所示电路中 R_L 为何值时，它可获得最大功率，其最大功率是多少？传输功率是多少？

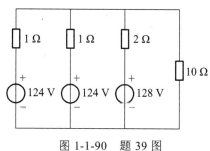

图 1-1-90　题 39 图

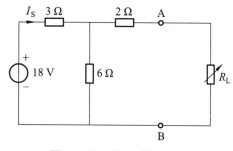

图 1-1-91　题 40 图

第 2 章　正弦交流电路

正弦交流电，特别是三相电路在生产和生活中应用极为广泛。

正弦交流电路是指含有正弦电源（激励）而且电路各部分所产生的电压和电流（响应）均按正弦规律变化的电路。

本章将介绍正弦交流电路的一些基本概念、基本理论和基本分析方法，为后面学习交流电机、电器及电子技术打下基础。

本章还将讨论非正弦周期信号电路。

交流电路具有用直流电路的概念无法理解和分析的物理现象，因此在学习时应注意建立交流的概念，以免引起错误。

2.1　正弦交流电的基本概念

脉动电流/脉动电压：大小随时间变化而方向不变的电流/电压，波形如图 1-2-1（a）和 1-2-1（b）所示。

周期电流/周期电压：大小和方向都随时间作周期性变化的电流/电压，波形如图 1-2-1（c）和 1-2-1（d）所示。

交变量：在一个周期内的数学平均值等于零的周期量，波形如图 1-2-1（c）和 1-2-1（d）所示。

正弦电流/电压：按正弦规律变化的交流电流/电压，波形如图 1-2-1（d）所示。

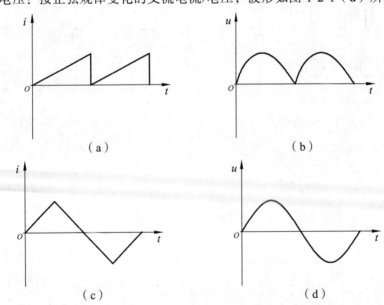

图 1-2-1　波形图

2.1.1　正弦量的三要素

角频率（ω）：单位时间内交流电经过的电角度，它是反映交流电变化快慢的物理量。

振幅（I_m）：正弦交流电变化过程中的最大瞬时值的绝对值（absolute value）。

初相位（φ）：交流电某时刻所处的位置（或者电角度）称为相位，我们将 $t = 0$ 时的相位称为初相位。

$$\omega = 2\pi f = \frac{2\pi}{T}$$

$$f = \frac{1}{T}$$
（1-2-1）

$$i(t) = I_m \sin(\omega t + \varphi) \quad -\pi \leqslant \varphi \leqslant \pi$$
（1-2-2）

正弦波完成完整一周所需的时间称为周期 T，单位为秒（s）。

正弦波每秒内变化的次数称为频率 f，单位为赫兹（Hz）。

周期和频率互为倒数的关系：

$$f = \frac{1}{T}$$

正弦量变化的快慢还可用角频率 ω 来表示。因为一周期内经历了 2π 弧度，所以角频率为

$$\omega = \frac{2\pi}{T} = 2\pi f$$

角频率的单位为弧度/秒（rad/s）。

图 1-2-2 显示了这些量之间的关系。

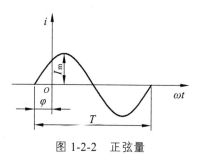

图 1-2-2　正弦量

2.1.2　同频率正弦量的相位差

两个同频率正弦量的相位角之差或初相位角之差称为相位角差或相位差，它描述了两个正弦量之间变化进程的差异（用 ψ 表示）。

$$\psi_{12} = (\omega t + \varphi_1) - (\omega t + \varphi_2) = \varphi_1 - \varphi_2 \ (-\pi \leqslant \psi_{12} \leqslant \pi)$$
（1-2-3）

（1）$\psi_{12} > 0$ 表示正弦量 1 超前正弦量 2（或正弦量 2 滞后正弦量 1）。波形如图 1-2-3（a）所示。

（2）$\psi_{12} = 0$ 表示两正弦量同相位。波形如图 1-2-3（b）所示。

（3）$\psi_{12} = \pm \pi/2$ 表示两正弦量正交。波形如图 1-2-3（c）所示。

（4）$\psi_{12} = \pi$ 表示两正弦量反相。波形如图 1-2-3（d）所示。

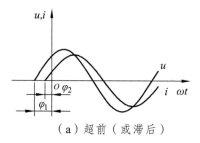

（a）超前（或滞后）

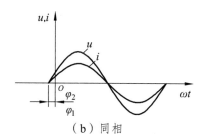

（b）同相

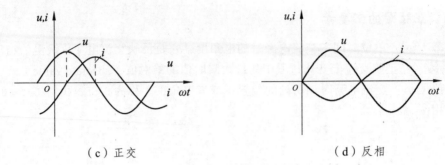

（c）正交   （d）反相

图 1-2-3   同频率正弦量的相位差

2.1.3   正弦量的有效值

正弦量在任一瞬间的值称为瞬时值（momentary value），用小写字母来表示。

瞬时值中最大的值称为幅值（最大值或峰值，peak value），用带下标 m 的大写字母表示。

用来衡量周期性交流电的大小的物理量称为有效值（virtual value），它是通过周期电流流过电阻产生的热效应来定义的。

有效值/均方根值（Root Mean Square，RMS）：设周期性电流 i 和恒定电流 I 通过同样大小的电阻 R，如果在周期性电流 i 的一个周期时间内，两个电流产生的热量相等，则该恒定电流 I 称为周期性电流 i 的有效值。

$$i = I_m \sin \omega t \qquad I = \sqrt{\frac{1}{T} \int i^2 \mathrm{d}t}$$

$$I = \sqrt{\frac{1}{T} \int_0^T I_m^2 \sin^2 \omega t \mathrm{d}t} = \frac{I_m}{\sqrt{2}} = 0.707 I_m \qquad (1\text{-}2\text{-}4)$$

同理

$$U = \frac{U_m}{\sqrt{2}} = 0.707 U_m \qquad (1\text{-}2\text{-}5)$$

2.2   正弦量的表示方法

2.2.1   复数的概念及其运算

1. 复数的有关概念和性质

1）虚数单位 j

规定 $j^2 = -1$，形如 $a+bj$ 的数称为复数，其中 $a, b \in \mathbf{R}$。

2）复数的分类（下面的 a, b 均为实数）

$$复数 \atop a+bj \left\{ \begin{array}{l} 实数 \atop (b=0) \left\{ \begin{array}{l} 有理数——循环小数 \\ 无理数——无限不循环小数 \end{array} \right. \\ 虚数 \atop (b \neq 0) \left\{ \begin{array}{l} 纯虚数（a=0） \\ 非纯虚数(b \neq 0) \end{array} \right. \end{array} \right.$$

3）复数的相等

设复数 $z_1 = a_1 + b_1 j, z_2 = a_2 + b_2 j (a_1, b_1, a_2, b_2 \in \boldsymbol{R})$ ，那么 $z_1 = z_2$ 的充要条件是：$a_1 = b_1$ 且 $a_2 = b_2$。

4）复数的几何表示

复数 $z = a + bj$（a，$b \in \boldsymbol{R}$）可用平面直角坐标系内点 $Z(a, b)$ 来表示。这时称此平面为复平面，x 轴称为实轴，y 轴除去原点称为虚轴。这样，全体复数集 $\boldsymbol{C}$ 与复平面上全体点集是一一对应的。

5）共轭复数

$a - bj$ 称为复数 $z = a + bj$ 的共轭复数，记为 $\bar{z}$，那么 z 与 $\bar{z}$ 对应复平面上的点关于实轴对称。且

（1）$z + \bar{z} = 2a, z - \bar{z} = 2bj, z\bar{z} = a^2 + b^2$

（2）$z = \bar{z} \Leftrightarrow \in \boldsymbol{R}$

6）复数的模与复数的向量表示

称 $\sqrt{a^2 + b^2}$ 为复数 $z = a + bj$ 的模，记为 $|z|$。复数的模是非负实数。特别 $|z| = 0 \Leftrightarrow z = 0$。

复数 $z = a + bj(a, b \in \boldsymbol{R})$ 在复平面内还可以用以原点 O 为起点，以点 $Z(a, b)$ 为终点的向量 $\boldsymbol{OZ}$ 来表示。复数集 $\boldsymbol{C}$ 和复平面内所有以原点为起点的向量所成的集合也是一一对应的。（例外的是复数 0 对应点 O，看成零向量。）

7）复数与实数的不同

（1）任意两个实数可以比较大小，而任意两个复数中至少有一个不是实数时就不能比较大小。

（2）实数对于四则运算是通行无阻的，但不是仟何实数都可以开偶次方. 而复数对四则运算和开方均通行无阻。

2. 有关计算

（1）$j^n (n \in \boldsymbol{N}^*)$ 怎样计算？（先求 n 被 4 除所得的余数，$j^{4k+r} = j^r (k \in \boldsymbol{N}^*, r \in \boldsymbol{N})$）

（2）$\omega_1 = -\dfrac{1}{2} + \dfrac{\sqrt{3}}{2}j$、$\omega_2 = -\dfrac{1}{2} - \dfrac{\sqrt{3}}{2}j$ 是 1 的两个虚立方根，并且：

$\omega_1^3 = \omega_2^3 = 1$ ，$\omega_1^2 = \omega_2$ ，$\omega_2^2 = \omega_1$ ，$\dfrac{1}{\omega_1} = \omega_2$ ，$\dfrac{1}{\omega_2} = \omega_1$ ，$\overline{\omega_1} = \omega_2$ ，$\overline{\omega_2} = \omega_1$ ，$\omega_1 + \omega_2 = -1$。

（3）复数集内的三角形不等式是：$\left\| z_1 \right| - \left| z_2 \right\| \leqslant |z_1 \pm z_2| \leqslant |z_1| + |z_2|$，其中左边在复数 z_1、z_2 对应的向量共线且反向（同向）时取等号，右边在复数 z_1、z_2 对应的向量共线且同向（反向）时取等号。

（4）棣莫佛定理是：$[r(\cos\theta + j\sin\theta)]^n = r^n(\cos n\theta + j\sin n\theta)(n \in \boldsymbol{Z})$

（5）若非零复数 $z = r(\cos\alpha + j\sin\alpha)$，则 z 的 n 次方根有 n 个，即：

$$z_k = \sqrt[n]{r}\left(\cos\frac{2k\pi + \alpha}{n} + j\sin\frac{2k\pi + \alpha}{n}\right)(k = 0, 1, 2, \cdots, \ n-1)$$

思考：它们在复平面内对应的点在分布上有什么特殊关系？

答：它们都位于圆心在原点，半径为 $\sqrt[n]{r}$ 的圆上，并且把这个圆 n 等分。

（6）若 $|z_1| = 2$，$z_2 = 3\left(\cos\dfrac{\pi}{3} + i\sin\dfrac{\pi}{3}\right) \cdot z_1$，复数 z_1、z_2 对应的点分别是 A、B，则 $\triangle AOB$（O 为坐标原点）的面积是 $\dfrac{1}{2} \times 2 \times 6 \times \sin\dfrac{\pi}{3} = 3\sqrt{3}$ $z \cdot \overline{z} = |z|^2$。

（7）复平面内复数 z 对应的点的几个基本轨迹：

① $\arg z = \theta$（θ 为实常数）$\leftrightarrow$ 轨迹为一条射线。

② $\arg(z - z_0) = \theta$（z_0 是复常数，θ 是实常数）$\leftrightarrow$ 轨迹为一条射线。

③ $|z - z_0| = r$（r 是正的常数）$\leftrightarrow$ 轨迹是一个圆。

④ $|z - z_1| = |z - z_2|$（z_1、z_2 是复常数）$\leftrightarrow$ 轨迹是一条直线。

⑤ $|z - z_1| + |z - z_2| = 2a$（$z_1$、$z_2$ 是复常数，a 是正的常数）$\leftrightarrow$ 轨迹有三种可能情形：

a）当 $2a > |z_1 - z_2|$ 时，轨迹为椭圆；

b）当 $2a = |z_1 - z_2|$ 时，轨迹为一条线段；

c）当 $2a < |z_1 - z_2|$ 时，轨迹不存在。

⑥ $\big||z - z_1| - |z - z_2|\big| = 2a$（$a$ 是正的常数）$\leftrightarrow$ 轨迹有三种可能情形：

a）当 $2a < |z_1 - z_2|$ 时，轨迹为双曲线；

b）当 $2a = |z_1 - z_2|$ 时，轨迹为两条射线；

c）当 $2a > |z_1 - z_2|$ 时，轨迹不存在。

【例 2.1】 在复平面内，若 $z = m^2(1 + j) - m(4 + j) - 6j$ 所对应的点在第二象限，则实数 m 的取值范围是（　　　　）

A. $(0, 3)$　　　　　B. $(-\infty, -2)$　　　　　C. $(-2, 0)$　　　　　D. $(3, 4)$

【例 2.2】 已知 z 是复数，$z + 2j$，$\dfrac{z}{z - j}$ 均为实数（j 为虚数单位），且复数 $(z + aj)^2$ 在复平面上对应的点在第一象限，求实数 a 的取值范围。

【例 2.3】 设 $a \in \mathbf{R}$，$z \in \mathbf{C}$，满足 $(z^2 - a^2)/(z^2 + a^2)$ 是纯虚数，求 a，z 应满足的条件。

【例 2.4】 设复数 $z = \lg(m^2 - 2m - 2) + (m^2 + 3m + 2)j$，试求实数 m 取何值时，① z 是纯虚数；② z 是实数；③ z 对应的点位于复平面的第二象限。

【例 2.5】 设 $z \in \mathbf{C}$，求满足 $z + \dfrac{1}{z} \in \mathbf{R}$ 且 $|z - 2| = 2$ 的复数 z。

【例 2.6】 已知 $z_1 = x^2 + \sqrt{x^2 + 1}\,j$，$z_2 = (x^2 + a)j$ 对于任意 $x \in \mathbf{R}$ 均有 $|z_1| > |z_2|$ 成立，试求实数 a 的取值范围。

2.2.2　正弦量的相量表示

1. 相量

用复数表示的正弦量，称为相量（phasor）。

对正弦量：

$$i = I_{\mathrm{m}}\sin(\omega t + \varphi_{\mathrm{i}}),\ u = U_{\mathrm{m}}\sin(\omega t + \varphi_{\mathrm{u}})$$

其最大值相量为

$$\dot{I}_m = I_m \mathrm{e}^{j\varphi_i} = I_m \angle \varphi_i$$
$$\dot{U}_m = U_m \mathrm{e}^{j\varphi_u} = U_m \angle \varphi_u$$

（1-2-6）

其有效值相量为

$$\dot{I} = I\mathrm{e}^{j\varphi_i} = I \angle \varphi_i = \frac{I_m}{\sqrt{2}} \angle \varphi_i$$

（1-2-7）

$$\dot{U} = U\mathrm{e}^{j\varphi_u} = U \angle \varphi_u = \frac{U_m}{\sqrt{2}} \angle \varphi_u$$

2. 相量与正弦量的关系

相量的模对应正弦量的有效值（或幅值）。

相量的幅角对应正弦量的初相角。

3. 相量图

按照正弦量的大小和相位关系用初始位置的有向线段画出的若干个相量的图形，称为相量图。如：

$$i = I_m \sin(\omega t + \varphi_i)$$
$$\dot{I}_m = I_m \mathrm{e}^{j\varphi_i} = I_m \angle \varphi_i$$

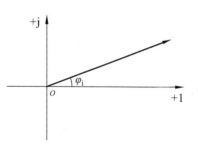

图 1-2-4　相量图

其相量图如图 1-2-4 所示。

注：用相量表示正弦量，并不是相量等于正弦量。相量法只适用于正弦稳态电路的分析计算。

【例 2.7】 已知：正弦电压 $u_1 = 311\sin\left(\omega t + \dfrac{\pi}{6}\right)$，$u_2 = 537\sin\left(\omega t - \dfrac{\pi}{3}\right)$。

求：u_1、u_2 的有效值相量，并绘出相量图。

解： $U_{1m} = 311$（V）　　$U_{2m} = 537$（V）

$U_1 = 220$（V）　　$U_2 = 380$（V）

$\dot{U}_1 = 220 \angle \dfrac{\pi}{6}$　　$\dot{U}_2 = 380 \angle -\dfrac{\pi}{3}$

相量图如图 1-2-5 所示。

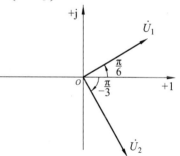

图 1-2-5　相量图

4. 用相量法求同频率正弦量的代数和

正弦量的和的相量等于正弦量相量的和。用相量法求同频率正弦量的代数和，是把复杂的三角函数的计算通过简单的复数计算来实现，大大简化了计算过程。

$$i = i_1 + i_2 \quad \text{即} \quad \dot{I} = \dot{I}_1 + \dot{I}_2$$

（1-2-8）

【例 2.8】 已知：$u_1 = 220\sqrt{2}\sin\omega t$（V），$u_2 = 220\sqrt{2}\sin(\omega t - 120°)$（V）。

求：$u = u_1 - u_2$

解： $\dot{U}_1 = 220 \angle 0° = 220$（V）

$$\dot{U}_2 = 220\angle -120°$$
$$= 220\cos(-120°) + j220\sin(-120°)$$
$$= -110 - j110\sqrt{3} \text{ (V)}$$
$$\dot{U} = \dot{U}_1 - \dot{U}_2 = 330 + j110\sqrt{3}$$
$$= 348\angle 30° \text{ (V)}$$
$$u = u_1 - u_2 = 348\sqrt{2}\sin(\omega t + 30°) \text{ (V)}$$

相量图如图 1-2-6 所示。

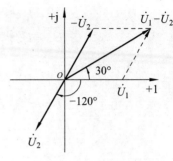

图 1-2-6　相量图

2.2.3　相量形式的基尔霍夫定律

1. KCL 的向量形式

因为正弦交流电的瞬时值服从 KCL 定理，而相量值与正弦量在运算上具有等效性。故相量值也服从 KCL：正弦交流电路中某节点的所有支路电流相量的代数和为零。即：

$$\sum \dot{i} = 0 \tag{1-2-9}$$

2. KVL 的相量形式

同理有 KVL：正弦交流电路中任一回路，所有电压相量的代数和为零。即：

$$\sum \dot{U} = 0 \tag{1-2-10}$$

2.3　单一参数的交流电路

2.3.1　电阻电路

电阻元件的电压和电流关系如图 1-2-7 所示。

1. 伏安关系

设电阻元件中电流为

$$i_R = I_m\sin(\omega t + \varphi_i)$$

根据欧姆定律：

$$U_R = Ri = RI_m\sin(\omega t + \varphi_i) = U_m\sin(\omega t + \varphi_u)$$

则　　　　　　$$U_m = RI_m \quad 或 \quad U = RI \tag{1-2-11}$$

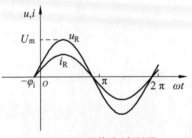

图 1-2-8　电阻伏安波形图

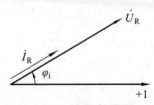

图 1-2-9　电阻相量图

2. 相量关系

$$\dot{U}_R = R\dot{I}_R \tag{1-2-12}$$

结论：

（1）电阻元件两端的电压和电流的相量值、瞬时值、最大值、有效值均服从欧姆定律。

（2）电阻两端的电压与电流同相（电压电流的复数比值为一实数）。

2.3.2 电阻元件的功率

1. 瞬时功率（instantaneous power）

该电阻元件的电流：

设

$$u = U_m \sin \omega t$$

$$i = \frac{u}{R} = \frac{U_m \sin \omega t}{R} = \frac{\sqrt{2}U}{R} \sin \omega t$$

$$= I_m \sin \omega t = \sqrt{2} I \sin \omega t$$

则：

$$
\begin{aligned}
p &= u \cdot i \\
&= U_m I_m \sin^2 \omega t \\
&= \frac{1}{2} U_m I_m (1 - \cos 2\omega t)
\end{aligned}
\tag{1-2-13}
$$

其波形如图 1-2-10 所示。

由图 1-2-10 可见，电阻元件的瞬时功率大于（等于）零。

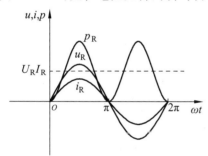

图 1-2-10　电阻瞬时功率波形图

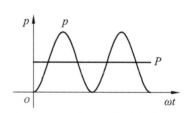

图 1-2-11　电阻平均功率波形图

2. 平均功率（有功功率）

瞬时功率在一个周期内的平均值（见图 1-2-11）：

$$
\begin{aligned}
P &= \frac{1}{T}\int_0^T p\,dt = \frac{1}{T}\int_0^T u \cdot i\,dt \\
&= \frac{1}{T}\int_0^T \frac{1}{2} U_m I_m (1 - \cos 2\omega t)\,dt \\
&= \frac{1}{T}\int_0^T UI(1 - \cos 2\omega t)\,dt = UI
\end{aligned}
$$

$$P = U \times I = I^2 R = \frac{U^2}{R} \tag{1-2-14}$$

注意：通常铭牌数据或测量的功率均指有功功率。

【例 2.9】 电阻元件电压、电流的参考方向关联。

已知：电阻 $R = 100\ \Omega$，通过电阻的电流 $i_R = 1.414\sin(\omega t + 30)$ A

求：（1）电阻元件的电压 $\dot{U}_R$ 和 u_R；

（2）电阻消耗的功率 P_R；

（3）画相量图。

解：

（1）$i_R \rightarrow \dot{I} = 1\angle 30°$ (A)

$\dot{U}_R = R\dot{I} = 100 \times 1\angle 30° = 100\angle 30°$ (A)

$U_R = 100$ (V)

$u_R = 100\sqrt{2}\sin(\omega t + 30°)$ (V)

（2）$P_R = RI_R^2 = 100 \times 1^2 = 100$ (W)

（3）相量图如图 1-2-12 所示。

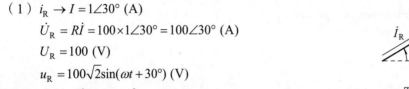

图 1-2-12　相量图

2.3.2　电感电路

2.3.2.1　电磁感应定律

1831 年，法拉第从一系列实验中总结出：当穿过某一导电回路所围面积的磁通发生变化时，回路中即产生感应电动势及感应电流，感应电动势的大小与磁通对时间的变化率成正比。这一结论称为法拉第定律。这种由于磁通的变化而产生感应电动势的现象称为电磁感应现象。

1834 年，楞次进一步发现：闭合导体回路中的感应电流，其流向总是企图使感应电流自己激发的穿过回路面积的磁通量能够抵消或补偿引起感应电流的磁通量的增加或减少。这一结论即是楞次定律。法拉第定律经楞次补充后，完整地反映了电磁感应的规律。

电磁感应定律指出：如果选择磁通 Φ 的参考方向与感应电动势 e 的参考方向符合右手螺旋关系，如右图所示。对一匝线圈来说，其感应电动势可以描述为

$$e = -\frac{\mathrm{d}\Phi}{\mathrm{d}t} \tag{1-2-15}$$

式中，磁通的单位为韦伯（Wb），时间的单位为秒（s），电动势的单位为伏特（V）。

若线圈的匝数为 N，且穿过各匝的磁通均为 Φ，如图 1-2-13 所示，则

$$e = -N\frac{\mathrm{d}\Phi}{\mathrm{d}t} = -\frac{\mathrm{d}\psi}{\mathrm{d}t} \tag{1-2-16}$$

式中，$\Psi = N\Phi$，称为与线圈交链的磁链，它的单位与磁通相同。

感应电动势将使线圈的两端出现的电压称为感应电压。若选择感应电压 u 的参考方向与 e 为图 1-2-14 所示关联方向，当外电路开路时，单匝线圈两端的感应电压为

$$u = -e = \left(-\frac{\mathrm{d}\Phi}{\mathrm{d}t}\right) \tag{1-2-17}$$

若线圈匝数为 N，且穿过各匝的磁通均为 Φ，如图 1-2-14 所示，关联参考方向下线圈两

端的感应电压为

$$u = N\frac{\mathrm{d}\Phi}{\mathrm{d}t} = \frac{\mathrm{d}\Psi}{\mathrm{d}t}$$ （1-2-18）

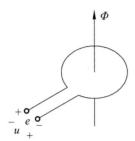

图 1-2-13　单匝线圈电磁感应电动势

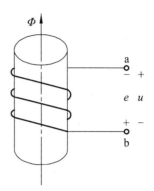

图 1-2-14　N 匝线圈电磁感应电动势

2.3.2.2　电感元件和电感

电感元件是电感器的理想化模型。电感器是一种能储存磁场能的储能器件。它是一个二端元件，如果在任一时刻 t，它的电流 $i(t)$ 同它的磁链 $\Psi(t)$ 之间的关系可以用 i-Ψ 平面上的一条曲线来确定，则此二端元件称为电感元件，简称电感。

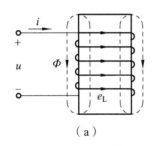
（a）

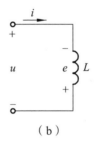
（b）

图 1-2-15　电感器

电感单位为亨利（H）、毫亨（mH）、微亨（μH）。

$$1\ \mathrm{H} = 10^3\ \mathrm{mH}$$
$$1\ \mathrm{H} = 10^6\ \mathrm{\mu H}$$

2.3.2.3　电感的伏安关系

根据电磁感应定律：

$$u = \frac{\mathrm{d}\Psi}{\mathrm{d}t} \qquad u_\mathrm{L}(t) = L\frac{\mathrm{d}i_\mathrm{L}(t)}{\mathrm{d}t} \qquad i_\mathrm{L}(t) = \frac{1}{L}\int_{-\infty}^{t} u_\mathrm{L}(\tau)\mathrm{d}\tau$$

电感中通过变化的电流时，磁链也相应发生变化。根据电磁感应定律，电感两端将会产生感应电压，其大小与电流的变化率成比。电感元件中的电流不能跃变。

2.3.2.4　电感的储能

设 $t = 0$ 瞬间，电感元件的电流为零，经过时间 t 电流增至 i_L，则任一时间 t 电感元件储存的磁场能量

$$W_L(t) = \frac{1}{2}Li_L^2(t) \qquad\qquad (1\text{-}2\text{-}19)$$

2.3.2.5 电感元件

设电感元件中电流为（见图 1-2-16）

$$i_L = I_m \sin(\omega t + \varphi_i)$$

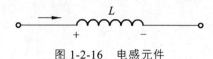

图 1-2-16 电感元件

则根据欧姆定律：

$$U_L = L\frac{\mathrm{d}i}{\mathrm{d}t} = \omega L I_m \sin(\omega t + \varphi_i + 90°) = U_m \cos(\omega t + \varphi_i)$$

则 $\qquad\qquad U_m = \omega L I_m \quad$ 或 $\quad U_L = \omega L I_L$

定义感抗：

$$X_L = \omega L \qquad\qquad (1\text{-}2\text{-}20)$$

感抗单位为欧姆，它反映了电感元件对正弦电流的阻碍作用，其大小与角频率成正比。角频率 ω 为零时（直流时）感抗为零，电感相当于短路。

2.3.2.6 电感的相量关系

如果

$$i_L = I_m \sin(\omega t + \varphi_i) \qquad u_L = U_m \sin(\omega t + \varphi_i + 90°)$$

则它们对应的相量形式为

$$\dot{I}_L = I_L \angle \varphi_i$$
$$\dot{U} = \omega L I_L \angle \varphi_i + 90° = j\omega L \dot{I}_L \qquad (1\text{-}2\text{-}21)$$
$$\frac{\dot{U}_L}{\dot{I}_L} = jX_L$$

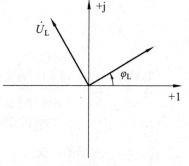

结论：

（1）电感元件两端的电压和电流的相量值、最大值、有效值均服从欧姆定律。

（2）电感两端的电压在相位上比电流超前 90°。

（3）电压与电流的复数比值为一正虚数。

图 1-2-17 电感元件的相量图

2.3.2.7 电感元件的功率

1. 瞬时功率

$$i = I_m \sin \omega t \qquad u = U_m \sin(\omega t + 90°)$$
$$p = ui = U_m \cos \omega t \, I_m \sin \omega t = \frac{1}{2}U_m I_m \sin 2\omega t = U_L I_L \sin 2\omega t \qquad (1\text{-}2\text{-}22)$$

电感元件的瞬时功率波形如图 1-2-18 所示，可见电感与电源之间进行着能量互换（吞吐）。

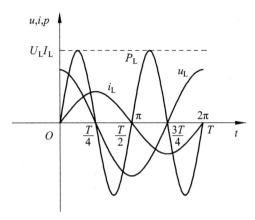

图 1-2-18　电感元件的瞬时功率波形图

2. 平均功率

$$P_{\mathrm{L}} = \frac{1}{T}\int_0^T p(t)\mathrm{d}t = 0 \qquad\qquad (1\text{-}2\text{-}23)$$

表示电感不消耗功率（为储能元件）。

3. 无功功率

$$Q_{\mathrm{L}} = U_{\mathrm{L}}L_{\mathrm{L}} = X_{\mathrm{L}}I_{\mathrm{L}}^2 = \frac{U_{\mathrm{L}}^2}{X_{\mathrm{L}}} \qquad\qquad (1\text{-}2\text{-}24)$$

无功功率的定义：瞬时功率的最大值（能量转换的规模）。

单位：乏（var），$1\ \mathrm{var} = 1\ \mathrm{V} \times 1\ \mathrm{A}$。

【例 2.10】　电感线圈的电感 $L = 0.0127\ \mathrm{H}$（电阻忽略不计），接频率 $f = 50\ \mathrm{Hz}$ 的交流电源，已知电源电压 $U = 220\ \mathrm{V}$。

求：（1）电感线圈的感抗 X_{L}、通过线圈的电流 I_{L}、线圈的无功功率 Q_{L} 和最大储能 W_{Lm}；

（2）设电压的初相 $\varphi_{\mathrm{uL}} = 30°$，且电压、电流的参考方向关联，画出电压、电流的相量图；

（3）若频率 $f = 5000\ \mathrm{Hz}$，线圈的感抗又是多少？

解：（1）

$$X_{\mathrm{L}} = 2\pi f L = 2 \times 3.14 \times 50 \times 0.0127 = 4(\Omega)$$

$$I_{\mathrm{L}} = \frac{U_{\mathrm{L}}}{X_{\mathrm{L}}} = \frac{U}{X_{\mathrm{L}}} = \frac{220}{4} = 55\ (\mathrm{A})$$

$$Q_{\mathrm{L}} = U_{\mathrm{L}}I_{\mathrm{L}} = 220 \times 55 = 12\ 100\ (\mathrm{var})$$

$$W_{\mathrm{Lm}} = \frac{1}{2}LI_{\mathrm{Lm}}^2 = \frac{1}{2} \times 0.0127 \times (55\sqrt{2})^2 = 38.4(\mathrm{J})$$

（2）

$$\varphi_{\mathrm{iL}} = \varphi_{\mathrm{uL}} - 90° = 30° - 90° = -60°$$

$$\dot{U}_{\mathrm{L}} = 220\angle 30°\ \mathrm{V}$$

$$\dot{I}_{\mathrm{L}} = 55\angle -60°\ \mathrm{A}$$

电压、电流的相量图如图 1-2-19 所示。

（3）若频率 $f = 5000$ Hz 则感抗为

$$X_L = 2 \times 3.14 \times 5000 \times 0.0127 = 400(\Omega)$$

2.3.3 电容电路

2.3.3.1 电容器

电路理论中的电容元件是实际电容器的理想化模型。如图 1-2-20 所示，两块平行的金属极板就构成一个电容元件。在外电源的作用下，两个极板上能分别存储等量的异性电荷形成电场，储存电能。

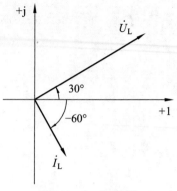

图 1-2-19　相量图

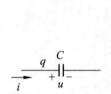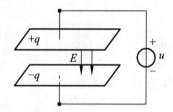

图 1-2-20　电容

电容元件是电容器的理想模型，电容器是一种能存储电荷的储能元件。

在国际单位制（System International，SI）中，电容的主单位是法拉（Farad），记作法（F）。常用的电容单位有微法、皮法等，其换算关系是：

$$1 \text{ 微法（μF）} = 10^{-6} \text{ 法（F）} \qquad 1 \text{ 皮法（pF）} = 10^{-12} \text{ 法（F）}$$

2.3.3.2 电容元件的伏安关系

选择电压与电流为关联参考方向：

由　　　　　　　　　$i = \dfrac{\mathrm{d}q}{\mathrm{d}t}$

得　　　　　　　　　$i_C(t) = C\dfrac{\mathrm{d}u_C}{\mathrm{d}t}$

$$u_C(t) = \frac{1}{C}\int_{-\infty}^{t} i_C(\tau)\mathrm{d}\tau \qquad\qquad （1\text{-}2\text{-}25）$$

电容器的电流与其两端的电压的变化率成正比。即电容两端的电压不能跃变。显然，电容具有隔直通交的特点。电容电压具有"记忆"电流的性质。

2.3.3.3 电容元件的储能

电容器充电后两极板间有电压，介质中就有电场，并储存电场能量。

$$\because p(t) = \frac{\mathrm{d}w}{\mathrm{d}t} = u(t)i(t)$$

$$\therefore w(t_1, t_2) = \int_{t_1}^{t_2} p(\xi)\mathrm{d}\xi = \int_{t_1}^{t_2} u(\xi)i(\xi)\mathrm{d}\xi$$

$$= \int_{t_1}^{t_2} Cu(\xi)\frac{\mathrm{d}u}{\mathrm{d}\xi}d\xi = C\int_{t_1}^{t_2} u\mathrm{d}u$$

$$= \frac{1}{2}Cu^2\Big|_{u(t_1)}^{u(t_2)} = \frac{1}{2}C[u^2(t_2) - u^2(t_1)]$$

即电容在某一时刻的储能只与该时刻的电压值有关：

$$W_C(t) = \frac{1}{2}Cu^2(t) \qquad\qquad (1\text{-}2\text{-}26)$$

2.3.3.4 交流电路中电容元件的伏安关系

设电容元件两端的电压为

$$u_C = U_m \sin(\omega t + \varphi_u)$$

$$i_C = C\frac{\mathrm{d}u_C}{\mathrm{d}t} = \omega C U_m \sin(\omega t + \varphi_u + 90°) = I_m \cos(\omega t + \varphi_i)$$

$$U_m = \frac{I_m}{\omega C} \qquad U_C = \frac{I_C}{\omega C}$$

定义容抗：

$$X_C = \frac{1}{\omega C} \qquad\qquad (1\text{-}2\text{-}27)$$

容抗的单位是欧姆（Ω），它反映了电容元件对正弦电流的阻碍作用，其大小与角频率成反比。角频率 ω 为零时（直流时）容抗为无穷大。电容相当于开路。

2.3.3.5 电容器的相量关系

如果

$$i_C = I_m \sin(\omega t + \varphi_i) \qquad u_C = U_C \sin(\omega t + \varphi_i - 90°)$$

则它们对应的相量形式为（见图 1-2-21）

$$\dot{I}_C = I_C \angle \varphi_i$$

$$\dot{U}_C = \frac{1}{\omega C} I_C \angle \varphi_i - 90° = -\mathrm{j}\frac{1}{\omega C}\dot{I}_C \qquad (1\text{-}2\text{-}28)$$

$$\frac{\dot{U}_C}{\dot{I}_C} = -\mathrm{j}X_C$$

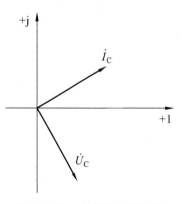

结论：

（1）电容元件两端的电压和电流的相量值、最大值、有效值均服从欧姆定律。

（2）电容两端的电压在相位上比电流滞后 90°。

（3）电压电流的复数比值为一负虚数。

图 1-2-21 电容器的相量图

2.3.3.6 电容元件的功率

1. 瞬时功率

$$i = I_m \sin \omega t \quad u = U_m \sin(\omega t - 90°)$$

$$p = ui = -U_m \cos \omega t I_m \sin \omega t = -\frac{1}{2} U_m I_m \sin 2\omega t = -U_L L_L \sin \omega t \qquad (1\text{-}2\text{-}29)$$

波形如图 1-2-22 所示，可见电容与电源之间进行着能量互换吞吐。

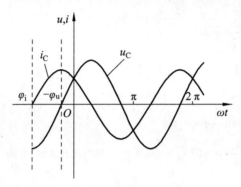

图 1-2-22　电容元件瞬时功率波形图

2. 平均功率

$$P_C = \frac{1}{T} \int_0^T p(t)\mathrm{d}t = 0 \qquad (1\text{-}2\text{-}30)$$

表示电容不消耗功率（储能元件）。

3. 无功功率

$$Q_C = -U_C L_C = -X_C I_C^2 = -\frac{U_C^2}{X_C} \qquad (1\text{-}2\text{-}31)$$

定义：瞬时功率的最大值（能量转换的规模）。

【例 2.11】已知：电容元件的电容 $C = 100\ \mu F$，接工频 $f = 50\ Hz$ 的交流电源，电源电压 $\dot{U} = 220\angle-30°\ V$。

求：（1）电容元件的容抗 X_C 和通过电容的电流 i_C，并画出电压、电流的相量图；

（2）电容的无功功率 Q_C 和 $i_C = 0$ 时电容的储能 W_C。

解：（1）电容的容抗：

$$X_C = \frac{1}{2\pi f C} = \frac{1}{2 \times 3.14 \times 50 \times 100 \times 10^{-6}} = 31.8\ (\Omega)$$

电容的电流

$$\dot{I}_C = \frac{\dot{U}_C}{-jX_C} = \frac{\dot{U}}{-jX_C} = \frac{220\angle-30°}{31.8\angle-90°} = 6.9\angle60°\ (A)$$

所以，$i_C = 6.9\sqrt{2} \sin(314t + 60°)\ (A)$

电压、电流的相量图如图 1-2-23 所示。

（2）无功功率：

$$Q_C = -U_C I_C = -UI_C = -220 \times 6.9 = -1518 \text{ (var)}$$

由于电容的电压与电流正交（即相位差为 90°），当电流 $i_C = 0$ 时，电压 u_C 恰为正或负的最大值，故此时电容的储能为

$$W_C = \frac{1}{2}Cu_C^2 = \frac{1}{2}Cu_{Cm}^2$$
$$= \frac{1}{2} \times 100 \times 10^{-6} \times (220\sqrt{2})^2 = 4.84 \text{ (J)}$$

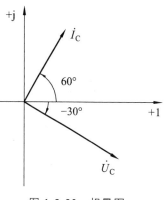

图 1-2-23　相量图

注：

① 电阻、电容、电感两端电压与电流的相量值、有效值、最大值均服从欧姆定律。在相位上电阻两端的电压与电流同相，电感两端的电压比电流超前 90°，电容两端的电压滞后电流 90°。

② 相量形式欧姆定律的意义：若两复数的比值为一实数，则表明它们的辐角相等。在电路中表明它们同相（电阻元件）。若两复数的比值为一正的虚数，则表明分子的辐角比分母的辐角大 90°，在电路中为正交（电感元件）。若两复数的比值为一负的虚数，则表明分子的辐角比分母辐角小 90°，在电路中也为正交（电容元件）。

2.4　*RLC* 串联交流电路

2.4.1　*RLC* 串联电路

2.4.1.1　*R*、*L*、*C* 串联电路（见图 1-2-24）

根据 KVL，得：

$$\dot{U} = \dot{U}_R + \dot{U}_L + \dot{U}_C \tag{1-2-32}$$

其中

$$\begin{cases} \dot{U}_R = R\dot{I} \\ \dot{U}_L = jX_L\dot{I} = j\omega L\dot{I} \\ \dot{U}_C = -jX_C\dot{I} = -j\dfrac{1}{\omega C}\dot{I} \end{cases}$$

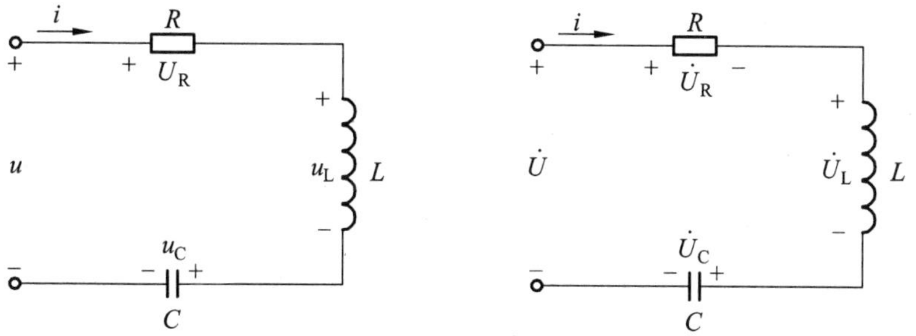

图 1-2-24　*RLC* 串联电路

1. 电压三角形（见图 1-2-25）

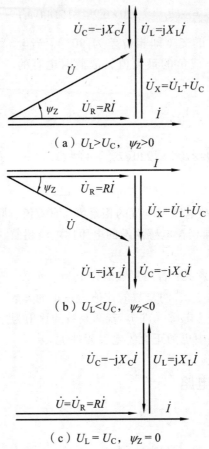

（a）$U_L > U_C$，$\psi_Z > 0$

（b）$U_L < U_C$，$\psi_Z < 0$

（c）$U_L = U_C$，$\psi_Z = 0$

图 1-2-25　RLC 串联电路电压三角形

由图 1-2-25 分析可知：

$$U = \sqrt{U_R^2 + U_X^2} = \sqrt{U_R^2 + (U_L - U_C)^2}$$

$$\varphi = \text{arctg} \frac{U_L - U_C}{U_R} \tag{1-2-33}$$

（1）当 $U_L - U_C > 0$，$U_L > U_C$，$\psi_Z > 0$ 时，电压超前于电流，电路成电感性，如图 1-2-26（a）所示。

（2）当 $U_L - U_C < 0$，$U_L < U_C$，$\psi_L > 0$ 时，电压滞后于电流，电路成电容性，如图 1-2-26（b）所示。

（3）当 $U_L - U_C = 0$，$U_L = U$，$\psi_Z = 0$ 时，电压与电流同相，电路成电阻性，如图 1-2-26（c）所示。

2. R、L、C 串联电路的 VCR 相量形式

$$\dot{U} = \dot{U}_R + \dot{U}_L + \dot{U}_C = \dot{I}R + jX_L\dot{I} + (-jX_C\dot{I}) = \dot{I}[R + j(X_L - X_C)] = \dot{I}(R + jX) = \dot{I}Z \tag{1-2-34}$$

式中电路的电抗 $X = X_L - X_C$。

2.4.1.2　复阻抗的定义

在关联参考方向下，正弦交流电路中任意线性无源单口的端口电压相量与电流相量的比称为该单口的复阻抗，用 Z 表示（见图 1-2-26）。即：

$$Z = \frac{\dot{U}}{\dot{I}} = |Z| \angle \varphi = R + jX \qquad （1\text{-}2\text{-}35）$$

（1）复阻抗的模 $|Z|$ 即为阻抗，它反映了电路对电流的阻碍作用。

$$|Z| = \frac{U}{I} \qquad （1\text{-}2\text{-}36）$$

（2）复阻抗的辐角即为阻抗角，反映了电压超前于电流的相位差。

$$\psi_Z = \varphi_u - \varphi_i \qquad\qquad\qquad （1\text{-}2\text{-}37）$$

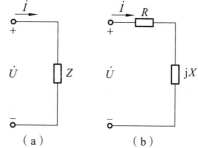

图 1-2-26　复阻抗

2.4.1.3　R、L、C 串联电路的复阻抗

将电压三角形各边同除电流，就能得到阻抗三角形，其相量图如图 1-2-27 所示。

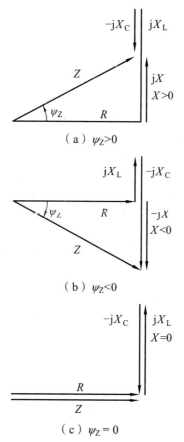

（a）$\psi_Z > 0$

（b）$\psi_Z < 0$

（c）$\psi_Z = 0$

图 1-2-27　RLC 串联电路的阻抗三角形

$$Z = R + jX = R + j(X_L - X_C)$$
$$= R + j\left(\omega L - \frac{1}{\omega C}\right) \tag{1-2-38}$$

阻抗模为

$$|Z| = \sqrt{R^2 + X^2} = \sqrt{R^2 + (X_L - X_C)^2}$$
$$= \sqrt{R^2 + \left(\omega L - \frac{1}{\omega C}\right)^2} \tag{1-2-39}$$

注：任一段电路的电压、电流的相量值，有效值均服从欧姆定律。阻抗角为

$$\psi_Z = \mathrm{arctg}\frac{X}{R} = \mathrm{arctg}\frac{X_L - X_C}{R}$$
$$= \mathrm{arctg}\frac{\omega L - \dfrac{1}{\omega C}}{R} \tag{1-2-40}$$

表示总电压超前电流的角度。若：

（1）$X_L > X_C$，则 $\varphi > 0$，电路呈感性。

（2）$X_L < X_C$，则 $\varphi < 0$，电路呈容性。

（3）$X_L = X_C$，则 $\varphi = 0$，电路呈阻性。

（4）发生谐振，概念另述。

2.4.1.4 任意无源串联单口的复阻抗

$$Z = \frac{\dot{U}}{\dot{I}} = \frac{\dot{U}_1 + \dot{U}_2 + \dot{U}_3 + \cdots}{\dot{I}} = \frac{\dot{U}_1}{\dot{I}} + \frac{\dot{U}_2}{\dot{I}} + \frac{\dot{U}_3}{\dot{I}} + \cdots$$
$$= Z_1 + Z_2 + Z_3 + \cdots$$
$$= (R_1 + jX_1) + (R_2 + jX_2) + (R_3 + jX_3) + \cdots \tag{1-2-41}$$
$$= (R_1 + R_2 + R_3 + \cdots) + j(X_1 + X_2 + X_3 + \cdots)$$
$$= R + jX$$

注：

（1）等效复阻抗的计算与电阻的串联类似，但必须用复数计算。

（2）总阻抗的模不等于各分阻抗的模的和。

【例2.12】R、L、C 串联电路如图 1-2-28 所示。已知：$R = 15\ \Omega$、$L = 60\ \mathrm{mH}$、$C = 25\ \mu\mathrm{F}$，接正弦电压 $u = 100\sqrt{2}\sin 1000t$ (V)。

求：电路中的电流 i，各元件的电压 u_R、u_L 和 u_C。

解：

$$u \rightarrow \dot{U} = 100\angle 0^\circ \ \mathrm{(V)}$$

各元件的复阻抗分别为

$$Z_R = R = 15\ (\Omega)$$

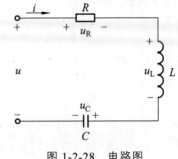

图 1-2-28　电路图

- 64 -

$$Z_C = -jX_C = -j\frac{1}{\omega C} = -j\frac{1}{1000 \times 25 \times 10^{-6}} = -j40(\Omega)$$

$$Z_L = -jX_L = -j\omega L = j \times 1000 \times 60 \times 10^{-3} = j60(\Omega)$$

电路的复阻抗:

$$Z = Z_R + Z_L + Z_C = 15 + j60 - j40 = 15 + j20 = 25\angle 53.1° \ (\Omega)$$

电路中电流的相量:

$$\dot{I} = \frac{\dot{U}}{Z} = \frac{100\angle 0°}{25\angle 53.1°} = 4\angle -53.1° \ (A)$$

各元件电压的相量:

$$\dot{U}_R = Z_R\dot{I} = 15 \times 4\angle -53.1° = 60\angle -53.1° \ (V)$$

$$\dot{U}_C = Z_C\dot{I} = -j40 \times 4\angle -53.1° = 160\angle -143.1° \ (V)$$

$$\dot{U}_L = Z_L\dot{I} = j60 \times 4\angle -53.1° = 240\angle 36.9° \ (V)$$

由以上计算结果绘出各电流、电压的相量图(见图 1-2-29)及各电流电压的瞬时值表示式分别为

$$i = 4\sqrt{2}\sin(1000t - 53.1°)A$$

$$u_R = 60\sqrt{2}\sin(1000t - 53.1°)V$$

$$u_L = 240\sqrt{2}\sin(1000t + 36.9°)V$$

$$u_C = 160\sqrt{2}\sin(1000t - 143.1°)V$$

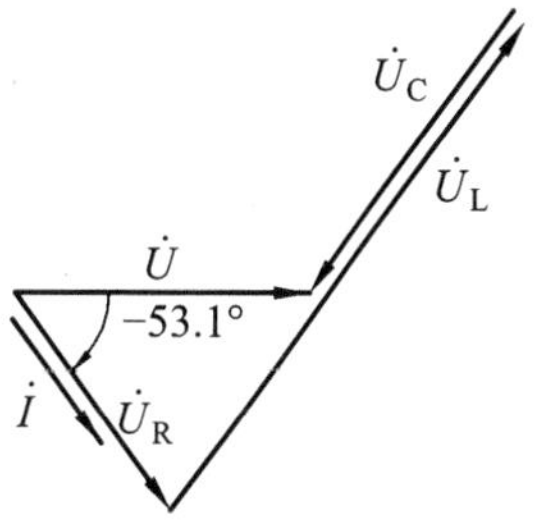

图 1-2-29　相量图

2.4.2　串联谐振

由 R、L、C 组成的电路中,在正弦激励下,当端口电压与通过电路的电流同相位时(电路性质呈现阻性),通常把此电路的工作状态称为谐振。

2.4.2.1　串联谐振

1. 串联谐振的条件

电路的输入阻抗为 Z,则:

$$
\begin{aligned}
Z &= R + j\left(\omega L - \frac{1}{\omega C}\right) \\
&= R + j(X_L - X_C) \\
&= R + jX = |Z|\angle \varphi
\end{aligned}
\tag{1-2-42}
$$

谐振时 u_s 和 i 同相,即 $\varphi = 0$ 所以电路谐振时应满足:

$$X = 0, \ X_L = X_C \quad 则 \quad \omega_0 L = \frac{1}{\omega_0 C} \tag{1-2-43}$$

2. 串联谐振的频率

电路谐振时应满足:

$$X = 0, \ X_L = X_C$$

则：

$$\omega_0 L - \frac{1}{\omega_0 C} = 0, \ \omega_0 = \frac{1}{\sqrt{LC}}, \ f_0 = \frac{1}{2\pi\sqrt{LC}} \tag{1-2-44}$$

其中 f_0 为谐振频率（resonant frequency），又称为固有频率。

注：

（1）电路发生谐振时，感抗、容抗必须相等。

（2）要使电路在电源频率 f 下产生谐振，可以通过改变电路的 L、C 参数来改变电路的固有频率 f_0。当 $\omega = \omega_0$ 时，电路发生谐振。每一个谐振电路只有一个对应的谐振频率（固有频率）。

（3）调节 L 或 C 使电路发生谐振的过程称为调谐（tuning）。

3. 串联谐振的特征

（1）电路的阻抗最小。由于谐振时，$X = 0$，所以网络的复阻抗为一实数，即：

$$Z_0 = |Z_0| = \sqrt{R^2 + (X_L - X_C)^2} = R \tag{1-2-45}$$

（2）电路的特性阻抗。串联谐振时，网络的感抗和容抗相等，即：

$$\omega_0 L = \frac{1}{\omega_0 C} = \frac{1}{\sqrt{LC}} L = \sqrt{\frac{L}{C}} = \rho \tag{1-2-46}$$

ρ 只与网络的 L、C 有关，叫作特性阻抗（characteristic impedance），单位为欧姆（Ω）。

4. 串联谐振电路的品质因数

谐振回路的品质因数 Q（quality factor）为谐振回路的特性阻抗与回路电阻之比，其大小由 R、L、C 的数值决定（或者说由电路的特性阻抗决定）。

$$Q = \frac{\rho}{R} = \frac{\omega_0 L}{R} = \frac{1}{R\omega_0 C} = \frac{1}{R}\sqrt{\frac{L}{C}} \tag{1-2-47}$$

Q 反映串联谐振时，L、C 元件上的电压高出外加电压的倍数（所以称为电压谐振）。因此在电力系统中不允许电路发生电压谐振（会出现过电压）。

在电子工程中，Q 值一般在 $10 \sim 500$ 之间。由于 $Q \gg 1$ 时，$U_{L0} = U_{C0} = QU \gg U$ 所以把串联谐振又叫电压谐振。串联谐振时，电感、电容元件上的电压 U_L、U_C 为

$$\begin{aligned} U_L &= IX_L = I\omega L = (U/R)\omega L = QU \\ U_C &= IX_C = I(1/\omega C) = (U/R)(1/\omega C) = QU \end{aligned} \tag{1-2-48}$$

Q 反映 L、C 在进行能量互换时，R 消耗能量的大小。

【例2.13】已知：串联谐振电路中，$U = 25$ mV，$R = 5 \ \Omega$，$L = 4$ mH，$C = 160$ pF。

求：（1）电路的 f_0、I_0、ρ、Q 和 U_{C0}。

（2）当端口频率增大 10% 时，电路中的电流和电压。

解：（1）谐振频率：

$$f_0 = \frac{1}{2\pi\sqrt{LC}} = \frac{1}{2\pi\sqrt{4\times10^{-3}\times160\times10^{-12}}} \approx 200 \ (\text{kHz})$$

端口电流：

$$I_0 = \frac{U}{R} = \frac{25}{5} = 5 \ (\text{mA})$$

特性阻抗：

$$\rho = \omega_0 L = \frac{1}{\omega_0 L} = \sqrt{\frac{L}{C}} = \sqrt{\frac{4\times10^{-3}}{160\times10^{-12}}}$$
$$= 5000 \ (\Omega)$$

品质因数：

$$Q = \frac{\rho}{R} = \frac{5000}{50} = 100$$

电容两端电压：

$$U_{C0} = QU = 100\times25 = 2500 \ (\text{mV}) = 2.5 \ (\text{V})$$

（2）当端口电压频率增大 10% 时， $f = f_Q(1+0.1) = 220 \ (\text{kHz})$
感抗：

$$X_L = 2\pi fL = 2\pi\times10^3\times220\times4\times10^{-3} = 5526 \ (\Omega)$$

电抗：

$$X_C = \frac{1}{2\pi fL} = \frac{1}{2\pi\times220\times10^3\times160\times10^{-12}} = 4523 \ (\Omega)$$

阻抗的模：

$$|Z| = \sqrt{R^2 + (X_L - X_C)^2} = \sqrt{50^2 + (5500-4500)^2}$$
$$= 1000 \ (\Omega)$$

电流：

$$I = \frac{U}{|Z|} = \frac{25}{1000} = 0.025 \ (\text{mA})$$

电容电压：

$$U_C = X_C I = 4523 \times 0.025 = 113\ (\text{mV})$$

可见，激励电压频率偏离谐振频率少许，端口电流、电容电压会迅速衰减。

2.4.2.2　串联谐振电路的频率特性

谐振时电路中的阻抗、电压、电流随外电源信号的频率变化的特性，称为频率特性（frequency characteristic）或频率的特性响应。它们随频率变化的曲线称为谐振曲线（见图 1-2-30）。

$$\begin{aligned} I &= \frac{U_S}{\sqrt{R^2+\left(\omega L-\dfrac{1}{\omega C}\right)^2}} = \frac{U_S}{R\sqrt{1+\left[\dfrac{\omega_0 L}{R}\left(\dfrac{\omega}{\omega_0}-\dfrac{\omega_0}{\omega}\right)\right]^2}} \\ &= I_0 = \frac{1}{\sqrt{1+Q^2\left(\dfrac{\omega}{\omega_0}-\dfrac{\omega_0}{\omega}\right)^2}} = \frac{I}{I_0} = \frac{1}{\sqrt{1+Q^2\left(\dfrac{\omega}{\omega_0}-\dfrac{\omega_0}{\omega}\right)^2}} \end{aligned} \tag{1-2-49}$$

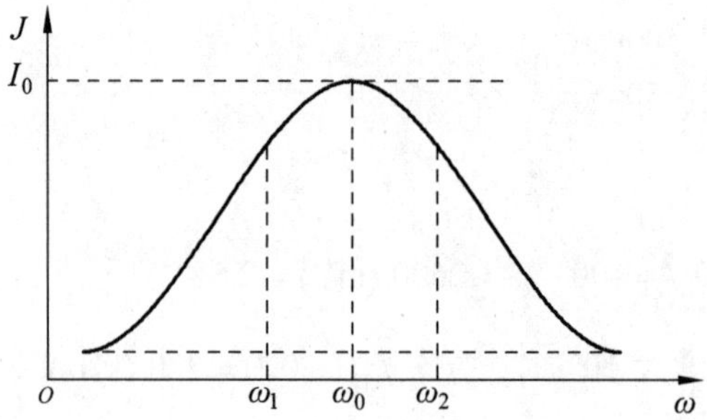

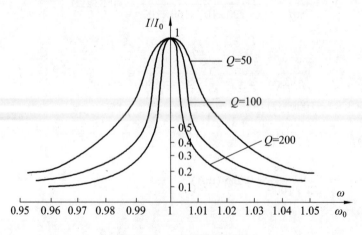

图 1-2-30　谐振曲线

由谐振曲线可以看出，串联谐振电路对偏离谐振点的输出有抑制能力，只有谐振点附近的频域内，才有较大的输出幅度，电路的这种性能称为选择性。很显然，Q 值越大（曲线越尖锐），电路的选择性越好，如图 1-2-31 所示。

图 1-2-31　谐振曲线族

2.5 *RLC* 并联交流电路

2.5.1 *GCL* 并联电路和复导纳

2.5.1.1 电纳

根据 KCL，并联电路的总电流（见图 1-2-32）：

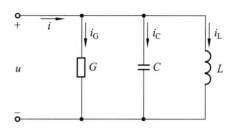

图 1-2-32 *GCL* 并联电路

$$\begin{cases} \dot{I} = \dot{I}_G + \dot{I}_C + \dot{I}_L \\ \dot{I}_G = G\dot{U} \\ \dot{I}_C = j\omega C\dot{U} = jB_C\dot{U} \\ \dot{I}_L = -j\dfrac{1}{\omega L}\dot{U} = -jB_L\dot{U} \end{cases}$$

其中电容的容纳：

$$B_C = \frac{1}{X_C} = \omega C \tag{1-2-50}$$

电感的感纳：

$$B_L = \frac{1}{X_L} = \frac{1}{\omega L} \tag{1-2-51}$$

电纳的单位：西门子（S），电纳是电抗的倒数。

1. 电流三角形

并联电路的电流三角形如图 1-2-33 所示。

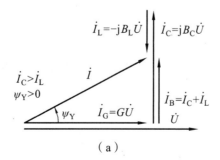

（a）

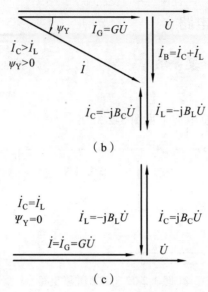

图 1-2-33　GCL 并联电路电流三角形

由图可得：

$$I = \sqrt{I_G^2 + (I_C - I_L)^2}$$
$$\psi = \arctan \frac{I_C - I_L}{I_G}$$

（1-2-52）

（1）当 $I_C - I_L > 0$ 时，$\psi_Y = \varphi_i - \varphi_u > 0$，电流超前于电压，电路成电容性，如图 1-2-28（a）所示。

（2）当 $I_C - I_L < 0$ 时，$\psi_Y = \varphi_i - \varphi_u < 0$，电流滞后于电压，电路成电感性，如图 1-2-28（b）所示。

（3）当 $I_C - I_L = 0$ 时，$\psi_Y = \varphi_i - \varphi_u = 0$，电流与电压同相，电路成电阻性，如图 1-2-28（c）所示。

2. GCL 并联电路 VCR 的相量形式

$$\begin{aligned}\dot{I} &= G\dot{U} + jB_C\dot{U} - jB_L\dot{U} \\ &= [G + j(B_C - B_L)]\dot{U} \\ &= (G + jB)\dot{U}\end{aligned}$$

（1-2-53）

其中，$B = B_C + B_L$ 称为电路的电纳。

2.5.1.2　复导纳

复导纳的定义：在关联参考方向下，正弦交流电路中任一线性无源单口电路的端口电流相量与电压相量的比，称为该单口的复导纳。用 Y 表示（见图 1-2-34），即：

$$Y = \frac{\dot{I}}{\dot{U}} = \frac{I\angle\varphi_i}{U\angle\varphi_u} = |Y|\angle\psi_Y$$

（1-2-54）

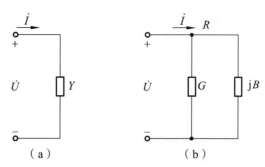

（a）　　　　　　　　（b）

图 1-2-34　*GCL* 的复导纳

（1）复导纳的模 —— 导纳，反映了电路导通电流的"能力"。用 $|Y|$ 表示。

$$|Y| = \frac{I}{U}$$ （1-2-55）

（2）复导纳的幅角 —— 导纳角：复导纳的幅角 ψ_Y 为电流超前于电压的相位差，即：

$$\psi_Y = \varphi_i - \varphi_u$$ （1-2-56）

2.5.1.3　*GCL* 并联电路的复导纳

GCL 并联电路导纳三角形如图 1-2-35 所示。

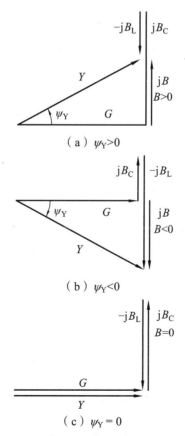

（a）$\psi_Y > 0$

（b）$\psi_Y < 0$

（c）$\psi_Y = 0$

图 1-2-35　*GCL* 并联电路导纳三角形

$$Y = G + jB = G + j(B_C - B_L)$$
$$= G + j\left(\omega C - \frac{1}{\omega L}\right)$$

由导纳三角形可得：

$$|Y| = \sqrt{G^2 + B^2} = \sqrt{G^2 + (B_C - B_L)^2}$$
$$= \sqrt{G^2 + \left(\omega C - \frac{1}{\omega L}\right)^2}$$
$$\psi_Y = \arctan\frac{B}{G} = \arctan\frac{B_C - B_L}{G} \qquad (1\text{-}2\text{-}57)$$
$$= \arctan = \frac{\omega C - \frac{1}{\omega L}}{G}$$
$$G = |Y|\cos\psi_Y$$

（1）当 $B > 0$，即 $B_C > B_L$ 时，$\psi_Y > 0$，电流超前于电压，电路呈容性。

（2）当 $B < 0$，即 $B_C < B_L$ 时，$\psi_Y < 0$，电流滞后于电压，电路呈感性。

（3）当 $B = 0$，即 $B_C = B_L$ 时，$\psi_Y = 0$，电流和电压同相，电路呈电阻性。

2.5.1.4　任意无源并联单口的复导纳

$$Y = \frac{\dot{I}}{\dot{U}} + \frac{\dot{I}_1 + \dot{I}_2 + \dot{I}_3}{\dot{U}} = \frac{\dot{I}_1}{\dot{U}} + \frac{\dot{I}_2}{\dot{U}} + \frac{\dot{I}_3}{\dot{U}} + \cdots = Y_1 + Y_2 + Y_3 + \cdots$$
$$Y = Y_1 + Y_2 + Y_3 + \cdots = (G_1 + jB_1) + (G_2 + jB_2) + (G_3 + jB_3) + \cdots \qquad (1\text{-}2\text{-}58)$$
$$= (G_1 + G_2 + G_3 + \cdots) + j(B_1 + B_2 + B_3 + \cdots) = G + jB$$

复阻抗和复导纳的关系：

$$Z = \frac{1}{Y} \quad 即，\quad \begin{cases} |Z| = \dfrac{1}{|Y|} \\ \psi_L = -\psi_Y \end{cases} \qquad (1\text{-}2\text{-}59)$$

其中，实部 $G = G_1 + G_2 + G_3 + \cdots$ 单口的等效电导；虚部 $B = B_1 + B_2 + B_3 + \cdots$，称为单口电路的等效电纳。

2.5.2　并联谐振

2.5.2.1　并联谐振条件

并联谐振电路如图 1-2-36 所示。

$$Y = \frac{1}{R + j\omega L} + j\omega C = \frac{R}{R^2 + (\omega L)^2} + j\left[\omega C - \frac{\omega L}{R^2 + (\omega L)^2}\right] \qquad (1\text{-}2\text{-}60)$$
$$\omega C = \frac{\omega L}{R^2 + (\omega L)^2}$$

实际电路均满足 $Q \gg 1$ 的条件，即 $\omega L \gg R$，所以该式可简化为

$$\omega_0 L = \frac{1}{\omega_0 C} \quad \omega_0 = \frac{1}{\sqrt{LC}} \qquad （1\text{-}2\text{-}61）$$

由上式得并联谐振的频率为

$$f_0 = \frac{1}{2\pi\sqrt{LC}} \qquad （1\text{-}2\text{-}62）$$

该频率称为电路的固有频率。

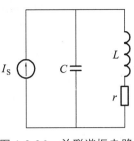

图 1-2-36　并联谐振电路

2.5.2.2　并联谐振特性

（1）输入导纳最小（或输入阻抗最大）谐振阻抗的模记为

$$|Z_0| = \frac{1}{|Y|} = \frac{1}{C} = \frac{R^2 + (\omega_0 L)^2}{R} \approx \frac{(\omega_0 L)^2}{R} \qquad （1\text{-}2\text{-}63）$$

$$= Q\omega_0 L = Q\rho = \frac{1}{CR} = Q^2 R$$

（2）端电压最大：

$$\dot{U}_0 = \dot{I}_0 Z_0 = \dot{I}_0 Q\omega_0 L = \dot{I}Q\frac{1}{\omega_0 C} \qquad （1\text{-}2\text{-}64）$$

并联谐振又称为电流谐振，在 $Q \gg 1$ 的条件下，电容支路电流和电感支路电流的大小近似相等（其相位接近相反），是总电流 I_0 的 Q 倍。即：

$$\dot{I}_{\text{I}0} = \frac{\dot{U}_0}{R + \text{j}\omega_0 L} \approx \frac{\dot{I}_0 Q\omega_0 L}{\text{j}\omega_0 L} = -\text{j}Q\dot{I}_0$$

$$\dot{I}_{\text{C}0} = \frac{\dot{U}_0}{-\dfrac{1}{\text{j}\omega_0 C}} = \text{j}\omega_0 C\dot{U}_0 = \text{j}Q\dot{I}_0 \qquad （1\text{-}2\text{-}65）$$

2.5.2.3　并联谐振电路的频率特性

（1）并联谐振电路的电压幅频曲线与串联谐电路的电流幅频曲线具有相同的状态，同样说明 Q 值愈大，曲线愈尖锐，选择性愈好。

（2）并联谐振与串联谐振最主要的区别是前者阻抗最大，后者阻抗最小。

（3）电源的内阻抗大，采用并联谐振，反之则采用串联。

2.5.3　并联电容的计算

$$I_{\text{C}} = I_1 \sin\varphi_1 - I\sin\varphi = \frac{P}{U}\tan\varphi_1 - \frac{P}{U}\tan\varphi = \frac{U}{X_{\text{C}}} = U\omega C$$

$$C = \frac{P}{U^2\omega}(\tan\varphi_1 - \tan\varphi)$$

【例 2.14】　如图 1-2-37 所示，有一感性负载，其功率 $P = 10\,\text{kW}$，功率因数 $\cos\psi_1 = 0.6$，

接 220 V 工频电源。欲将功率因数提高为 $\cos\psi_2 = 0.95$，应与该负载并联一个多大的电容？并联电容前后线路中的电流分别是多少？

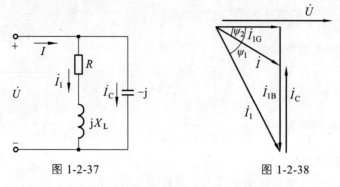

图 1-2-37   图 1-2-38

解： 由图 1-2-38 得：

$$I_C = \omega C U = I_1 \sin\psi_1 - I_2 \sin\psi_1$$

$$= \frac{P}{U\cos\psi_1}\sin\psi_1 - \frac{P}{U\cos\psi_2}\sin\psi_2 = \frac{P}{U}(\tan\psi_1 - \tan\psi_2)$$

所以，

$$C = \frac{P}{\omega U^2}(\tan\psi_1 - \tan\psi_2)$$

由 $\cos\psi_1 = 0.6$ 得 $\tan\psi_1 = 1.33$，由 $\cos\psi_2 = 0.95$ 得 $tg\psi_2 = 0.33$，代入上式得：

$$C = \frac{10\times10^3}{2\times3.14\times50\times220^2}(1.33 - 0.33) = 660 \ (\mu F)$$

并联电容前的线路电流（即负载电流）为

$$I_1 = \frac{P}{U\cos\psi_1} = \frac{10\times10^3}{220\times0.6} = 75.8 \ (A)$$

并联电容后的线路电流为

$$I = \frac{P}{U\cos\psi_2} = \frac{10\times10^3}{220\times0.95} = 47.8 \ (A)$$

可见，并联电容提高功率因数的同时，减小了线路中的电流。

2.5.4 正弦交流电路的计算

一个任意的线性无源单口网络(见图 1-2-39)，都可以有复阻抗和复导纳两种形式的模型。
（1）复阻抗的定义为

$$Z = \frac{\dot{U}}{\dot{I}}$$

（2）复导纳的定义为

$$Y = \frac{\dot{I}}{\dot{U}}$$

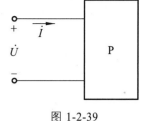

图 1-2-39

式中，$\dot{U}$ 为网络端口的电压；$\dot{I}$ 为从端口流入的电流。$\dot{U}$ 和 $\dot{I}$ 的参考方向相关联。

由于同一单口网络的复阻抗和复导纳互为倒数，在计算电阻、电感、电容混联的电路时，可以交替使用复阻抗和复导纳这两种形式进行等效变换或者化简。

【例 2.15】 计算图 1-2-40 所示电路 ab 端口的复阻抗 Z_{ab}。

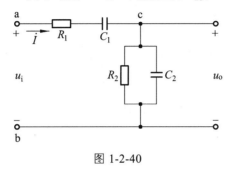

图 1-2-40

解：先计算 cb 端并联部分的复导纳：

$$Y_{cb} = \frac{1}{R^2} + j\omega C$$

则 cb 端并联部分的复阻抗为

$$Z_{cb} = \frac{1}{Y_{cb}} = \frac{1}{\dfrac{1}{R_2} + j\omega C_2}$$

于是 ab 端的复阻抗为

$$Z_{ab} = Z_{ac} + Z_{cb} = R_1 - j\frac{1}{\omega C_1} = \frac{1}{\dfrac{1}{R_2} + j\omega C_2}$$

根据上述复阻抗和复导纳的定义，任一线性无源单口网络的电压与电流的关系均可表示为

$$\dot{I} = Y\dot{U} \quad 或 \quad \dot{U} = Z\dot{I}$$

以上两式即欧姆定律的相量形式。至此，基尔霍夫定律和欧姆定律在正弦交流电路中都有了相应的相量形式。只要把直流电路的电压、电流换成交流电路的电压、电流等相量，把直流电路的电阻、电导换成交流电路的复阻抗、复导纳，那么，在基尔霍夫定律和欧姆定律基础上建立的直流电路的所有公式、定理和分析方法，就全都适用于正弦交流电路的分析计算了。

【例 2.16】 试分别用节点法、戴维南定理和叠加定理求如图 2.41 所示电路中的电流。

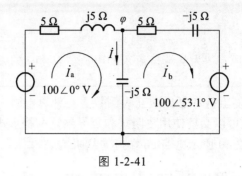

图 1-2-41

解：（1）节点法。

设电位参考点为 φ，如图所示，列出节点方程为

$$\left(\frac{1}{5+j5}+\frac{1}{-j5}+\frac{1}{5-j5}\right)\varphi=\frac{100\angle0°}{5+j5}+\frac{100\angle53.1°}{5-j5}$$

解得：

$$\varphi=30-j10(V)$$

所以，

$$\dot{I}=\frac{\varphi}{-j5}=\frac{30-j10}{-j5}=2+j6=6.32\angle71.6°\ (A)$$

（2）戴维南定理。

去掉电流 $\dot{I}$ 所在支路，并设开路电压 $\dot{U}_{OC}$ 的参考方向如图 1-2-42 所示。

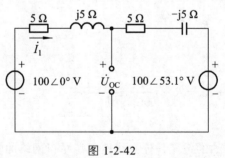

图 1-2-42

则：

$$\dot{U}_{OC}=\frac{100\angle0°-100\angle53.1°}{5+j5+5-j5}\times(5+j5)+100\angle0°$$

$$=(-10+6+j8)\times(5+j5)+100=40+j20\ (V)$$

输出阻抗为

$$Z_0=\frac{(5+j5)\times(5-j5)}{5+j5+j5-j5}=5\ (\Omega)$$

所以，

$$\dot{I} = \frac{\dot{U}_{OC}}{Z_0 - j5} = \frac{40 + j20}{5 - j5} = 2 + j6 = 6.32\angle 71.6°\ (A)$$

（3）叠加定理。

① $100\angle 0$ V 电压源单独作用时的电路如图 1-2-43 所示。

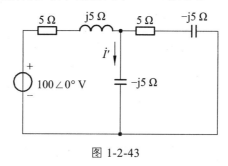

图 1-2-43

求得：

$$\dot{I}' = \frac{100}{5 + j5 + \dfrac{-j5 \times (5 - j5)}{-j5 + 5 - j5}} \times \frac{5 - j5}{5 - j5 - j5} = 10\ (A)$$

② $100\angle 53.1°$ V 电压源单独作用时的电路如图 1-2-44 所示。

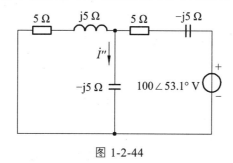

图 1-2-44

求得：

$$\dot{I}'' = \frac{100\angle 53.1°}{5 - j5 + \dfrac{-j5 \times (5 + j5)}{-j5 + 5 + j5}} \times \frac{5 + j5}{-j5 + 5 + j5} = -8 + j6\ (A)$$

所以，

$$\dot{I} = \dot{I}' + \dot{I}'' = 2 + j6 = 6.32\angle 71.6°\ (A)$$

2.6　有功功率、无功功率和视在功率

2.6.1　有功功率、无功功率、视在功率和功率因数

1. 有功功率（active power）

$$P = \frac{1}{T}\int_0^T p\,\mathrm{d}t = UI\cos\psi$$

对于 RLC 串联单口网络，电路的有功功率为

$$P = UI\cos\psi = U_\mathrm{R}I = P_\mathrm{R} \tag{1-2-66}$$

即电路的有功功率等于该电路的电阻的有功功率。这是因为电路中只有电阻是耗能元件。电感和电容都是储能元件，它们只进行能量的"吞吐"而不消耗能量。

2. 无功功率（reactive power）

$$Q = UI\sin\psi \tag{1-2-67}$$

由于储能元件的存在，网络与外部一般会有能量的交换，能量交换的规模仍可用无功功率来衡量。

对于 RLC 串联电路，可得：

$$Q = UI\sin\psi = (U_\mathrm{L} - U_\mathrm{C})I = Q_\mathrm{L} + Q_\mathrm{C} \tag{1-2-68}$$

即电路的无功功率等于电感和电容的无功功率之和。

可以证明：对于任意线性无源单口网络，其所吸收的无功功率等于该网络内所有电感和电容的无功功率之和。

（1）当网络为感性，阻抗角 $\psi > 0$，则无功功率 $Q > 0$。

（2）若网络为容性，阻抗角 $\psi < 0$，则无功功率 $Q < 0$。

注：

（1）无功功率的正负只说明网络是感性还是容性，其绝对值才体现网络对外交换能量的规模。

（2）电感和电容无功功率的符号相反，标志它们在能量"吞吐"方面的互补作用。利用它们互相补偿，可以限制网络对外交换能量的规模。

3. 视在功率（apparent power）

电压有效值与电流有效值的乘积为网络的视在功率，用 S 表示，$S = UI$，单位为伏安（V·A）。

4. 有功功率、无功功率、视在功率的关系

$$\begin{cases} P = UI\cos\varphi = S\cos\varphi \\ Q = UI\sin\varphi = S\sin\varphi \end{cases} \tag{1-2-69}$$

5. 功率因数（power factor）

有功功率与视在功率的比值称为网络的功率因数，用 λ 表示，即 $\lambda = P/S = \cos\varphi$

（1）φ 角被称作功率因数角；

（2）网络为电阻性时，才有 $\lambda = 1$，$P = S$；

（3）网络为感性和容性情况下 λ 都小于 1，即 $P < S$。

6. 复功率（complex power）和功率三角形（见图1-2-45）

网络的复功率：

$$\begin{aligned}
\tilde{S} &= \dot{U}\overset{*}{I} = U\angle\varphi_{\mathrm{u}} \cdot I\angle(-\varphi_{\mathrm{i}}) \\
&= UI\angle(\varphi_{\mathrm{u}} - \varphi_{\mathrm{i}}) = S\angle\psi \\
&= S\cos\psi + \mathrm{j}S\sin\psi \\
&= P + \mathrm{j}Q
\end{aligned} \qquad （1\text{-}2\text{-}70）$$

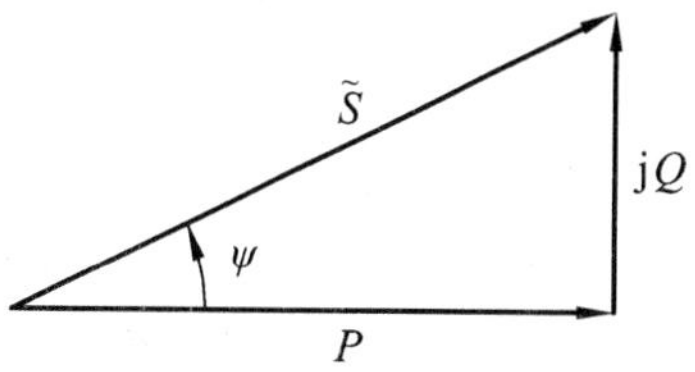

图 1-2-45　功率三角形

2.6.2　功率因数的提高

1. 提高功率因数的意义

（1）充分利用电源设备的容量。实际电路中感性负载较多，使得视在功率不能完全变成有功功率，因此需采取措施提高功率因数。

（2）减小线路输电线路功率损失。因为输电线路的电流与功率因数成反比。

2. 提高功率因数的方法

（1）因数最简单的方法是在感性负载两端并联电容器。

（2）影响负载的工作，又可提高功率因数。

【例 2.17】　如图 1-2-46（a）所示的 *RL* 串联电路，为提高功率因数在电源两端并联电容器。以电压为参考相量，则得如（b）图所示相量图。

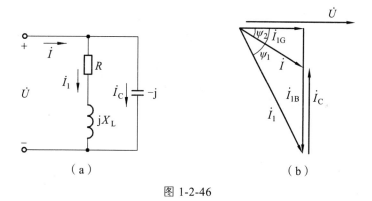

（a）　　　　　　　　　　　（b）

图 1-2-46

解： 由相量图可知：

（1）没有并联电容器前：总电流 $\dot{I}$ 为通过负载的电流 $\dot{I}_1$，且电压与电流的相位差为 ψ_1。

（2）并联电容器之后：由于电源电压不变，感性支路的电流 $\dot{I}_1$ 仍不变，电容支路的电流 $\dot{I}_{\mathrm{C}}$ 超前电源电压 90°，总电流（$\dot{I} = \dot{I}_1 + \dot{I}_{\mathrm{C}}$）小于负载电流，电路的功率因数也提高了。

说明：

（1）并联电容后，提高的并不是负载的功率因数，而是并联电容后整个电路的功率因数。

（2）电容器的容量并非越大越好，电容过大会使电路性质变为容性，功率因数反而下降。

2.7　电费的计量

用电的多少是由装在用户屋内的电度表（千瓦·小时表）来计量的（见图 1-2-47）。电度表的读数就是用户用电量的多少，单位为度（1度＝1 kW·h）。用户的电费就是用电量与电费单价的乘积。

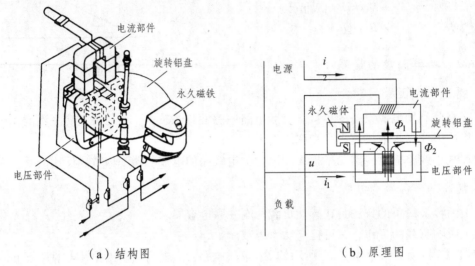

（a）结构图　　　　　　　　　（b）原理图

图 1-2-47　电表结构图与原理图

本章小结

（1）正弦交流电的三要素、相位差及有效值。

（2）正弦交流电的各种表示方法以及相互间的关系。

（3）电路基本定律的相量形式和阻抗，用相量法计算简单正弦交流电路的方法。

（4）有功功率、无功功率和功率因数的计算，瞬时功率、视在功率的概念和提高功率因数的经济意义。

（5）交流电路的频率特性。

习　题

1. 已知某正弦电压的相位角为 $\frac{\pi}{6}$ 时，其值为 5 V，该电压的有效值是多少？若此电压的周期为 10 ms，且在 $t = 0$ 时正处于由正值过渡到负值的零点，写出电压的瞬时值表达式。

2. 已知某负载的电流和电压的有效值和初相位分别为 6 A、－30°；48 V、45°，频率均为 50 Hz。

（1）写出它们的瞬时值表达式；（2）画出它们的波形图；（3）指出它们的幅值、角频率以及两者之间的相位差。

3. 已知正弦量 $\dot{U} = 220\mathrm{e}^{\mathrm{j}60°}\mathrm{V}$，试分别用三角函数式、正弦波形及相量图表示它们。如 $\dot{U} = -220\mathrm{e}^{\mathrm{j}60°}\mathrm{V}$，则又如何？

4. 已知工频电源 $U = 220$ V，设在电压的瞬时值为 156 V 时开始作用于电路，试写出该电压的瞬时值表达式，并画出波形图。

5. 一个线圈接在 $U = 120$ V 的直流电源上，$I = 20$ A；若接在 $f = 50$ Hz，$U = 220$ V 的交流电源上，则 $I = 28.2$ A。试求线圈的电阻 R 和电感 L。

6. 日光灯管与镇流器串联接到交流电压上，可看作为 R_L 串联电路。如果已知某灯管的等效电阻 $R_1 = 260\ \Omega$，镇流器的电阻和电感分别为 $R_2 = 40\ \Omega$ 和 $L = 1.65$ H，电源电压 $U = 220$ V，试求电路中的电流和灯管两端与镇流器上的电压。这两个电压加起来是否等于 220 V？已知电源频率为 50 Hz。

7. 图 1-2-48 是一移相电路。如果 $C = 0.01\ \mu F$，输入电压 $u = \sqrt{2}\sin 6280t$ V，今欲使输出电压 u_R 在相位上前移 $60°$，问应配多大的电阻 R？此时输出电压的有效值 U_R 等于多少？

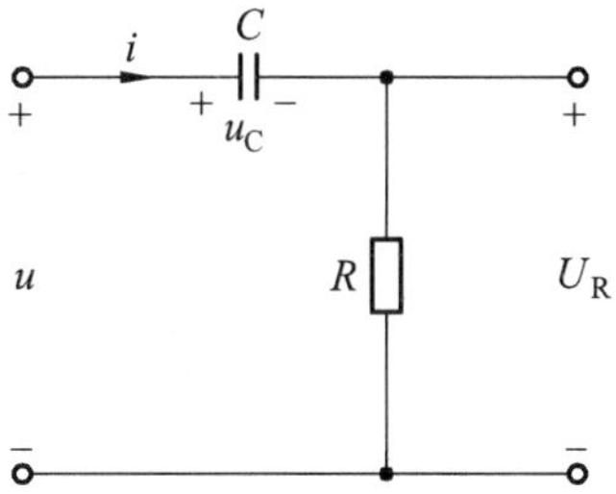

8. 在 RLC 串联电路中，已知端口电压为 10 V，电流为 4 A，$U_R = 8$ V，$U_L = 12$ V，$\omega = 10$ rad/s，求电容电压及 R、C。

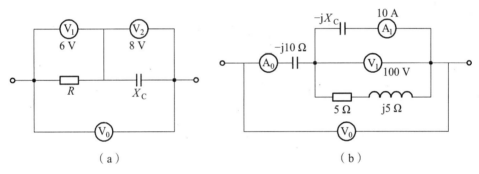

图 1-2-48

9. 图 1-2-49 所示的各电路图中，除 A_0 和 V_0 外，其余电流表和电压表的读数在图上都已标出。试求电流表 A_0 或电压表 V_0 的读数。

（a）　　　　　（b）

图 1-2-49

10. 电路如图 1-2-50 所示。已知 $U = 200$ V，$R = X_L$，开关闭合前 $I = I_2 = 10$ A，开关闭合后 u、i 同相，求：I，R、X_L 和 X_C。

11. 如图 1-2-51 所示电路中，$u = 220\sqrt{2}\sin 314t$ V，$i_1 = 22\sin(314t - 45°)$ A，$i_2 = 11\sqrt{2}\sin(314t + 90°)$ A。试求：各表读数及参数 R、L 和 C。

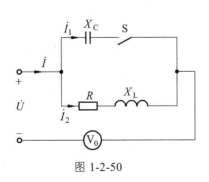

图 1-2-50

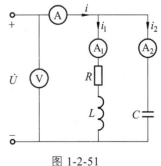

图 1-2-51

12. 在 RLC 串联电路中，$R = 50\ \Omega$，$L = 150\ \text{mH}$，$C = 50\ \mu\text{F}$，电源电压 $u = 220\sqrt{2}\sin(\omega t + 20°)\text{V}$，电源频率 $f = 50\ \text{Hz}$。

（1）求 X_L、X_C、Z；

（2）求电流 I 并写出瞬时值 i 的表达式；

（3）求各部分电压有效值并写出其瞬时值表达式；

（4）画出相量图；

（5）求有功功率 P 和无功功率 Q。

13. 在图 1-2-52 的电路中，欲使电感和电容器上的电压有效值相等，试求 R 值及各部分电流。

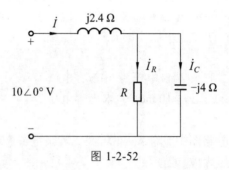

图 1-2-52

14. 在图 1-2-53 的电路中，已知 $\dot{U} = 220\angle 0°\ \text{V}$，试求：

（1）各元件上的功率；

（2）电路的总功率因数、有功功率、无功功率及视在功率。

15. 计算图 1-2-54 中的电流 $\dot{I}$ 和阻抗元件 z_1、z_2 上的电压，并作相量图；计算图中的各支路电流 $\dot{I}_1$ 与 $\dot{I}_2$ 和电压 $\dot{U}$，并作相量图。

16. 已知一感性负载的额定电压为工频 220 V，电流为 30 A，$\cos\varphi = 0.5$，欲把功率因数提高到 0.9，应并联多大的电容器？

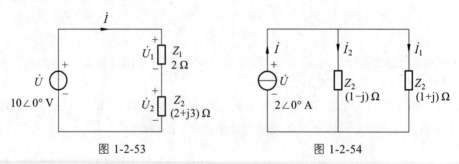

图 1-2-53　　　　　　　　　　图 1-2-54

17. 一照明电源，已知电源电压为 220 V、50 Hz，总负载为 6 kV·A，$\cos\varphi = 0.88$，负载有白炽灯和日光灯，已知日光灯本身的功率因数为 0.5，计算白炽灯和日光灯各有多少瓦？

18. 有一电感性负载，额定功率 $P_N = 40\ \text{kW}$，额定电压 $U_N = 380\ \text{V}$，额定功率因数 $\lambda_N = 0.4$，现将其接到 50 Hz、380 V 的交流电源上工作。求：

（1）负载的电流、视在功率和无功功率；

（2）若与负载并联一电容，使电路总电流降到 120 A，则此时电路的功率因数提高到多少？并联的电容是多少？

19. 某收音机输入电路的电感约为 0.3 mH，可变电容器的调节范围为 25～360 pF。试问能否满足收听中波段 535～1605 kHz 的要求。

20. 在图 1-2-55 的电路中，$R_1 = 5\ \Omega$。今调节电容 C 的值使电路发生并联谐振，此时测得：$I_1 = 10\ \text{A}$，$I_2 = 6\ \text{A}$，$U_Z = 113\ \text{V}$，电路总功率 $P = 1140\ \text{W}$。求阻抗 Z。

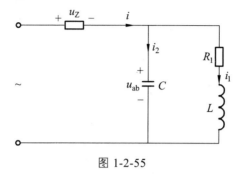

图 1-2-55

第3章　三相电路及安全用电

三相电力系统由三相电源、三相负载和三相输电线路三部分组成，本章讨论三相电源、三相负载以及三相电路的功率等问题，主要包括：

（1）三相交流电动势的产生，对称三相电压的大小及相序。

（2）对称负载为星形连接与三角形连接的电路中，电压与电流的关系及计算方法。不对称负载星形连接时电路的计算。

（3）三相电路中的功率计算。

（4）安全用电常识。

3.1　三相电动势

3.1.1　三相交流电发电机

定子：定子铁心内圆周表面有槽，放入三组匝数相同的绕组（见图 1-3-1）。

转子：一对由直流电源供电的磁极（见图 1-3-2）。

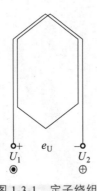

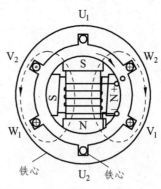

图 1-3-1　定子绕组　　　　　　　图 1-3-2　转子

三相绕组的三相电动势幅值相等，频率相同，彼此之间相位相差 120°。

3.1.2　三相电源

三相电源是由三相发电机产生的频率相同、幅值相等、相位互差 120°的三相对称正弦电压。

1. 三相电动势瞬时表示式

$$e_{\mathrm{U}} = E_{\mathrm{m}} \sin \omega t$$
$$e_{\mathrm{V}} = E_{\mathrm{m}} \sin(\omega t - 120°)$$
$$e_{\mathrm{W}} = E_{\mathrm{m}} \sin(\omega t - 240°)$$
$$= E_{\mathrm{m}} \sin(\omega t + 120°)$$

（1-3-1）

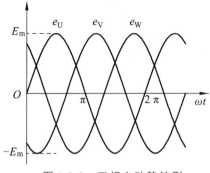

图 1-3-3　三相电动势波形

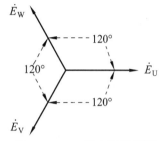

图 1-3-4　三相电压相量图

2. 相量表示

$$\dot{E}_{\mathrm{U}} = E\angle 0° = E$$
$$\dot{E}_{\mathrm{V}} = E\angle -120° = E\left(-\frac{1}{2} - j\frac{\sqrt{3}}{2}\right)$$
$$\dot{E}_{\mathrm{W}} = E\angle 120° = E\left(-\frac{1}{2} + j\frac{\sqrt{3}}{2}\right)$$

（1-3-2）

3. 三个正弦交流电动势满足以下特征

$$\left.\begin{matrix} 幅值相等 \\ 频率相同 \\ 相位互差120° \end{matrix}\right\}$$ 称为对称三相电动势

对称三相电动势的瞬时值之和为零。

$$e_{\mathrm{U}} + e_{\mathrm{V}} + e_{\mathrm{W}} = 0$$
$$\dot{E}_{\mathrm{U}} + \dot{E}_{\mathrm{V}} + \dot{E}_{\mathrm{W}} = 0$$

（1-3-3）

若三个电压或电流之间也有上述关系，称为对称三相电压或对称三相电流。三相交流电压达到正幅值（或相应零值）的顺序称为相序：

（1）正序 U→V→W。

（2）逆序 U→W→V。

3.2　三相电源的连接

3.2.1　星形连接

1. 连接方式

发电机三相绕组的末端连接成一公共点 N。由始端（U_1，V_1，W_1）引出三条线 ——电源的星形（Y形）连接。

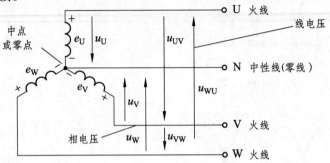

图 1-3-5　电源的星形连接

2. 线电压与相电压关系

$$u_{UV} = u_U - u_V$$
$$u_{VW} = u_V - u_W$$
$$u_{WU} = u_W - u_U$$
$$\dot{U}_{UV} = \dot{U}_U - \dot{U}_V$$
$$\dot{U}_{VW} = \dot{U}_V - \dot{U}_W \qquad (1\text{-}3\text{-}4)$$
$$\dot{U}_{WU} = \dot{U}_W - \dot{U}_U$$
$$\dot{U}_{UV} = \sqrt{3}\dot{U}_U \angle 30°$$
$$\dot{U}_{VW} = \sqrt{3}\dot{U}_V \angle 30°$$
$$\dot{U}_{WU} = \sqrt{3}\dot{U}_U \angle 30°$$

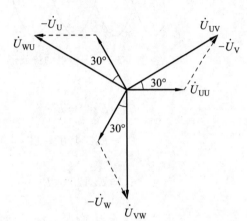

图 1-3-6　相量图

结论：星形连接中，线电压为相电压的 $\sqrt{3}$ 倍，线电压超前相应的相电压 30°

$$\dot{U}_1 = \sqrt{3}\dot{U}_p \angle 30° \qquad (1\text{-}3\text{-}5)$$

星形连接时，可引出四根导线（三相四线制），可获得两种电压。通常在低压配电网中相电压为 220 V，线电压为 380 V。也可不引出中线（三相三线制）。

3.2.2　三角形连接

发电机三相绕组依次首尾相连称为三角形连接（见图 1-3-7）。

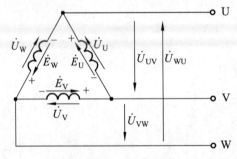

图 1-3-7　三角形连接

$$\dot{U}_{UV} = \dot{U}_{U}$$
$$\dot{U}_{VW} = \dot{U}_{V} \qquad (1\text{-}3\text{-}6)$$
$$\dot{U}_{WU} = \dot{U}_{W}$$

若三相电源电动势对称，则

$$\dot{U}_{U} + \dot{U}_{V} + \dot{U}_{W} = 0 \qquad (1\text{-}3\text{-}7)$$

相量图如图 1-3-8 所示。

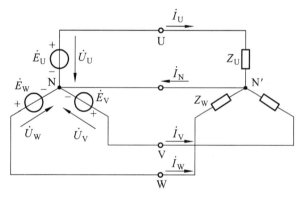

图 1-3-8　相量图

实际电源的三相电动势不是理想的对称三相电动势，它们的相量和并不绝对等于零，所以三相电源通常都接成星形，而不接成三角形。

3.3　三相电路负载的连接

三相电路的负载由三部分组成，其中的每一部分叫作一相负载。

（1）对称三相负载：各相负载的复阻抗相等。

（2）对称三相电路：由对称三相电源和对称三相负载组成的电路。

（3）不对称三相电路：三相电源不对称或各相负载阻抗不相等，这时各相电流是不对称的。

3.3.1　对称负载的星形连接电路（见图 1-3-9）

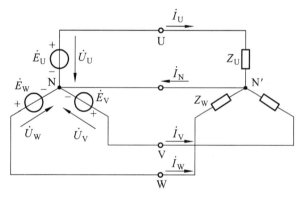

图 1-3-9　对称负载的星形连接电路

相电流与线电流的关系：

$$\dot{I}_{p} = \dot{I}_{L} \qquad (1\text{-}3\text{-}8)$$

负载电流之间的关系：

若三相负载对称，即 $Z_U = Z_V = Z_W$，忽略中线阻抗，则三相负载可归为一相计算。

设电源相电压 $\dot{U}_U$ 为参考正弦量：

$$\dot{U}_U = U_U \angle 0° \qquad \dot{U}_V = U_V \angle -120° \qquad \dot{U}_W = U_W \angle 120°$$

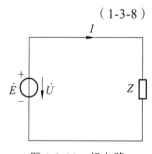

图 1-3-10　相电路

负载相电流：

$$\dot{I}_U = \frac{\dot{U}_U}{Z_U} = \frac{\dot{U}_U \angle 0^\circ}{|Z_U| \angle \varphi_U} = I_U \angle -\varphi_U$$

$$\dot{I}_V = \frac{\dot{U}_V}{Z_V} = \frac{\dot{U}_V \angle -120^\circ}{|Z_V| \angle \varphi_V} = I_V \angle (-120^\circ - \varphi_V) \tag{1-3-9}$$

$$\dot{I}_W = \frac{\dot{U}_W}{Z_W} = \frac{\dot{U}_W \angle 120^\circ}{|Z_W| \angle \varphi_W} = I_W \angle (120^\circ - \varphi_W)$$

相电流有效值：

$$I_U = \frac{U_U}{|Z_U|} \quad I_V = \frac{U_V}{|Z_V|} \quad I_W = \frac{U_W}{|Z_W|} \tag{1-3-10}$$

相电压与相电流之间的相位差：

$$\varphi_U = \arctan\frac{X_U}{R_U} \quad \varphi_V = \arctan\frac{X_V}{R_V} \quad \varphi_W = \arctan\frac{X_W}{R_W} \tag{1-3-11}$$

中性线中电流为

$$\dot{I}_N = \dot{I}_U + \dot{I}_V + \dot{I}_W \tag{1-3-12}$$

因为负载对称，即：

$$Z_U = Z_V = Z_W = Z$$

$$|Z_U| = |Z_V| = |Z_W| = |Z|$$

$$\varphi_U = \varphi_V = \varphi_W = \varphi$$

因为电压对称，所以负载相电流对称，即：

$$I_U = I_V = I_W = I_P = \frac{U_P}{|Z|}$$

$$\varphi_U = \varphi_V = \varphi_W = \arctan\frac{X}{R}$$

中性线电流为零，即：

$$\dot{I}_N = \dot{I}_U + \dot{I}_V + \dot{I}_W = 0$$

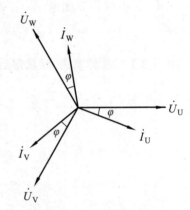

图 1-3-11　对称负载相量图

如果三相负载对称，中线中无电流，可将中线除去，而成为三相三线制系统，如图 1-3-12 所示的三相电动机。

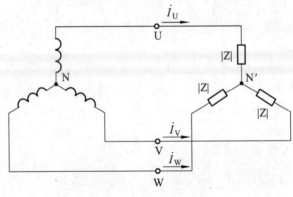

图 1-3-12　三相电动机

结论：

（1）由于三相电动势和负载的对称性，各相电压和电流也是对称的。只要算出某一相电压、电流，其他两相可以根据对称关系直接写出。

（2）各相电流仅由各相电压和各相阻抗决定。三相对称电路的 计算可以归结为一相来计算。

【例3.1】 一星形连接的三相负载，每相电阻 $R = 6\ \Omega$，感抗 $X_L = 8\ H$。电源电压对称，设 $u_{UV} = 380\sqrt{2}\sin(\omega t + 30°)V$，试求电感电流。

解：负载对称（见图1-3-13），以 U 相为例。

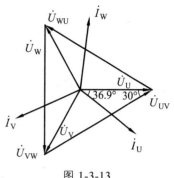

图 1-3-13

$$U_U = \frac{U_{UV}}{\sqrt{3}} = \frac{380}{\sqrt{3}} = 220\ V$$

$$u_U = 220\sqrt{2}\sin\omega t\ V$$

$$I_U = \frac{U_U}{|Z_U|} = \frac{220}{\sqrt{6^2 + 8^2}} = 22\ A$$

$$\varphi = \arctan\frac{X_L}{R} = \arctan\frac{8}{6} = 53° \quad i_U = 22\sqrt{2}\sin(\omega t - 53°)A$$

$$i_W = 22\sqrt{2}\sin(\omega t - 53° + 120°) = 22\sqrt{2}\sin(\omega t + 67°)A$$

$$i_V = 22\sqrt{2}\sin(\omega t - 53° - 120°) = 22\sqrt{2}\sin(\omega t - 173°)A$$

3.3.2 负载三角形连接的三相电路（见图1-3-14）

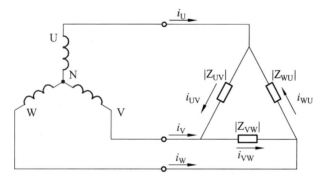

图 1-3-14 负载三角形连接

电压关系：

$$U_{UV} = U_{VW} = U_{WU} = U_L = U_P \tag{1-3-15}$$

相电流有效值：

$$I_{UV} = \frac{U_{UV}}{|Z_{UV}|}$$

$$I_{VW} = \frac{U_{VW}}{|Z_{VW}|} \tag{1-3-16}$$

$$I_{WU} = \frac{U_{WU}}{|Z_{WU}|}$$

相电压与相电流之间的相位差：

$$\varphi_{UV} = \arctan \frac{X_{UV}}{R_{UV}}$$

$$\varphi_{VW} = \arctan \frac{X_{VW}}{R_{VW}} \qquad (1\text{-}3\text{-}17)$$

$$\varphi_{WU} = \arctan \frac{X_{WU}}{R_{WU}}$$

负载线电流：

$$\dot{I}_U = \dot{I}_{UV} - \dot{I}_{WU} \quad \dot{I}_V = \dot{I}_{VW} - \dot{I}_{UV} \quad \dot{I}_W = \dot{I}_{WU} - \dot{I}_{VW} \qquad (1\text{-}3\text{-}18)$$

因为负载对称 $|Z_{UV}| = |Z_{VW}| = |Z_{WU}| = |Z|$，$\varphi_{UV} = \varphi_{VW} = \varphi_{WU} = \varphi$，所以负载各相电流对称。负载对称时，只需计算一相的电流，其他两相电流可根据对称性直接写出。

线电流与相电流的关系：

$$\dot{I}_L = \sqrt{3}\dot{I}_p \angle -30° \qquad (1\text{-}3\text{-}19)$$

结论：

（1）三角形连接中，线电流是相电流的 $\sqrt{3}$ 倍，线电流滞后相应电流 30°（见图 1-3-15）。

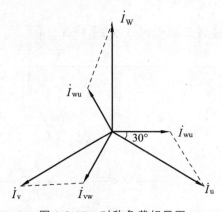

图 1-3-15　对称负载相量图

（2）三相电动机的绕组可以连接成星形，也可以连接成三角形，而照明负载一般连接成星形（有中性线）。

【例 3.2】 在电路中，设三相对称电源线电压为 380 V，三角形连接的对称负载每相阻抗 $Z = (4+\mathrm{j}3)$，试求各相电流与线电流。

解：设：$\dot{U}_{UV} = 380\angle 0°$ V，则 $\dot{I}_{UV} = \dfrac{\dot{U}_{UV}}{Z} = \dfrac{380\angle 0°}{4+\mathrm{j}3} = \dfrac{380\angle 0°}{5\angle 36.9°} = 76\angle -36.9°$ (A)

根据对称性，可得其余两相电流：

$$\dot{I}_{VW} = \dot{I}_{UV} \angle -120° = 76\angle -156.9° \text{ A}$$
$$\dot{I}_{WU} = \dot{I}_{UV} \angle +120° = 76\angle 83.1° \text{ A}$$

线电流：

$$\dot{I}_U = \sqrt{3}\dot{I}_{UV} \angle -30° = \sqrt{3} \times 76 \angle -66.9° = 131.6 \angle -66.9° \text{ (A)}$$

$$\dot{I}_V = \dot{I}_U \angle -120° = 131.6 \angle -186.9° \text{ A}$$

$$\dot{I}_W = \dot{I}_U \angle 120° = 131.6 \angle 53.1° \text{ A}$$

3.3.3 不对称三相电路

对称三相电路：当三相电源不对称或各相负载阻抗不相等时，电路中的各相电流是不对称的。相负载（如照明、电炉、单相电动机等）分配不均匀；电力系统发生故障（短路或断路等）时将出现不对称情况。

通常三相电源的不对称程度很小，可近似地当作对称来处理。所以在工程实际中，要解决的是三相电源对称而负载不对称的三相电路计算问题。

不对称三相电路中的三相电流是不对称的，因此，分析这种电路只能用网络分析中求解复杂电路的方法。

注：

（1）三相负载采用何种连接方式由负载的额定电压决定。

（2）当负载额定电压等于电源线电压时采用三角形连接。

（3）当负载额定电压等于电源相电压时采用星形连接。

3.4 三相电路的功率

3.4.1 有功功率

无论负载为 Y 或△连接，三相负载所吸收的有功功率与三相电源所提供的有功功率相等，并等于各相有功功率之和。

$$P = P_U + P_V + P_W = U_U I_U \cos\varphi_U + U_V I_V \cos\varphi_V + U_W I_W \cos\varphi_W \qquad （1\text{-}3\text{-}20）$$

其中，φ 是相电压与相电流的相位差角。

当负载对称时，三相总功率为：

$$P = 3P_P = 3U_P I_P \cos\varphi \qquad （1\text{-}3\text{-}21）$$

结论：

（1）当对称负载是星形连接时，$U_L = \sqrt{3}U_P$，$I_L = I_P$。

（2）当对称负载是三角形连接时，$U_L = U_P$，$I_L = \sqrt{3}I_P$。

（3）对称不论负载是何种连接方式总功率为：$P = \sqrt{3}U_L I_L \cos\varphi$。

3.4.2 无功功率

三相总的无功功率等于各相功率之和。

$$\begin{aligned}
Q &= Q_U + Q_V + Q_W \\
&= U_U I_U \sin\varphi_U + U_V I_V \sin\varphi_V + U_W I_W \sin\varphi_W
\end{aligned} \qquad （1\text{-}3\text{-}22）$$

在对称三相电路中，由于 $Q = Q_U + Q_V + Q_W = Q_P$，所以：

$$Q = 3U_P I_P \sin\varphi = \sqrt{3} U_L I_L \sin\varphi \qquad (1\text{-}3\text{-}23)$$

3.4.3 视在功率

（1）三相总的视在功率为

$$S = \sqrt{P^2 + Q^2} \qquad (1\text{-}3\text{-}24)$$

（2）当负载对称时，三相总功率为

$$S = 3U_P I_P = \sqrt{3} U_L I_L \qquad (1\text{-}3\text{-}25)$$

【例 3.3】 对称三相电源线电压 380 V，Y 形对称负载每相阻抗 $Z = (12+j16)\Omega$（见图 1-3-16），试求各相电流和线电流。如将负载改为△形对称接法，求各相电流和线电流，分别计算 Y 形、△形接法时的三相总功率。

解：① $\dot{I}_P = \dfrac{\dot{U}_P}{Z}$

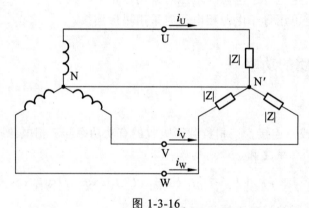

图 1-3-16

当对称负载是星形连接时，$U_L = \sqrt{3} U_P$，$I_L = I_P$。

由电源的 Y 形接法可知，相电压为线电压的 $1/\sqrt{3}$，即：

$$U_P = \frac{1}{\sqrt{3}} \times 380 = 220 \ (\text{V})$$

设 $\dot{U}_U = 220\angle 0° \ \text{V}$ $\dot{U}_{UV} = 380\angle 30° \ \text{V}$

$$\dot{I}_U = \frac{\dot{U}_U}{Z} = \frac{220\angle 0°}{12 + j16} = \frac{220\angle 0°}{20\angle 53°} = 11\angle -53° \ (\text{A})$$

$i_U = 11\sqrt{2} \sin(\omega t - 53°)\text{A}$ $\quad i_V = 11\sqrt{2} \sin(\omega t - 173°)\text{A}$

$i_W = 11\sqrt{2} \sin(\omega t + 67°)\text{A}$

Y 形接法中，线电流 = 相电流，三相功率为

$$P = \sqrt{3} U_L I_L \cos\varphi_Z = \sqrt{3} \times 380 \times 11 \times \cos(-53°) = 4.344 \ (\text{kW})$$

② 当对称负载是三角形连接时，$U_L = U_P$，$\dot{I}_L = \sqrt{3}\dot{I}_P\angle -30°$

△形接法时（见图 1-3-17），相电流为

$$\dot{I}_{UV} = \frac{\dot{U}_{UV}}{Z} = \frac{380\angle30°}{12+j16} = \frac{380\angle30°}{20\angle53°} = 19\angle-23° \text{ (A)}$$

$$\dot{I}_{VW} = 19\angle-143° \text{ A} \qquad\qquad \dot{I}_{WU} = 19\angle97° \text{ A}$$

由

$$\dot{I}_1 = \sqrt{3}\dot{I}_P\angle-30° \text{ A} \qquad\qquad i_V = 32.9\sqrt{2}\sin(\omega t-173°)\text{A}$$

$$i_U = 32.9\sqrt{2}\sin(\omega t-53°)\text{A} \qquad i_W = 32.9\sqrt{2}\sin(\omega t+67°)\text{A}$$

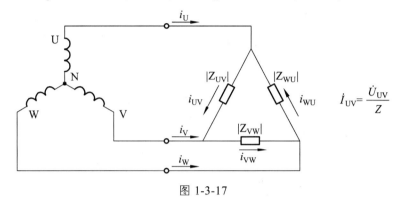

图 1-3-17

△形接法中，线电压 = 相电压，三相功率为

$$P = \sqrt{3}U_L I_L \cos\varphi_Z = \sqrt{3}\times380\times32.9\times\cos(-23°) = 19.932 \text{ (kW)}$$

【例 3.4】 有一台三相电阻加热炉，功率因数等于 1，星形连接，另有一台三相交流电动机，功率因数等于 0.8，三角形连接，共同由线电压为 380 V 的三相电源供电，它们消耗的有功功率分别为 75 kW 和 36 kW（见图 1-3-18）。求电源线电流。

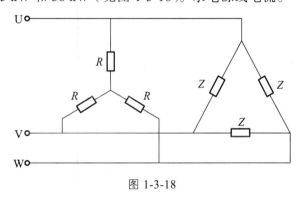

图 1-3-18

解：

电热炉功率因数：$\cos\varphi_1 = 1$ $\qquad \varphi_1 = 0°$

故无功功率：$Q_1 = 0$

电动机功率因数：$\cos\varphi_2 = 0.8$ $\qquad \varphi_2 = 36.9°$

故无功功率：$Q_2 = P_2\tan\varphi_2 = (36\times\tan39.6°) \text{ kvar} = 27 \text{ kvar}$

电源输出总有功功率、无功功率和视在功率为

$$P = P_1 + P_2 = (75+36) \text{ kW} = 111 \text{ kW}$$

$$Q = Q_1 + Q_2 = (0 + 27)\,\text{kvar} = 27\ \text{kvar}$$

$$S = \sqrt{P^2 + Q^2} = (\sqrt{111^2 + 27^2})\ \text{kV} \cdot \text{A} = 114\ \text{kV} \cdot \text{A}$$

电源线电流：

$$I_\text{L} = \frac{S}{\sqrt{3}U_\text{L}} = \frac{114 \times 10^3}{1.73 \times 380}\ \text{A} = 173\ \text{A}$$

3.4.4 三相功率的测量

在三相三线制电路中，不论负载连接成星形或三角形，也不论负载对称与否，都广泛采用两功率表法来测量三相功率（见图 1-3-19）。

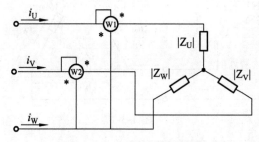

图 1-3-19 三相功率的测量

负载连接成星形的三相三线制电路中，其三相瞬时功率为

$$p = p_\text{U} + p_\text{V} + p_\text{W} = u_\text{U} i_\text{U} + u_\text{V} i_\text{V} + u_\text{W} i_\text{W}$$

因为：

$$i_\text{U} + i_\text{V} + i_\text{W} = 0$$

所以：

$$
\begin{aligned}
p &= u_\text{U} i_\text{U} + u_\text{V} i_\text{V} + u_\text{W}(-i_\text{U} - i_\text{V}) \\
&= (u_\text{U} - u_\text{W}) i_\text{U} + (u_\text{V} - u_\text{W}) i_\text{V} \\
&= u_\text{UW} i_\text{U} + u_\text{VW} i_\text{V} = p_1 + p_2
\end{aligned}
\tag{1-3-26}
$$

由上式可知，三相功率可用两个功率表来测量。每个功率表的电流线圈中通过的是线电流，而电压线圈上所加的电压是线电压。两个电压线圈的一端都连在未串联电流线圈的一线上。

功率表 W_1 读数为

$$P_1 = \frac{1}{T} \int_0^T u_\text{UW} i_\text{U}\,\text{d}t = U_\text{UW} I_\text{U} \cos \alpha$$

功率表 W_2 读数为

$$P_2 = \frac{1}{T} \int_0^T u_\text{VW} i_\text{V}\,\text{d}t = U_\text{VW} I_\text{V} \cos \alpha$$

两功率表的读数 P_1 和 P_2 之和即为三相功率。各相相量如图 1-3-20 所示。

$$P = P_1 + P_2 = U_{\text{UW}}I_{\text{U}}\cos\alpha + U_{\text{VW}}I_{\text{V}}\cos\beta$$

当负载对称时，两功率表的读数分别为

$$P_1 = U_{\text{UW}}I_{\text{U}}\cos\alpha = U_1 I_1 \cos(30° - \varphi)$$
$$P_2 = U_{\text{VW}}I_{\text{V}}\cos\alpha = U_1 I_1 \cos(30° + \varphi)$$

两功率表读数之和为

$$\begin{aligned}
P &= P_1 + P_2 \\
&= U_1 I_1 \cos(30° - \varphi) + U_1 I_1 \cos(30° + \varphi) \\
&= \sqrt{3} U_1 I_1 \cos\varphi
\end{aligned}$$

$$P = P_1 + P_2 = \sqrt{3} U_1 I_1 \cos\varphi$$

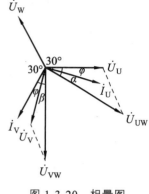

图 1-3-20　相量图

（1-3-28）

相电流与相电压同相（$\varphi = 0°$），$P_1 = P_2$，两个功率表读数相等；相电流比相电压滞后 $\varphi > 60°$，P_2 为负值，第二个功率表指针反向偏转，不能读出功率的数值。因此，必须将该功率表的电流线圈反接。这时三相功率便等于第一个功率表的读数减去第二个功率表的读数，即：$P = P_1 + (-P_2) = P_1 - P_2$

由此可知，三相功率应是两个功率表读数的代数和，其中任意一个功率表的读数是没有意义的。

注：在实用上，常用一个三相功率表代替两个单相功率表来测量三相功率，其原理与两功率表法相同。

3.5　发电、输电和安全用电

3.5.1　发电、输电概述

强电电能（一般常称工频市电）是由发电厂生产的，而发电厂多数建立在一次能源（如煤矿、水力资源等）所在地，远离城市或工业企业。为了保证电能的经济传送，同时满足各类电能用户对电能质量（如工作电压）的不同要求，电能输送到城市或工业企业的过程中，需要解决电能的远距离输送、电能电压的变换、电能合理经济的分配（配电）和安全运行等问题。这就构成了电能的生产、变压、输配和使用的全过程和各环节的整体性。

由各种电压等级的电力传输线路将发电厂、变电站和电力用户联系起来构成的发电、输电、变电、配电和用电的统一整体，称为电力系统（power system）。图 1-3-21 所示为一个大型电力系统的示意图。

电力系统的组成：

（1）发电厂：将各类形态的一次能源（如煤炭、石油、天然气、水能、原子能、风能、太阳能、地能、潮汐能）通过发电设备转换为电能。

（2）变电站：变换电压和交换电能的场所。根据变电站的性质和作用，分为升压变电站和降压变电站两类。升压变电站多设在发电厂内，而降压变电站根据其在电力系统中所处的地位和作用不同，又分为地区降压变电站、企业降压变电站以及车间变电站等。

（3）电力网：输送和分配电能的线路。它由各种不同的电压等级和不同结构类型的传输线路组成，是将发电厂、变电站和电能用户联系起来的纽带。其任务是实时地将发电厂生产的电能输送并分配给不同的电能用户。

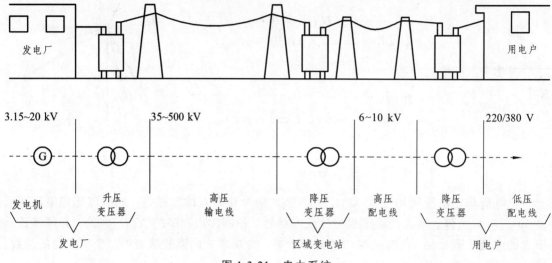

图 1-3-21 电力系统

（4）电能用户：包括工业企业在内的所有用电单位均称为电能用户。目前我国的主要电能用户是：重工业企业，用电占 50%；轻工业企业，用电占 12%；农业用电占 15%；其他用户，如交通运输、市政生活等，用电只占 7%左右。

发电厂生产的电能一般都通过升压变电站变成高压电能。采用远距离高压输送的主要原因是：在传输的电功率和要求线路电压损失一定的条件下，输电电压越高，导线截面积越小，不仅节省了导线消耗的有色金属（铜、铝），同时减少了线路上的电能损耗，提高了电能输送效率，也保证了用电户的电能质量。

为了更经济合理地利用一次能源（特别是我国水力资源丰富），减小电能损耗，降低成本，保证供电质量和可靠性，建立大型电力系统将有利于国民经济的发展。

3.5.2 安全用电

3.5.2.1 电流对人体的作用

由于不慎触及带电体，产生触电事故，将使人体受到各种不同的伤害。根据伤害性质可分为电击和电伤两种。

（1）电击是指电流通过人体，使内部器官组织受到损伤。如果受害者不能迅速摆脱带电体，则最后会造成死亡事故。

（2）电伤是指在电弧作用下或熔断丝熔断时，对人体外部的伤害，如烧伤、金属溅伤等。

根据大量触电事故资料的分析和实验证实，电击所引起的伤害程度与下列各种因素有关。

（1）人体电阻的大小。人体的电阻愈大，通入的电流愈小，伤害程度也就愈轻。根据研究结果，当皮肤有完好的角质外层并且很干燥时，人体电阻大约为 104～105 Ω，当角质层破坏时，降到 800～1000 Ω。

（2）电流通过时间的长短。电流通过人体的时间愈长，则伤害愈严重。

（3）电流的大小。人体对 0.5 mA 以下的工频电流一般是没有感觉的。实验资料表明，对不同的人引起感觉的最小电流是不一样的，成年男性平均约为 1.01 mA，成年女性约为 0.7 mA，这一数值称为感知电流。这时人体由于神经受到刺激而感觉轻微刺痛。同样，不同的人触电后能自主摆脱电源的最大电流也不一样，成年男性平均为 16 mA，成年女性为 10.5 mA，这个数值称为摆脱电流。一般情况下，8～10 mA 以下的工频电流，50 mA 以下的直流电流可以当作人体允许的安全电流，但这些电流长时间通过人体也是有危险的（人体通电时间越长，电阻会越小）。在装有防止触电的保护装置的场合，人体允许的工频电流约为 30 mA，在空中，可能因造成严重二次事故的场合，人体允许的工频电流应按不引起强烈痉挛的 5 mA 考虑。

（4）电击后的伤害程度还与电流通过人体的路径以及与带电体接触的面积和压力等有关。

安全电压是为了防止触电事故而采用的有特定电源的电压系列。其供电要求实行输出与输入电路的隔离，与其他电气系统的隔离。这个电压系列的上限值：在正常和故障情况下，任何两导体间任意一个导体与地之间均不得超过交流（50～500 Hz）有效值 50 V。

人们可根据场所特点，采用我国安全电压标准规定的交流电安全电压等级：

（1）42 V（空载上限≤50 V）可供有触电危险的场所使用的手持式电动工具等场合下使用。

（2）36 V（空载上限≤43 V），可在矿井、多导电粉尘等场所使用的行灯等场合下使用。

（3）24 V、12 V、6 V（空载上限分别小于或等于 29 V、15 V、8 V）三档可供某些人体可能偶然触及的带电体的设备选用。在大型锅炉内工作、金属容器内工作或者在发器内工作，为了确保人身安全一定要使用 12 V 或 6 V 低压行灯。当电气设备采用 24 V 以上安全电压时，必须采取防止直接接触带电体的。其电路必须与大地绝缘。

3.5.2.2 触电方式

1. 接触正常带电体

（1）电源中性点接地的单相触电如图 1-3-22 所示。

这时人体处于相电压之下，危险性较大。如果人体与地面的绝缘较好，危险性可以大大减小。

（2）电源中性点不接地的单相触电如图 1-3-23 所示。

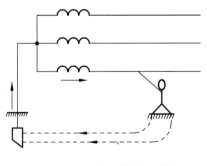

图 1-3-22　电源中性点接地

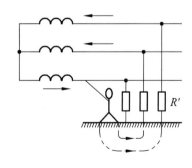

图 1-3-23　电源中性点不接地

这种触电也有危险。乍看起来，似乎电源中性点不接地时，不能形成通过人体的电流回路。其实不然，要考虑到导线与地面间的绝缘可能不良，甚至有一相接地，在这种情况下人体中就有电流通过。在交流的情况下，导线与地面间存在的电容也可构成电流的通路。

（3）两相触电。两相触电的情况最为危险，因为这时人体处于线电压之下，但这种情况不常见。

2. 接触正常不带电的金属体

触电的另一种情形是接触正常不带电的部分。

例如，电机的外壳本来是不带电的，由于绕组绝缘损坏而与外壳相接触，使它也带电。人手触及带电的电机（或其他电气设备）外壳，相当于单相触电。大多数触电事故属于这一种。为了防止这种触电事故，对电气设备常采用保护接地和保护接零（接中性线）的保护装置。

3.5.2.3 接地和接零

为了人身安全和电力系统工作的需要，要求电气设备采取接地措施。按接地目的的不同，主要可分为工作接地、保护接地和保护接零三种。

1. 工作接地

电力系统由于运行和安全的需要，常将中性点接地，这种接地方式称为工作接地（见图1-3-24）。

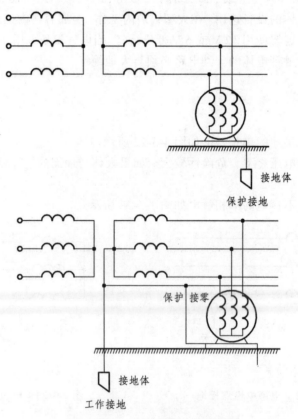

图 1-3-24 电力系统工作接地

1）降低触电电压

在中性点不接地的系统中，当有一相接地而人体触及另外两相之一时，触电电压将为相电压的 $\sqrt{3}$ 倍，即为线电压。而在中性点接地的系统中，当有一相接地而人体触及另外两相之一时，触电电压就降低到等于或接近相电压。

2）迅速切断故障设备

在中性点不接地的系统中，当有一相接地时，接地电流很小（因为导线和地面间存在电容和绝缘电阻，也可构成电流的通路），不足以使保护装置动作而切断电源，接地故障不易被发现，将长时间持续下去。而在中性点接地的系统中，一相接地后的接地电流较大（接近单相短路），保护装置将迅速动作，断开故障点。

3）降低电气设备对地的绝缘水平

在中性点不接地的系统中，一相接地时将使另外两相的对地电压升高到线电压。而在中性点接地的系统中，则接近于相电压，故可降低电气设备和输电线的绝缘水平，节省投资。

但是，中性点不接地也有好处。

（1）一相接地往往是瞬时的，能自动消除，在中性点不接地的系统中，就不会跳闸而发生停电事故。

（2）一相接地故障可以允许短时存在，这样方便寻找故障和修复。

2. 保护接地

保护接地就是将电气设备的金属外壳（正常情况下是不带电的）接地（见图1-3-25），这种方式宜用于中性点不接地的低压系统中。

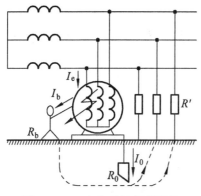

图1-3-25　电力系统保护接地

当电动机某一相绕组的绝缘损坏使外壳带电而外壳未接地的情况下，人体触及外壳，相当于单相触电。这时接地电流 I_e（经过故障点流入地中的电流）的大小决定于人体电阻 R_b 和绝缘电阻 R_0。当系统的绝缘性能下降时，就有触电的危险。

当电动机某一相绕组的绝缘损坏使外壳带电而外壳接地的情况下，人体触及外壳时，由于人体的电阻 R_b 与接地电阻 R_0 并联，而通常 $R_b \gg R_0$，所以通过人体的电流很小，不会有危险。这就是保护接地能保证人身安全的原因。

3. 保护接零

保护接零就是将电气设备的金属外壳接到零线（或称中性线）上，这种方式宜用于中性点接地的低压系统中。图 1-3-26 所示的是电动机的保护接零。

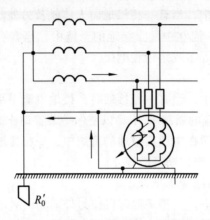

图 1-3-26   电机的保护接零

当电动机某一相绕组的绝缘损坏而与外壳相接时，就会形成单相短路，这一相中的熔丝将被迅速熔断，使外壳不再带电。即使在熔丝熔断前人体触及外壳，也由于人体电阻远大于线路电阻，只有极微小的电流通过人体。

注：中性点接地的系统中不采用保护接地，因为采用保护接地时，当电气设备的绝缘损坏，接地电流为

$$I_e = \frac{U_P}{R_0 + R_0'}$$

式中，U_P 为系统的相电压；R_b 和 R_0 分别为保护接地和工作接地的接地电阻。

如果系统电压为 380/220 V，$R_0 = R_0'$，则接地电流：

$$I_e = \frac{220}{4+4} \text{ A} = 27.5 \text{ A}$$

为了保护装置能可靠地动作，接地电流不应小于继电保护装置动作电流的 1.5 倍或熔丝额定电流的 3 倍。

因此，27.5 A 的接地电流只能保证断开动作电流不超过 27.5/1.5 A（18 A）的继电保护装置或额定电流不超过 27.5/3 A =（9.2 A）的熔丝。

如果电气设备容量较大，就得不到保护，接地电流长期存在，外壳也将长期带电，其对地电压为

$$U_e = \frac{U_P}{R_0 + R_0'} R_0$$

如果 $U_P = 220$ V，$R_b = R_0' = 4$ Ω，则 $U_e = 110$ V。此电压对人体是不安全的。

4. 保护接零和重复接地

在中性点接地系统中，除采用保护接零外，还要采用重复接地，就是将零线相隔一定距离，多处接地，如图 1-3-27 所示。

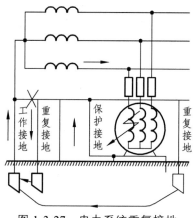

图 1-3-27　电力系统重复接地

如无重复接地，人体触及外壳，相当于单相触电，是有危险的。

如有重复接地，多处重复接地的接地电阻并联，使外壳对地电压大大降低，减小了危险程度。

为了确保安全，零干线必须连接牢固，开关和熔断器不允许装在零干线上。但引入住宅和办公场所的一根相线和一根零线上一般都装有双极开关，并都装有熔断器，以增加短路时熔断的机会。

5. 工作零线和保护接零

在三相四线制系统中，由于负载往往不对称，零线中会有电流通过，因而零线对地电压不为零，且距电源越远，电压越高，但一般在安全值以下，无危险性。为了确保设备外壳对地电压为零，专设保护零线，如图 1-3-28 所示。工作零线在进建筑物入口处要接地，进户后再另设一保护零线。这样就成为三相五线制。所有的接零设备都要通过三孔插座接到保护零线上。在正常工作时，工作零线中有电流，保护零线中不应有电流。

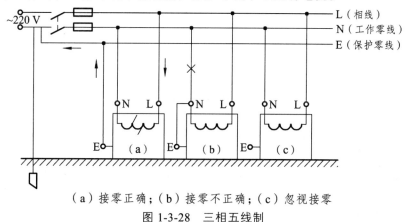

（a）接零正确；（b）接零不正确；（c）忽视接零

图 1-3-28　三相五线制

（1）图 1-3-28（a）是正确连接。当绝缘损坏，外壳带电时，短路电流经过保护零线，将熔断器熔断，切断电源，消除触电事故。

（2）图 1-3-28（b）的连接是不正确的，因为如果在×处断开，绝缘损坏后外壳便带电，将会发生触电事故。

（3）有的用户在使用日常电器（如手电钻、电冰箱、洗衣机、台式电扇等）时，忽视外壳的接零保护，插上单相电源就用，如图1-3-28（c）所示，这是十分不安全的。一旦绝缘损坏，外壳也就带电了。

3.5.3 节约用电

随着我国社会主义建设事业的发展，各方面的用电需要日益增长。为了满足这种需要，除了增加发电量外，还必须注意节约用电，使每一度电都能发挥它的最大效用，从而降低生产成本，节省对发电设备和用电设备的投资。

节约用电的具体措施主要有下列几项。

1. 发挥用电设备的效能

电动机和变压器通常在接近额定负载时运行效率最高，轻载时效率较低。为此，必须正确选用它们的功率。

2. 提高线路和用电设备的功率因数

提高功率因数的目的在于发挥发电设备的潜力和减少输电线路的损失。对于工矿企业，功率因数一般要求达到0.9以上。

3. 降低线路损失

要减低线路损失，除提高功率因数外，还必须合理选择导线截面，适当缩短大电流负载（例如电焊机）的连线，保持连接点的紧接，安排三相负载接近对称，等等。

4. 技术革新

例如：电车上采用晶闸管调速比电阻调速可节电20%左右；电阻炉上采用硅酸铝纤维代替耐火砖作保温材料，可节电30%左右；采用精密铸造后，可使铸件的耗电量大大减小；采用节能灯后，耗电大、寿命短的白炽灯亦将被淘汰。

5. 加强用电管理

特别是注意照明用电的节约。

本章小结

1. 三相电源的连接法有两种：

（1）星形接法：引出中线，则构成三相四线制供电系统，输出两种电压，线电压的有效值是相电压有效值的 $\sqrt{3}$ 倍，在相位上线电压超前相应的相电压 30^0；若不引出中线，则构成三相三线制供电系统，只适用于对称负载的情形。

（2）三角形接法：线电压等于相电压，属于三相三线制。

2. 三相负载的连接法也有两种

（1）星形接法，有中线，负载上的相电压有效值是线电压有效值的 $\sqrt{3}$ ，而相电流等于线电流。若负载对称时，中线电流为零，可省去中线；若负载不对称时，中线不能省去。

（2）三角形接法：线电压等于相电压，负载对称时，线电流的有效值等于相电流有效值的 $\sqrt{3}$ 倍，在相位上线电流滞后于相电流 30°；若负载不对称时，线电流和相电流不再遵循这种关系。

3．三相负载的功率有两种

（1）对称三相电路的功率：

$$P = 3U_\varphi I_\varphi \cos\varphi = \sqrt{3} U_1 I_1 \cos\varphi$$

$$Q = 3U_\varphi I_\varphi \cos\varphi = \sqrt{3} U_1 I_1 \cos\varphi$$

$$S = \sqrt{P^2 + Q^2} = \sqrt{3} U_1 I_1$$

$$\cos\varphi = \frac{P}{S}$$

（2）不对称三相电路的功率：

$$P = P_A + P_B + P_C$$

$$Q = Q_A + Q_B + Q_C$$

$$S = \sqrt{P^2 + Q^2}$$

4．了解安全用电的基本常识

这对用电时的人身安全和设备安全是十分重要的。

习　题

1．何谓三相负载、单相负载和单相负载的三项连接？三相用电器有三根电源线接到电源的三根火线上，称为三相负载；电灯有两根电源线，为什么不称为两相负载，而称为单相负载？

2．三相交流电器铭牌上标示的功率是指额定的输入电功率吗？

3．三相四线制照明电路中，设 A 相接 4 盏"220 V、25 W"的白炽灯，B 相接 3 盏"220 V、100 W"的白炽灯，C 相中没有负载，这时接通的白炽灯灯泡都能正常发光。如果不慎中线断开了，这两组灯泡是否还能正常发光？会出现什么现象？试通过分析计算来说明。

4．三相照明电路的功率应如何测量？画出三相功率测量的电路接线图。三相动力电路的功率如何测量？画出其功率测量的电路接线图。

第4章 动态电路分析

在实际电路中,有时要求电路能够完成能量的存储和交换过程。本章将引入动态元件(电容 C 和电感 L)来模拟具有存储效应的电路模型,通过对电容、电感伏安特性的分析来了解电路的动态性,为进行电路的动态分析奠定必要的基础。

动态电路:含有动态元件(电容和电感)的电路称为动态电路。动态电路的伏安关系是用微分或积分方程表示的。通常用微分形式。

动态电路的特点:当动态电路状态发生改变(换路)时需要经历一个变化过程才能达到新的稳定状态。这个变化过程称为电路的过渡过程。

4.1 一阶动态电路

一阶动态电路是指用一阶微分方程来描述的电路。一阶电路中只含有一个动态元件。

过渡过程:电路从一个稳定状态过渡到另一个稳定状态,电压、电流等物理量经历一个随时间变化的过程。

产生过渡过程的条件:电路结构或参数的突然改变。

产生动态过程的原因:由于电路中包含有电感 L 和电容 C 等储能元件,而储能元件所储存的能量不能跃变。对电路的动态分析,首先要从分析电容、电感元件的特性入手。

4.1.1 电容元件

电容器是一种能储存电荷的器件,电容元件是电容器的理想化模型。当电容上电压与电荷为关联参考方向时,电荷 q 与 u 的关系为:$q(t) = Cu(t)$,C 是电容的电容量,亦即特性曲线的斜率,如图 1-4-1 所示。当 u、i 为关联方向时,据电流强度定义有:$i = C du/dt$;当 u、i 为非关联方向时:$i = - C du/dt$。

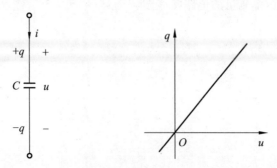

图 1-4-1 电容的符号、线性非时变电容的特性曲线

当电压 u 变化时，在电路中产生电流：

$$i = C \frac{\mathrm{d}u}{\mathrm{d}t} \tag{1-4-1}$$

当 u 不变时，流过电容元件的电流为 0。电容对于直流相当于开路。由式（1-4-1）变换得

$$u(t) = \frac{1}{C} \int_{\infty}^{0} i(\xi)\mathrm{d}\xi + \frac{1}{C} \int_{0}^{t} i(\xi)\mathrm{d}\xi$$
$$= u(0) + \frac{1}{C} \int_{0}^{t} i(\xi)\mathrm{d}\xi \tag{1-4-2}$$

式（1-4-2）中，$u(0)$ 是在 $t = 0$ 时刻电容已积累的电压，称为初始电压；而后一项是在 $t = 0$ 以后电容上形成的电压，它体现了在 $0 \sim t$ 的时间内电流对电压的贡献。

由此可知：在某一时刻 t，电容电压 u 不仅与该时刻的电流 i 有关，而且与 t 以前电流的全部历史状况有关。因此，我们说电容是一种记忆元件，有"记忆"电流的作用。

当电容电压和电流为关联方向时，电容吸收的瞬时功率为

$$p(t) = u(t)i(t) = Cu(t) \frac{\mathrm{d}u(t)}{\mathrm{d}t} \tag{1-4-3}$$

瞬时功率可正可负，当 $p(t)>0$ 时，说明电容是在吸收能量，处于充电状态；当 $p(t)<0$ 时，说明电容是在提供能量，处于放电状态。

对式（1-4-3）从 $-\infty$ 到 t 进行积分，即得 t 时刻电容上的储能为

$$w_{\mathrm{C}}(t) = \int_{-\infty}^{t} p(\xi)\mathrm{d}\xi = \int_{u(-\infty)}^{u(t)} Cu(\xi)\mathrm{d}u(\xi) = \frac{1}{2}Cu^2(t) - \frac{1}{2}Cu^2(-\infty) \tag{1-4-4}$$

式（1-4-4）中，$u(-\infty)$ 表示电容未充电时刻的电压值，应有 $u(-\infty) = 0$。于是，电容在时刻 t 的储能可简化为

$$w_{\mathrm{C}}(t) = \frac{1}{2}Cu^2(t) \tag{1-4-5}$$

由式（1-4-5）可知：电容在某一时刻 t 的储能仅取决于此时刻的电压，而与电流无关，且储能 ≥ 0。

电容在充电时吸收的能量全部转换为电场能量，放电时又将储存的电场能量释放回电路，它本身不消耗能量，也不会释放出多于它吸收的能量，所以称电容为储能元件。

4.1.2 电感元件

电感器（线圈）是存储磁能的器件，而电感元件是它的理想化模型。当电流通过电感器时，就有磁链与线圈交链，当磁通与电流 i 参考方向之间符合右手螺旋关系时，磁链与电流的关系为 $\psi(t) = Li(t)$。电感元件模型符号及特性曲线如图 1-4-2 所示。

当 u、i 为关联方向时，有 $u = L\frac{\mathrm{d}i}{\mathrm{d}t}$，这是电感伏安关系的微分形式。

电感的伏安特性还可写成：

$$i(t) = \frac{1}{L}\int_{-\infty}^{0} u(\xi)d\xi + \frac{1}{L}\int_{0}^{t} u(\xi)d\xi = i(0) + \frac{1}{L}\int_{0}^{t} u(\xi)d\xi \qquad (1\text{-}4\text{-}6)$$

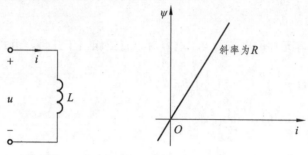

图 1-4-2　电感元件模型符号及特性曲线

式（1-4-6）中，$i(0)$ 是在 $t = 0$ 时刻电感已积累的电流，称为初始电流；而后一项是在 $t = 0$ 以后电感上形成的电流，它体现了在 $0 \sim t$ 的时间内电压对电流的贡献。

式（1-4-6）说明：任一时刻的电感电流不仅取决于该时刻的电压值，还取决于 $-\infty \sim t$ 所有时间的电压值，即与电压过去的全部历史有关。可见电感有"记忆"电压的作用，它也是一种记忆元件。

当电感电压和电流为关联方向时，电感吸收的瞬时功率为

$$p(t) = u(t)i(t) = Li(t)\frac{di(t)}{dt} \qquad (1\text{-}4\text{-}7)$$

与电容一样，电感的瞬时功率也是可正可负，当 $p(t) > 0$ 时，表示电感从电路吸收功率，储存磁场能量；当 $p(t) < 0$ 时，表示电感是在提供能量，即释放磁场能量。

对式（1-4-7）从 $-\infty$ 到 t 进行积分，即得 t 时刻电感上的储能为

$$w_L(t) = \int_{-\infty}^{t} p(\xi)d\xi = \int_{i(-\infty)}^{i(t)} Li(\xi)di(\xi) = \frac{1}{2}L[i^2(t) - i^2(-\infty)] \qquad (1\text{-}4\text{-}8)$$

因为 $w_L(-\infty) = 0$，所以

$$w_L(t) = \frac{1}{2}Li^2(t) \qquad (1\text{-}4\text{-}9)$$

由式（1-4-9）可知：电感在某一时刻 t 的储能仅取决于此时刻的电流值，而与电压无关，只要有电流存在，就有储能，且储能 ≥ 0。

4.1.3　换路定理及电路初始条件的确定

换路：电路工作条件发生变化，如电源的接通或切断，电路连接方法或参数值的突然变化等称为换路。我们研究的是换路后电路中电压或电流的变化规律，知道了电压、电流的初始值，就能掌握换路后电压、电流是从多大的初始值开始变化的。

换路定律：电容上的电压 u_C 及电感中的电流 i_L 在换路前后瞬间的值是相等的，即：

$$u_C(0_+) = u_C(0_-), \quad i_L(0_+) = i_L(0_-) \qquad (1\text{-}4\text{-}10)$$

必须注意：只有 u_C、i_L 受换路定律的约束而保持不变，电路中其他电压、电流都可能发

生跃变。即：

（1）电容器 C 上的电压不能突变。

（2）电感 L 中的电流不能突变。

（3）电阻 R 为非储能元件，其电流和电压都可以突变。

（4）换路前后电容 C 上的电压不能突变，绝不意味着电容电流也不能突变，应为电场能量只与电容电压有关。

（5）换路前后电感 L 中的电流不能突变，绝不意味着电感两端的电压也不能突变，因为磁场能只与电感电流有关。

换路后的一瞬间 $(t=0_+)$，电路中的电压 $u(0_+)$ 和电流 $i(0_+)$ 值称为初始值，决定了瞬变过程的初始条件。

初始值计算步骤：

（1）首先计算出换路前一瞬间（$t=0_-$）电容上的电压值 $u(0_-)$ 和电感中的电流 $i(0_-)$ 值，根据换路定律，就可以得到电容上电压的初始值和电感中电流的初始值：$u_C(0_+) = u_C(0_-)$，$i_L(0_+) = i_L(0_-)$。

（2）然后将电容和电感分别用电压源 $u(0_+)$ 和电流源 $i(0_+)$ 来表示，并根据换路后的电路，画出换路后一瞬间 $(t=0_+)$ 时的等效电路。根据等效电路计算出电路各部分电压和电流的初始值。

【例 4.1】 图 1-4-3 所示电路原处于稳态，$t=0$ 时，开关 S 闭合，$U_S = 10\ V$，$R_1 = 10\ \Omega$，$R_2 = 5\ \Omega$ 求初始值 $u_C(0_+)$、$i_1(0_+)$、$i_2(0_+)$、$i_C(0_+)$。

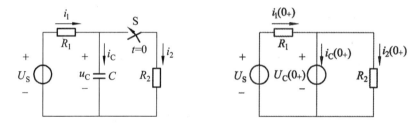

图 1-4-3　换路前动态电路及其等效电路

解：由于在直流稳态电路中，电容 C 相当于开路，因此 $t=0_-$ 时电容两端电压分别为：$u_C(0_-) = U_S = 10\ V$，在开关 S 闭合后瞬间，根据换路定理有：$u_C(0_+) = u_C(0_-) = 10\ V$，由此可画出开关 S 闭合瞬间的等效电路。由图得：

$$i_1(0_+) = \frac{U_S - u_C(0_+)}{R_1} = \frac{10-10}{10} = 0\ (A)$$

$$i_2(0_+) = \frac{u_C(0_+)}{R_2} = \frac{10}{5} = 2\ (A)$$

$$i_C(0_+) = i_1(0_+) - i_2(0_+) = 0 - 2 = -2\ (A)$$

【例 4.2】 图 1-4-4 所示电路原处于稳态，$t=0$ 时开关 S 闭合，求初始值 $u_C(0_+)$、$i_C(0_+)$ 和 $u(0_+)$。

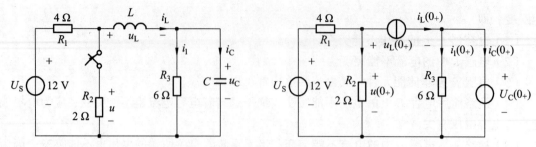

图 1-4-4　换路前动态电路及其等效电路

解： 由于在直流稳态电路中，电感 L 相当于短路、电容 C 相当于开路，因此 $t=0_-$ 时电感支路电流和电容两端电压分别为

$$i_L(0_-) = \frac{U_S}{R_1+R_3} = \frac{12}{4+6} = 1.2 \text{ (A)}$$

$$u_C(0_-) = i_1(0_-)R_3 = i_L(0_-)R_3 = 1.2 \times 6 = 7.2 \text{ (V)}$$

在开关 S 闭合后瞬间，根据换路定理有：

$$i_L(0_+) = i_L(0_-) = 1.2 \text{ (A)}$$

$$u_C(0_+) = u_C(0_-) = 7.2 \text{ (V)}$$

由此可画出开关 S 闭合后瞬间即时的等效电路，如图所示。由图得：

$$i_1(0_+) = \frac{u_C(0_+)}{R_3} = \frac{7.2}{6} = 1.2 \text{ (A)}$$

$$i_C(0_+) = i_L(0_+) - i_1(0_+) = 1.2 - 1.2 = 0 \text{ (A)}$$

$u(0_+)$ 可用节点电压法，由 $t=0_+$ 时的电路求出，为

$$u(0_+) = \frac{\dfrac{U_S}{R_1} - i_L(0_+)}{\dfrac{1}{R_1} + \dfrac{1}{R_2}} = \frac{\dfrac{12}{4} - 1.2}{\dfrac{1}{4} + \dfrac{1}{2}} = 2.4 \text{ (V)}$$

4.2　一阶电路的零输入响应

所谓零输入响应就是没有外部激励输入，仅仅依靠动态元件中的储能产生的响应。换句话说，就是求解微分方程在初始条件不为零时的齐次解。

4.2.1　*RC* 电路的零输入响应

如图 1-4-5（a）所示的电路中：

$t<0$ 时，开关在位置 1，电容被电流源充电，电路已处于稳态，电容电压 $u_C(0_-) = R_0 I_S$；

在 $t=0$ 时，开关按箭头方向动作；

在 $t \geq 0$ 时，电容将对 R 放电，电路如图 1-4-5（b）所示，电路中形成电流 i。故 $t>0$ 后，电路中无电源作用，电路的响应均是由电容的初始储能而产生，故属于零输入响应。

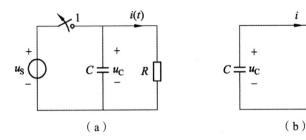

（a）   （b）

图 1-4-5　RC 电路的零输入

换路后得图 1-4-5（b），根据 KVL 有 $u_R + u_C = 0$，而 $u_R = iR$，$i = C\dfrac{du_C}{dt}$，代入上式可得

$$RC\frac{du_C}{dt} + u_C = 0 \tag{1-4-11}$$

这是一个一阶齐次方程，根据换路定理，可知初始条件 $u_C(0_+) = u_C(0_-) = u_0$。方程的通解为

$$u_C = Ae^{-\frac{t}{RC}} \tag{1-4-12}$$

将初始条件 $u_C(0_+) = R_0I_S$ 代入式（1-4-12），求出积分常数 A 为

$$u_C(0_+) = A = R_0I_S$$

将 $u_C(0_+)$ 代入式（1-4-12），得到满足初始值的微分方程的通解为

$$u_C = u_C(0_+)e^{-\frac{t}{RC}} = R_0I_Se^{-\frac{t}{RC}} = R_0I_Se^{pt} \tag{1-4-13}$$

放电电流为

$$i = C\frac{du_C}{dt} = \frac{R_0I_S}{R}e^{-\frac{t}{RC}} = i(0_+)e^{-\frac{t}{RC}} = i(0_+)e^{pt} \tag{1-4-14}$$

令 $\tau = RC$，它具有时间的量纲，即

$$[\tau] = [RC] = \frac{伏特}{安培}\cdot\frac{库仑}{伏特} = \frac{库仑}{库仑/秒} = [秒]$$

故称 τ 为时间常数，这样式（1- 4 -13）、（1-4-15）可分别写为 $u_C = u_C(0_+)e^{-\frac{t}{\tau}}$ 和 $i = i(0_+)e^{-\frac{t}{\tau}}$。

由于 $p = -\dfrac{1}{RC}$，为负，故 u_C 和 i 均按指数规律衰减，它们的最大值分别为初始值 $u_C(0_+)$ $= R_0I_S$，以及 $i(0_+) = \dfrac{R_0I_S}{R}$，当 $t \to \infty$ 时，u_C 和 i 衰减到零。

其变化曲线如图 1-4-6 所示。

关于零输入响应曲线的几点说明：

（1）时间常数是体现一阶电路电惯性特性的参数，它只与电路的结构与参数有关，而与激励无关。

（2）对于含电容的一阶电路，$\tau = RC$；对于含电感的一阶电路，$\tau = \dfrac{L}{R}$。

（3）τ越大，电惯性越大，相同初始值情况下，放电时间越长。

（4）一阶电路方程的特征根为时间常数的相反数；它具有频率的量纲，称为"固有频率"（natural frequency）。

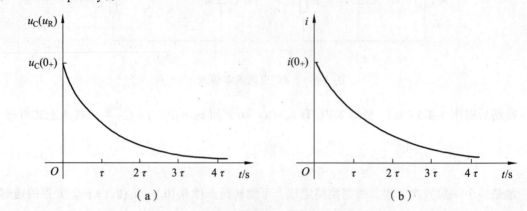

（a） （b）

图 1-4-6 RC 电路零输入响应电压电流波形图

理论上认为 $t \to \infty$、$u_C \to 0$ 时，电路达稳态；工程上认为 $t = (3-5)\tau$、$u_C \to 0$，电容放电基本结束。

表 1-4-1 列出了电容电压与时间变化之间的数值关系，从中可以看出，理论上需经过无限长时间，电容放电才结束，但工程上认为只要经过 $4\tau \sim 5\tau$ 的时间，电容放电便基本结束。

表 1-4-1 电容电压与时间变化的数值关系

t	τ	2τ	3τ	4τ	5τ	6τ
$e^{-\frac{t}{\tau}}$	e^{-1}	e^{-2}	e^{-3}	e^{-4}	e^{-5}	e^{-6}
u_C	$0.368U$	$0.135U$	$0.050U$	$0.018U$	$0.007U$	$0.002U$

【例 4.3】 如图 1-4-7 所示，已知 $t<0$ 时电路处于稳态，$t=0$ 时开关打开。求 $t \geq 0$ 时的 $i(t)$。

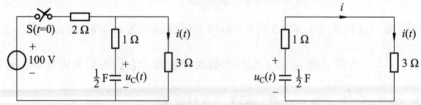

图 1-4-7 例 4.3 图

解： $t<0$ 时：$u_C(0_-) = \dfrac{3}{2+3} \times 100 = 60$ (V)

$t \geq 0$ 时，根据换路定律：$u_C(0_+) = u_C(0_-) = 60$ (V)

$$\tau = RC = (1+3) \times \frac{1}{2} = 2 \text{ (s)}$$

$$u_C(t) = u_C(0_+)\mathrm{e}^{-\frac{t}{\tau}} = 60\mathrm{e}^{-\frac{t}{2}} \ (\mathrm{V}), \quad t \geqslant 0_+$$

$$i(t) = -C\frac{\mathrm{d}u_C}{\mathrm{d}t} = -\frac{1}{2}\times\left(-\frac{1}{2}\right)\times 60\mathrm{e}^{-\frac{t}{2}} = 15\mathrm{e}^{-\frac{t}{2}} (\mathrm{A}) \quad t \geqslant 0_+$$

4.2.2 RL 电路的零输入响应

一阶 RL 电路如图 1-4-8（a）所示，$t = 0_-$ 时开关 S 闭合，电路已达稳态，电感 L 相当于短路，流过 L 的电流为 I_0。即 $i_L(0_-) = I_0$，故电感储存了磁能。在 $t = 0$ 时开关 S 打开，$t \geqslant 0$ 时，电感 L 储存的磁能将通过电阻 R 放电，在电路中产生电流和电压，如图 1-4-8（b）所示。由于 $t > 0$ 后，放电回路中的电流及电压均是由电感 L 的初始储能产生的，所以为零输入响应。

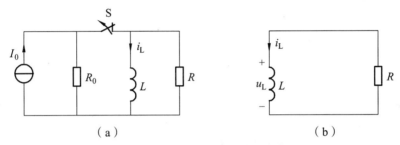

图 1-4-8 RL 电路的零输入响应

如图 1-4-8（b）所示，根据 KVL 有

$$u_L + u_R = 0 \qquad\qquad (1\text{-}4\text{-}15)$$

将 $u_L = L\dfrac{\mathrm{d}i_L}{\mathrm{d}t}$ 及 $u_R = Ri_L$ 代入式（1-4-15）得

$$u_L = L\frac{\mathrm{d}i_L}{\mathrm{d}t} + Ri_L = 0 \qquad\qquad (1\text{-}4\text{-}16)$$

式（1-4-16）为一阶常系数齐次微分方程，其通解形式为

$$i_L = A\mathrm{e}^{-\frac{R}{L}t} \ (t \geqslant 0) \qquad\qquad (1\text{-}4\text{-}17)$$

若令 $\tau = \dfrac{L}{R}$，τ 是 R_L 电路的时间常数，仍具有时间量纲，式（1-4-17）可写为

$$i_L = A\mathrm{e}^{-\frac{t}{\tau}} \qquad\qquad (1\text{-}4\text{-}18)$$

将初始条件 $i_L(0_+) = i_L(0_-) = I_0$ 代入式（1-4-18），求出积分常数 A 为 $i_L(0_+) = A = I_0$，这样得到满足初始条件的微分方程的通解为

$$i_L = i_L(0_+)\mathrm{e}^{-\frac{t}{\tau}} = I_0\mathrm{e}^{-\frac{t}{\tau}} \qquad\qquad (1\text{-}4\text{-}19)$$

则电阻及电感两端的电压分别是

$$u_R = Ri_L = RI_0\mathrm{e}^{-\frac{t}{\tau}} \quad t \geqslant 0 \qquad\qquad (1\text{-}4\text{-}20)$$

$$u_{\mathrm{L}} = u_{\mathrm{R}} = RI_0 \mathrm{e}^{-\frac{t}{\tau}} \qquad t \geqslant 0 \qquad\qquad (1\text{-}4\text{-}21)$$

分别作出 i_{L}、u_{R} 和 u_{L} 的波形如图 1-4-9 所示。

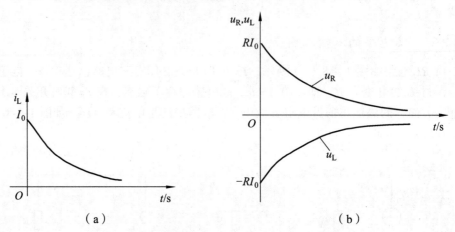

（a）　　　　　　　　　　　　　　（b）

图 1-4-9　RL 电路零输入响应 i_{L}、u_{R} 和 u_{L} 的波形

由图 1-4-9 可知，i_{L}、u_{R} 及 u_{L} 的初始值（亦是最大值）分别为 $i_{\mathrm{L}}(0_+) = I_0$、$u_{\mathrm{R}}(0_+) = RI_0$、$u_{\mathrm{L}}(0_+) = -RI_0$，它们都是从各自的初始值开始，然后按同一指数规律逐渐衰减到零。衰减的快慢取决于时间常数 τ，这与一阶 RC 零输入电路情况相同。

【例 4.4】　$t = 0$ 时，如图 1-4-10 所示电路中，开关 K 由 1→2，求电感电压和电流及开关两端电压 u_{12}。

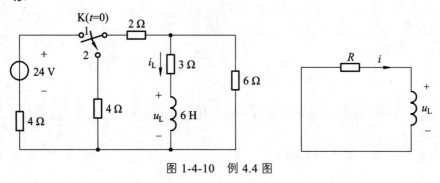

图 1-4-10　例 4.4 图

解： $i_{\mathrm{L}}(0_+) = i_{\mathrm{L}}(0_-) = \dfrac{24}{4+2+3/\!/6} \times \dfrac{6}{3+6} = 2$ (A)

$R = 3 + (2+4)/\!/6 = 6$ (Ω)

$\tau = \dfrac{L}{R} = \dfrac{6}{6} = 1$ (s)

$i_{\mathrm{L}} = 2\mathrm{e}^{-t}$ A　　　$u_{\mathrm{L}} = L\dfrac{\mathrm{d}i_{\mathrm{L}}}{\mathrm{d}t} = -12\mathrm{e}^{-t}$ V　　　$t \geqslant 0$

$u_{12} = 24 + 4 \times \dfrac{i_{\mathrm{L}}}{2} = 24 + 4\mathrm{e}^{-t}$ (V)

从以上求得的 RC 和 RL 电路零输入响应进一步分析可知，对于任意时间常数为非零有限值的一阶电路，不仅电容电压、电感电流，而且所有电压、电流的零输入响应，都是从它的

初始值按指数规律衰减到零。

且同一电路中，所有的电压、电流的时间常数相同。若用 $f(t)$ 表示零输入响应，用 $f(0_+)$ 表示其初始值，则零输入响应可用以下通式表示为

$$f(t) = f(0_+)e^{-\frac{t}{\tau}} \qquad (1\text{-}4\text{-}22)$$

应该注意的是：RC 电路与 RL 电路的时间常数是不同的，前者 $\tau = RC$，后者 $\tau = L/R$。

4.3　一阶电路的零状态响应

所谓零状态响应就是在初始条件为零的情况下，由施加于电路的输入所产生的响应。换句话说是求微分方程初始条件为零时的非齐次解。

4.3.1　RC 电路的零状态响应

如图 1-4-11 所示的一阶 RC 电路中，电容一开始未充电，$t = 0$ 时开关闭合，电路与激励 U_S 接通，试确定 S 闭合后电路中的响应。

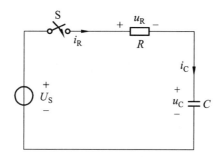

图 1-4-11　RC 电路的零状态响应

在 S 闭合瞬间，电容电压不会跃变，由换路定律 $u_C(0_+) = u_C(0_-) = 0$ 可知，$t = 0_+$ 时电容相当于短路，$u_R(0_+) = U_S$，故

$$i_R(0_+) = \frac{u_R(0_+)}{R} = \frac{U_S}{R} \qquad (1\text{-}4\text{-}23)$$

电容开始充电后，随着时间的推移，u_C 将逐渐升高，u_R 则逐渐降低，i_R（等于 i_C）逐渐减小。当 $t \to \infty$ 时，电路达到稳态，这时电容相当于开路，充电电流 $i_C(\infty) = 0$，$u_R(\infty) = 0$，$u_C = (\infty) = U_S$。

由 KVL 得：$u_R + u_C = u_S$，而 $u_R = Ri_R = Ri_C = RC\dfrac{\mathrm{d}u_C}{\mathrm{d}t}$，代入式（1-4-23）可得到以 u_C 为变量的微分方程

$$RC\frac{\mathrm{d}u_C}{\mathrm{d}t} + u_C = U_S \quad t \geq 0 \qquad (1\text{-}4\text{-}24)$$

初始条件为 $u_C(0_+) = 0$。

式（1-4-24）为一阶常系数非齐次微分方程，其解由两部分组成：一部分是它相应的齐

次微分方程的通解 u_{Ch}，也称为齐次解；另一部分是该非齐次微分方程的特解 u_{Cp}，即 $u_C = u_{Ch} + u_{Cp}$。

由于式（1-4-24）相应的齐次微分方程与 RC 零输入响应式完全相同，因此其通解应为

$$u_{Ch} = Ae^{-\frac{t}{\tau}} = Ae^{-\frac{t}{RC}}$$

式中，A 为积分常数。特解 u_{Cp} 取决于激励函数，当激励为常量时特解也为一常量，可设 $u_{Cp} = k$，代入式（4-24）得 $u_{Cp} = k = U_S$。则式（1-4-24）微分方程的解（完全解）为

$$u_C = u_{Ch} + u_{Cp} = Ae^{-\frac{t}{RC}} + U_S \qquad （1-4-25）$$

将初始条件 $u_C(0_+) = 0$ 代入式（1-4-25），得出积分常数 $A = -U_S$，故

$$u_C = U_S e^{-\frac{t}{RC}} + U_S = U_S(1 - e^{-\frac{t}{RC}}) \qquad （1-4-26）$$

由于稳态值 $u_C(\infty) = U_S$，故式（1-4-26）可写成

$$u_C = u_C(\infty)(1 - e^{-\frac{t}{RC}}) \qquad t \geq 0 \qquad （1-4-27）$$

由式（1-4-27）可知，当 $t = 0$ 时，$u_C(0) = 0$，当 $t = \tau$ 时，$u_C(\tau) = U_S(1 - e^{-1}) = 63.2\%U_S$，即在零状态响应中，电容电压上升到稳态值 $u_C = (\infty) = U_S$ 的 63.2% 所需的时间是 τ。而当 $t = (4\sim5)\tau$ 时，u_C 上升到其稳态值 U_S 的 98.17%~99.3%，一般认为充电过程即告结束。

同理，电路中其他响应分别为

$$i_C = C\frac{du_C}{dt} = \frac{U_S}{R}e^{-\frac{t}{\tau}} \qquad t \geq 0$$

$$i_R = i_C = \frac{U_S}{R}e^{-\frac{t}{\tau}} \qquad t \geq 0$$

$$u_R = Ri_R = U_S e^{-\frac{t}{\tau}} \qquad t \geq 0$$

由上式可以看出：

（1）不跃变的 $u_C(t)$ 的零状态响应是从零值按指数规律上升趋于稳态值，该稳态值可由电路观察得出。在上面的电路中，u_C 的稳态值为 $u_C(\infty) = U_S$，所以电容电压的零状态响应可写成 $u_C = u_C(\infty)(1 - e^{-\frac{t}{RC}})$。

（2）并不是所有变量的零状态响应都是从零值趋于稳态值，例如 $i_C(t)$ 是从其初始值按指数规律衰减到零。这是上图电路中 i_C 本身性质所确定的。

4.3.2 RL 电路的零状态响应

对于图 1-4-12 所示的一阶 RL 电路，U_S 为直流电压源，$t < 0$ 时，电感 L 中的电流为零。

$t = 0$ 时开关 S 闭合，电路与激励 U_S 接通，在 S 闭合瞬间，电感电流不会跃变，即有 $i_L(0_+) = i_L(0_-) = 0$，选择 i_L 为首先求解的变量，由 KVL 有：

$$u_L + u_R = U_S \qquad （1-4-28）$$

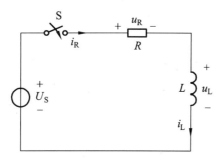

图 1-4-12　一阶 RL 电路的零状态响应

将 $u_L = L\dfrac{\mathrm{d}i_L}{\mathrm{d}t}$ ，$u_R = Ri_L$ 带入式（1-4-28）可得：

$$L\frac{\mathrm{d}i_L}{\mathrm{d}t} + Ri_L = U_S \tag{1-4-29}$$

初始条件为 $i_L(0_+) = 0$。

式（1-4-29）也是一阶常系数非齐次微分方程，其解同样由齐次方程的通解 i_{Lh} 和非齐次方程的特解 i_{Lp} 两部分组成，即 $i_L = i_{Lh} + i_{Lp}$。其齐次方程的通解也应为

$$i_{Lh} = A\mathrm{e}^{-\frac{t}{\tau}} = \mathrm{e}^{-\frac{R}{L}t} \tag{1-4-30}$$

式（1-4-30）中，时间常数 $\tau = L/R$，与电路激励无关。非齐次方程的特解与激励的形式有关，由于激励为直流电压源，故特解 i_{Lp} 为常量，令 $i_{Lp} = k$，代入式（1-4-29）得 $i_{Lp} = k = \dfrac{U_S}{R}$，因此完全解为 $i_L = A\mathrm{e}^{-\frac{t}{\tau}} + \dfrac{U_S}{R}$，代入 $t = 0$ 时的初始条件 $i_L(0_+) = 0$ 得 $i_L = A\mathrm{e}^{-\frac{t}{\tau}} + \dfrac{U_S}{R}$，$A = -\dfrac{U_S}{R}$，于是

$$i_L = -\frac{U_S}{R}\mathrm{e}^{-\frac{t}{\tau}} + \frac{U_S}{R} = \frac{U_S}{R}(1 - \mathrm{e}^{-\frac{t}{\tau}}) \tag{1-4-31}$$

由于 i_L 的稳态值 $i_L(\infty) = \dfrac{U_S}{R}$，故式（1-4-31）可写成：

$$i_L = i_L(\infty)(1 - \mathrm{e}^{-\frac{t}{\tau}}) \qquad t \geqslant 0$$

电路中的其他响应分别为

$$u_L = L\frac{\mathrm{d}i_L}{\mathrm{d}t} = U_S\mathrm{e}^{-\frac{t}{\tau}} \qquad t \geqslant 0$$

$$i_R = i_L = \frac{U_S}{R}(1 - \mathrm{e}^{-\frac{t}{\tau}}) \qquad t \geqslant 0$$

$$u_R = Ri_R = U_S(1 - \mathrm{e}^{-\frac{t}{\tau}}) \qquad t \geqslant 0$$

一阶零状态响应的波形如图 1-4-13 所示。

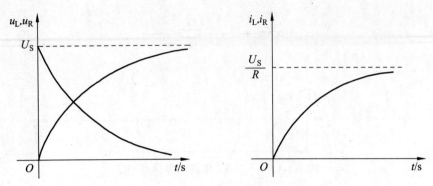

图 1-4-13　一阶 RL 电路的零状态响应波形图

其物理过程是：S 闭合后，i_L（即 i_R）从初始值零逐渐上升，u_L 从初始值 $u_L(0_+) = U_S$ 逐渐下降，而 u_R 从 $u_R(0_+) = 0$ 逐渐上升，当 $t = \infty$，电路达到稳态，这时 L 相当于短路，$i_L(\infty) = U_S/R$，$u_L(\infty) = 0$，$u_R(\infty) = U_S$。从波形图上可以直观地看出各响应的变化规律。

4.4　全响应

由电路的初始状态和外加激励共同作用而产生的响应，叫全响应。

如图 1-4-14 所示，设 $u_C = u_C(0_-) = U_0$，S 在 $t = 0$ 时闭合，显然电路中的响应属于全响应。

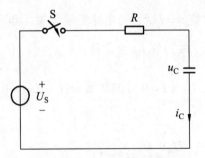

图 1-4-14　RC 电路的全响应

对 $t \geq 0$ 的电路，以 u_C 为求解变量可列出描述电路的微分方程为

$$RC\frac{\mathrm{d}u_C}{\mathrm{d}t} + u_C = U_S \tag{1-4-32}$$
$$u_C(0_+) = U_0$$

式（1-4-32）与描述零状态电路的微分方程式比较，仅有初始条件不同，因此，其解答必具有类似的形式，即 $u_C = k\mathrm{e}^{-\frac{t}{\tau}} + U_S$，代入初始条件 $u_C(0_+) = U_0$，得 $k = U_0 - U_S$，从而得到

$$u_C = (U_0 - U_S)\mathrm{e}^{-\frac{t}{\tau}} + U_S \tag{1-4-33}$$

通过对式（1-4-32）的分析可知，当 $U_S = 0$ 时，即为 RC 零输入电路的微分方程。而当 $U_0 = 0$ 时，即为 RC 零状态电路的微分方程。这一结果表明，零输入响应和零状态响应都是全响应的一种特殊情况。

式（1-4-33）的全响应公式可以有以下两种分解方式。

（1）全响应分解为暂态响应和稳态响应之和。如式（1-4-33）中第一项为齐次微分方程的通解，是按指数规律衰减的，称暂态响应或称自由分量（固有分量）。式中第二项 $U_S = u_C(\infty)$ 受输入的制约，它是非齐次方程的特解，其解的形式一般与输入信号形式相同，称稳态响应或强制分量。这样有

$$全响应 = 暂态响应+稳态响应$$

（2）全响应分解为零输入响应和零状态响应之和。将式（1-4-33）改写后可得：

$$u_C = U_0 \mathrm{e}^{-\frac{t}{\tau}} + U_S(1 - \mathrm{e}^{-\frac{t}{\tau}}) \tag{1-4-34}$$

式（1-4-34）等号右边第一项为零输入响应，第二项为零状态响应。

因为电路的激励有两种：一是外加的输入信号，一是储能元件的初始储能。根据线性电路的叠加性，电路的响应是两种激励各自所产生响应的叠加，即

$$全响应 = 零输入响应+零状态响应$$

以上两种分解方法可以用于求解一阶电路的全响应。但是不论哪种分解方法，其实质都是求解响应的初始值、特解和时间常数。

【例 4.5】 如图 1-4-15 所示的电路中，$U_S = 10 \text{ V}$，$I_S = 2 \text{ A}$，$R = 2 \text{ }\Omega$，$L = 4 \text{ H}$，求开关闭合后电路中的 i_L。

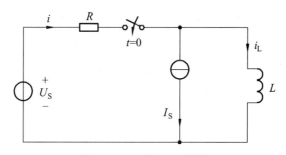

图 1-4-15　例 4.15 用图

解：（1）先求零输入响应 $i_L'(t)$。

零输入响应对应于外接电压源置零，得

$$i_L'(0_+) = i_L'(0_-) = -2 \text{ A}$$

$$\tau = \frac{L}{R} = \frac{4 \text{ H}}{2 \text{ }\Omega} = 2 \text{ s}$$

所以 $i_L(t) = i_L(0_+) \mathrm{e}^{-\frac{t}{2}} = -2\mathrm{e}^{-\frac{t}{2}} \text{A}$。

（2）再求零状态响应 $i_L''(t)$。

零状态响应对于电感为零初始状态，得

$$i_L''(0_+) = i_L''(0_-) = 0$$

$$\tau = \frac{L}{R} = \frac{4 \text{ H}}{2 \text{ }\Omega} = 2 \text{ s}$$

所以

$$i''_L(t) = I_S(1-e^{-\frac{t}{\tau}}) = (5-2)(1-e^{-\frac{t}{\tau}})\,A = 3(1-e^{-\frac{t}{\tau}})\,A$$

（3）电路的全响应为

$$i_L(t) = i'_L(t) + i''_L(t) = -2e^{-\frac{t}{2}} + 3(1-e^{-\frac{t}{2}}) = (3-5e^{-\frac{t}{2}})\,(A)$$

4.5　一阶电路的三要素法

根据前面分析可知，对于一阶动态电路，不论求解哪一种响应，只要知道其初始值、一个特解和时间常数这三个要素，就可写出其响应表达式。下面介绍求解一阶动态电路响应的三要素法。

例如，用 $f(t)$ 表示电路的响应，$f(0_+)$ 表示该电压或电流的初始值，$f(\infty)$ 表示响应的稳定值，τ 表示电路的时间常数，则电路的响应可表示为

$$f(t) = f(\infty) + [f(0_+) - f(\infty)]e^{-\frac{t}{\tau}} \qquad t \geqslant 0 \tag{1-4-35}$$

式（1-4-35）称为一阶电路在直流电源作用下求解电压、电流响应的三要素公式。

式（1-4-35）中 $f(0_+)$、$f(\infty)$ 和 τ 称为三要素，把按三要素公式求解响应的方法称为三要素法。

用三要素法求解直流电源作用下一阶电路的响应，其求解步骤如下：

1. 确定初始值 $f(0_+)$

初始值 $f(0_+)$ 是指任一响应在换路后瞬间 $(t=0_+)$ 时的数值，与本章前面所讲的初始值的确定方法是一样的。

（1）先作 $t=0_-$ 时的电路。确定换路前电路的状态 $u_C(0_-)$ 或 $i_L(0_-)$，这个状态即为 $t<0$ 阶段的稳定状态，因此，此时电路中电容 C 视为开路，电感 L 用短路线代替。

（2）作 $t=0_+$ 时的电路。这是利用刚换路后一瞬间的电路确定各变量的初始值。若 $u_C(0_+) = u_C(0_-) = U_0$，$i_L(0_+) = i_L(0_-) = I_0$，在此电路中 C 用电压源 U_0 代替，L 用电流源 I_0 代替。若 $u_C(0_+) = u_C(0_-) = 0$ 或 $i_L(0_+) = i_L(0_-) = 0$，则 C 用短路线代替，L 视为开路，可用图 1-4-16 说明。作 $t=0_+$ 时的电路后，即可按一般电阻性电路来求解各变量的 $u(0_+)$、$i(0_+)$。

2. 确定稳态值 $f(\infty)$

作 $t=\infty$ 时的电路。瞬态过程结束后，电路进入新的稳态，用此时的电路确定各变量稳态值 $u(\infty)$、$i(\infty)$。在此电路中，电容 C 视为开路，电感 L 用短路线代替，可按一般电阻性电路来求各变量的稳态值。

3. 求时间常数 τ

RC 电路中，$\tau = RC$；RL 电路中，$\tau = L/R$；其中，R 是将电路中所有独立源置零后，从 C 或 L 两端看过去的等效电阻（即戴维南等效源中的 R_0）。

【例 4.6】　电路如图 1-4-16 所示，求开关闭合后电容电压 u_C。

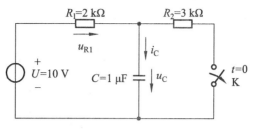

图 1-4-16　例 4.6 用图

解：（1）$u_C(0_+) = u_C(0) = U \dfrac{R_2}{R_1 + R_2} = 10 \times \dfrac{3}{2+3} = 6$ (V)

（2）$u_C(\infty) = U = 10$ (V)

（3）$\tau = R_1 C = 2 \times 10^3 \times 1 \times 10^{-6} = 2 \times 10^{-3}$ (s)

（4）$u_C = u_C(\infty) + [u_C(0_+) - u_C(\infty)]e^{-\frac{t}{\tau}} = 10 + [6-10]e^{-\frac{t}{2 \times 10^3}} = 10 - 4e^{-500t}$ (V)

【例 4.7】 如图 1-4-17 所示，已知 K 在 $t = 0$ 时闭合，换路前电路处于稳态。求开关闭合后的电感电压 $u_L(t)$。

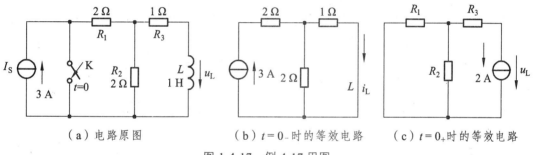

（a）电路原图　　　　（b）$t = 0_-$ 时的等效电路　　　　（c）$t = 0_+$ 时的等效电路

图 1-4-17　例 4-17 用图

解：

第一步：求起始值 $u_L(0_+)$。

$$i_L(0_+) = i_L(0) = \frac{2}{1+2} \times 3 = 2 \text{ (A)}$$

$$u_L(0_+) = i_L(0_+)(R_1 /\!/ R_2 + R_3) = 4 \text{ (V)}$$

第二步：求稳态值 $u_L(\infty)$。

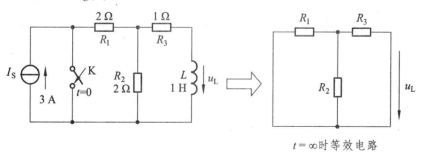

$t = \infty$ 时等效电路

$$u_L(\infty) = 0 \text{ V}$$

第三步：求时间常数 τ。

$$R = R_1 \mathbin{/\!/} R_2 + R_3$$

$$\tau = \frac{L}{R} = \frac{1}{2} = 0.5 \ (\text{s})$$

第四步：将三要素代入通用表达式。

$$u_\mathrm{L}(t) = u_\mathrm{L}(\infty) + [u_\mathrm{L}(0_+) - u_\mathrm{L}(\infty)]\mathrm{e}^{\frac{t}{\tau}} = 0 + (4-0)\mathrm{e}^{-2t} = 4\mathrm{e}^{-2t}$$

4.6 简单的二阶动态电路分析

用二阶微分方程描述的动态电路称为二阶动态电路。二阶电路一般含有两个独立储能元件，初始条件应有两个。RLC 串联电路是最简单的二阶动态电路。本节只简单讨论 RLC 二阶电路。

4.6.1 RLC 串联电路的零输入响应

电路如图 1-4-18 所示，设 $u_\mathrm{C}(0_-) = U_0$，$i_\mathrm{L}(0_-) = 0$。$t = 0$ 时，开关 K 闭合。

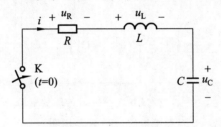

图 1-4-18 RLC 动态电路

在图 1-4-18 所示的电流、电压参考方向下，由 KVL 可得：$u_\mathrm{L} + u_\mathrm{R} + u_\mathrm{C} = 0$

由元件伏安关系得：$i = C\dfrac{\mathrm{d}u_\mathrm{C}}{\mathrm{d}t}$

$$u_\mathrm{R} = Ri = RC\frac{\mathrm{d}u_\mathrm{C}}{\mathrm{d}t}$$

$$u_\mathrm{R} = Ri = RC\frac{\mathrm{d}u_\mathrm{C}}{\mathrm{d}t} \tag{1-4-36}$$

$$u_\mathrm{L} = L\frac{\mathrm{d}i}{\mathrm{d}t} = LC\frac{\mathrm{d}^2 u_\mathrm{C}}{\mathrm{d}t^2}$$

$$LC\frac{\mathrm{d}^2 u_\mathrm{C}}{\mathrm{d}t^2} + RC\frac{\mathrm{d}u_\mathrm{C}}{\mathrm{d}t} + u_\mathrm{C} = 0 \tag{1-4-37}$$

或

$$\frac{\mathrm{d}^2 u_\mathrm{C}}{\mathrm{d}t^2} + \frac{R}{L}\frac{\mathrm{d}u_\mathrm{C}}{\mathrm{d}t} + \frac{1}{LC}u_\mathrm{C} = 0 \tag{1-4-38}$$

特征方程为

$$S^2 + \frac{R}{L}S + \frac{1}{LC} = 0 \tag{1-4-39}$$

特征根为

$$S_{1,2} = -\frac{R}{2L} \pm \sqrt{\left(\frac{R}{2L}\right)^2 - \frac{1}{LC}} \tag{1-4-40}$$

特征根 S_1、S_2 由电路本身的参数 R、L、C 的数值确定，根据 R、L、C 数值的不同，特征根可能出现以下三种情况：

（1）当 $R > 2\sqrt{\dfrac{L}{C}}$（即 $\dfrac{R^2}{2L} > \dfrac{1}{LC}$）时，$S_1$、$S_2$ 为两个不等的负实根。

（2）当 $R < 2\sqrt{\dfrac{L}{C}}$（即 $\dfrac{R^2}{2L} < \dfrac{1}{LC}$）时，$S_1$、$S_2$ 为一对实部为负的共轭复根。

（3）当 $R = 2\sqrt{\dfrac{L}{C}}$（即 $\dfrac{R^2}{2L} = \dfrac{1}{LC}$）时，$S_1$、$S_2$ 为一对相等的负实根。

RLC 串联零输入电路中，随着电阻 R 从大到小变化，电路工作状态从过阻尼、临界阻尼到欠阻尼变化，直至 $R = 0$ 为无阻尼状态。其工作状态仅取决于电路的固有频率 S_1、S_2，而与初始条件无关。

过阻尼的响应公式：

$$u_C(t) = A_1 e^{S_1 t} + A_2 e^{S_2 t} = A_1 e^{-\alpha_1 t} + A_2 e^{-\alpha_2 t} \quad t>0 \tag{1-4-41}$$

临界阻尼的响应公式：

$$u_C(t) = A_1 e^{S_1 t} + A_2 t e^{S_2 t} = A_1 e^{-\alpha t} + A_2 t e^{-\alpha t} \quad t>0 \tag{1-4-42}$$

欠阻尼的响应公式：

$$u_C(t) = e^{-\alpha t}(k_1 \cos \omega_d t + k_2 \sin \omega_d t) \quad t>0 \tag{1-4-43}$$

4.6.2 RLC 串联电路全响应

电路如图 1-4-19 所示。

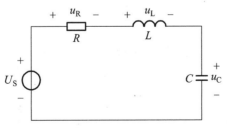

图 1-4-19 RLC 动态电路全响应

分析过程如前，可得电路微分方程为

$$LC\frac{\mathrm{d}^2 u_C}{\mathrm{d}t^2} + RC\frac{\mathrm{d}u_C}{\mathrm{d}t} + u_C = U_S \quad t \geqslant 0 \tag{1-4-44}$$

上式是二阶常系数线性非齐次微分方程。它的完全解由对应齐次方程的通解和非齐次方程特解组成。即

$$u_C(t) = u_{Ch}(t) + y_{Cp}(t) \tag{1-4-45}$$

通解 $u_{Ch}(t)$ 称为固有响应分量，其模式由电路固有频率 S_1、S_2 决定，即由 R、L、C 的大小决定。特解 $u_{Cp}(t)$ 为强制响应分量，是与激励具有相同模式的常量。

将特解代入微分方程式（1-4-44）中可求得特解为

$$u_{Cp}(t) = U_S \tag{1-4-46}$$

根据特解和通解可得二阶 RLC 串联电路全响应的一般形式。

过阻尼： $R > 2\sqrt{\dfrac{C}{L}}$

$$u_C(t) = A_1 e^{\alpha_1 t} + A_2 e^{\alpha_2 t} + U_S \tag{1-4-47}$$

临界阻尼： $R = 2\sqrt{\dfrac{C}{L}}$

$$u_C = A_1 e^{-\alpha t} + A_2 t e^{-\alpha t} + U_S \tag{1-4-48}$$

欠阻尼： $R < 2\sqrt{\dfrac{C}{L}}$

$$u_C(t) = e^{-\alpha t}(k_1 \cos \omega_d t + k_2 \sin \omega_d t) + U_S \tag{1-4-49}$$

一般二阶电路分析基本步骤：
（1）以 u_C 或 i_L 为变量，列写二阶微分方程。
（2）根据微分方程列写特征方程并求特征根。
（3）根据特征根列写方程的通解。
（4）根据初始值，确定通解中的待定系数。

本章小结

（1）电容元件的电压 u 和 i 具有动态关系，是一个动态元件；电容电压对电流具有记忆性；电容电压连续变化，具有惯性。电感元件也是动态元件，电感电流对电压具有记忆性；电感电流连续变化，具有惯性。电容和电感都是储能元件。

（2）换路定理：对于含有电容、电感元件的电路，换路时，电容电压和电感电流不能突变，即：$u_C(0_+) = u_C(0_-)$，$i_L(0_+) = i_L(0_-)$。换路定理对确定动态电路的初始条件很重要。

（3）一阶电路的零输入响应就是一阶电路没有外施激励时，由电路中动态元件的初始储能引起的响应。一阶电路的零输入响应按照指数规律衰减，衰减的快慢取决于时间常数。

（4）一阶电路的零状态响应就是一阶电路在零初始状态下（动态元件初始储能为零）由外施激励引起的响应。一阶电路的零状态响应按照指数规律趋近于它们各自的恒定值，当达到恒定值后，电路处于稳态。电路趋于稳态的快慢取决于时间常数 τ 的值。

（5）一阶电路的全响应就是指一个非零初始状态的一阶电路受到激励时电路产生的响应。

$$全响应 = 暂态响应 + 稳态响应$$
$$全响应 = 零输入响应 + 零状态响应$$

（6）三要素法：一阶动态电路的响应可以由初始值、特解和时间常数这三个要素来决定。对直流激励，一阶动态电路的响应为

$$f(t) = f(\infty) + [f(0_+) - f(\infty)]e^{-\frac{t}{\tau}} \qquad t \geqslant 0$$

应用三要素法解题，可遵循以下步骤。

① 根据换路定律确定初始值 $f(0_+)$。

② 求 $f(\infty)$：当 $t \to \infty$ 时，电路对应稳态，电容元件部分相当于开路，电感元件相当于短路，根据电路求得 $f(\infty)$。

③ 确定时间常数 τ：可将动态元件从电路中隔离，剩余部分组成线性二端网络，运用网络定理将网络电路化简，求得 R_{eq}，进而求出 τ。

（7）用二阶微分方程描述的动态电路称为二阶动态电路。二阶电路一般含有两个独立储能元件，初始条件应有两个。

习　题

1. 如图 1-4-20 所示，已知 $u_C(0_-) = 6\ \text{V}$，$t = 0$ 时将开关 S 闭合，求 $t > 0$ 时的 $i(t)$。

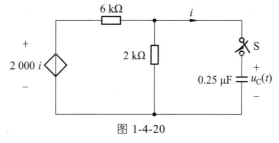

图 1-4-20

2. 如图 1-4-21 所示的电路中，$i_L(0_-) = 0$，$t = 0$ 时开关 S 闭合，求 $t \geqslant 0$ 时的 $i_L(t)$。

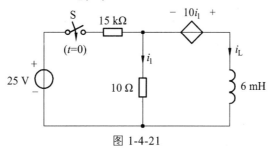

图 1-4-21

3. 电路如图 1-4-22 所示，已知 $u(0) = 10$ V，求 $u(t)$，$t \geq 0$。

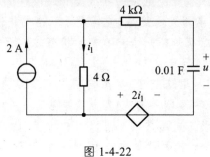

图 1-4-22

4. 电路如图 1-4-23 所示，求 $i_L(t)$，$t \geq 0$，假定开关闭合前电路已处于稳定状态。

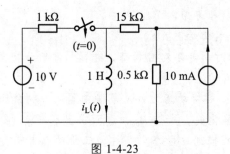

图 1-4-23

5. 在如图 1-4-24 所示电路中，原电路已是稳定状态，$t = 0$ 时 K 闭合，求 $t \geq 0$ 时的 $i_L(t)$ 和 $u(t)$。

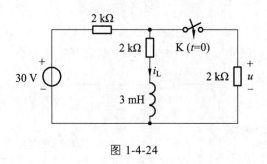

图 1-4-24

6. 电路如图 1-4-25 所示，$t = 0$ 时开关 K_1 闭合，$t = 1$ s 时开关 K_2 闭合，求 $t \geq 0$ 时的电感电流 i_L。

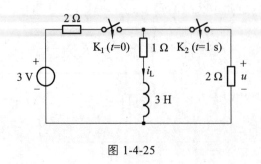

图 1-4-25

7. 电路如图 1-4-26 所示，$t < 0$ 时电路已处于稳态，$t = 0$ 时开关 K 闭合，求 $t \geq 0$ 时的 i_K。

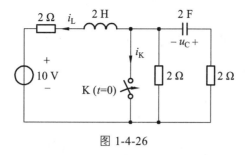

图 1-4-26

8. 如图 1-4-27 所示电路，已知 $u_C(0_-) = 0$，$u_S = 10\sin(100t+\varphi)$ V，当 φ 取何值时电路立即进入稳态？

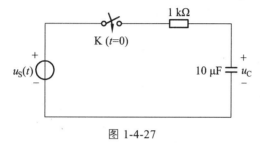

图 1-4-27

9. 如图 1-4-28 所示的电路中，$t < 0$ 时电路处于稳态，$u_{C2}(0_-) = 0$，$t = 0$ 时开关 K 由 a 投到 b，求 $t \geq 0$ 时的 $u_{C1}(t)$ 和 $u_{C2}(t)$。

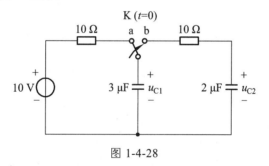

图 1-4-28

10. 如图 1-4-29 所示的电路原处于稳态，$t = 0$ 时开关 K 打开，用三要素法求 $t \geq 0$ 时的 u_{ab}。

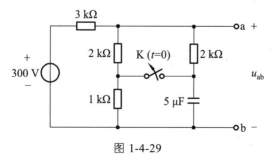

图 1-4-29

第5章 磁路与变压器

互感现象在工程上应用广泛，如常见的感应圈、变压器等，都是利用了互感现象。耦合电感和理想变压器是构成实际变压器电路模型的必不可少的元件。在实际电路中，如收音机、电视机中使用的中周、振荡线圈，在整流电源里使用的变压器等，都是耦合电感与变压器元件。本章将介绍此类元件的分析方法。

5.1 磁路及其分析方法

在电机、变压器及各种铁磁元件中常用磁性材料做成一定形状的铁心。铁心的磁导率比周围空气或其他物质的磁导率高得多，磁通的绝大部分经过铁心形成闭合通路，磁通的闭合路径称为磁路。图 1-5-1（a）（b）分别为直流电机和交流接触器的磁路。

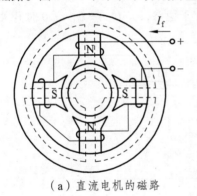

（a）直流电机的磁路　　　　　（b）交流接触器的磁路

图 1-5-1　磁路

5.1.1 磁场的基本物理量

1. 磁感应强度

磁感应强度 B：表示磁场内某点磁场强弱和方向的物理量。磁感应强度 B 的方向与电流的方向之间符合右手螺旋定则。磁感应强度 B 的大小：$B = \dfrac{F}{Il}$。磁感应强度 B 的单位：特斯拉（T），$1\ T = 1\ Wb/m^2$。

均匀磁场：各点磁感应强度大小相等、方向相同的磁场，称为匀强磁场。

2. 磁通

磁通：穿过垂直于 B 方向的面积 S 中的磁力线总数。在均匀磁场中 $\Phi = BS$ 或 $B = \Phi/S$。

说明：如果不是均匀磁场，则取 B 的平均值。磁感应强度 B 在数值上可以看成与磁场方向垂直的单位面积所通过的磁通，故又称磁通密度。

磁通 Φ 的单位：韦（伯）（Wb）   1 Wb = 1 V/s

3. 磁场强度

磁场强度 H：介质中某点的磁感应强度 B 与介质磁导率 μ 之比。即 $H = \dfrac{B}{\mu}$。磁场强度 H 的单位：安培/米（A/m）。

4. 磁导率

磁导率 μ：表示磁场媒质磁性的物理量，用于衡量物质的导磁能力。磁导率 μ 的单位：亨/米（H/m）；真空的磁导率为常数，用 μ_0 表示，有：$\mu_0 = 4\pi \times 10^7$ H/m；相对磁导率 μ_r：任一种物质的磁导率 μ 和真空的磁导率 μ_0 的比值。即 $\mu_r = \dfrac{\mu}{\mu_0} = \dfrac{\mu H}{\mu_0 H} = \dfrac{B}{B_0}$。

5.1.2 磁性材料的磁性能

磁性材料主要指铁、镍、钴及其合金等。

1. 高导磁性

磁性材料的磁导率通常都很高，即 $\mu_r \gg 1$（如坡莫合金，其 μ_r 可达 2×10^5）。磁性材料能被强烈磁化，具有很高的导磁性能。

磁性物质的高导磁性被广泛地应用于电工设备中，如电机、变压器及各种铁磁元件的线圈中都有铁心。在这种具有铁心的线圈中通入不太大的励磁电流，便可以产生较大的磁通和磁感应强度。

2. 磁饱和性

磁性物质由于磁化所产生的磁化磁场不会随着外磁场的增强而无限增强。当外磁场增大到一定程度时，磁性物质的全部磁畴的磁场方向都转向与外部磁场方向一致，磁化磁场的磁感应强度将趋向某一定值。磁化曲线如图 1-5-2 所示。

图中，B_J 为磁场内磁性物质的磁化磁场的磁感应强度曲线；B_0 为磁场内不存在磁性物质时的感应强度直线；B 为 B_J 曲线和 B_0 直线的纵坐标相加，即磁场的 B-H 磁化曲线。

B-H 磁化曲线的特征：

（1）Oa 段：B 与 H 几乎成正比地增加。

（2）ab 段：B 的增加缓慢下来。

（3）b 点以后：B 增加很少，达到饱和。

3. 磁滞性

磁滞性：磁性材料中磁感应强度 B 的变化总是滞后于外磁场变化的性质。磁性材料在交变磁场中反复磁化，其 B-H 关系曲线是一条回形闭合曲线，称为磁滞回线。

剩磁感应强度 B_r（剩磁）：当线圈中电流减小到零（$H = 0$）时，铁心中的磁感应强度。

矫顽磁力 H_c：使 $B = 0$ 所需的 H 值。

磁性物质不同，其磁滞回线和磁化曲线也不同（见图 1-5-2 和图 1-5-3）。

按磁性物质的磁性能，磁性材料分为三种类型：

（1）软磁材料。

具有较小的矫顽磁力，磁滞回线较窄。一般用于制造电机、电器及变压器等的铁心。常用的有铸铁、硅钢、坡莫合金即铁氧体等。

（2）永磁材料。

具有较大的矫顽磁力，磁滞回线较宽。一般用来制造永久磁铁。常用的有碳钢及铁镍铝钴合金等。

（3）矩磁材料。

具有较小的矫顽磁力和较大的剩磁，磁滞回线接近矩形，稳定性良好。在计算机和控制系统中用作记忆元件、开关元件和逻辑元件。常用的有镁锰铁氧体等。

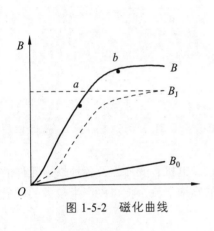

图 1-5-2　磁化曲线

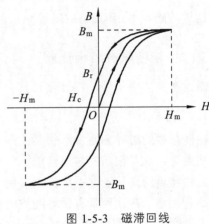

图 1-5-3　磁滞回线

5.1.3　磁路的分析方法

1. 磁路

由于磁性物质具有高导磁性，可用来构成磁力线的集中通路，称为磁路。

2. 磁路的欧姆定律

若某磁路的磁通为 Φ，磁通势为 F，磁阻为 R_m，则 $\Phi = \dfrac{F}{R_m}$，此即磁路的欧姆定律。

3. 磁路与电路的比较（见表 1-5-1）

表 1-5-1　磁路与电路的比较

磁路	电路
磁通势 F	电动势 E
磁通 Φ	电流 I
磁感应强度 B	电流密度 J
磁阻 $R_m = \dfrac{1}{\mu S}$	电阻 $R = \dfrac{1}{\gamma S}$
$\Phi = \dfrac{F}{R_m} = \dfrac{NI}{\dfrac{1}{\mu S}}$	$I = \dfrac{E}{R} = \dfrac{E}{\dfrac{1}{\gamma S}}$

4. 磁路的计算

对图 1-5-4 所示的分段均匀磁路有 $H_1l_1 + H_2l_2 + H_0\delta = IN$ 或 $\sum Hl = IN$ ，称为基尔霍夫第二定律。

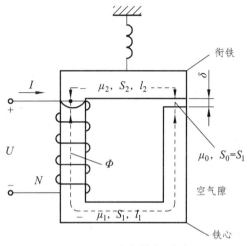

图 1-5-4　分段均匀磁路

将 $B = \dfrac{\varPhi}{S}, H = \dfrac{B}{\mu}$ 代入，有 $\dfrac{l_1}{\mu_1 S_1}\varPhi + \dfrac{l_2}{\mu_2 S_2}\varPhi + \dfrac{\delta}{\mu_0 S}=IN$ 或 $R_{m1}\varPhi + R_{m2}\varPhi + R_{m0}\varPhi = IN$

$$\sum R_m \varPhi = F$$

$$\varPhi = \dfrac{F}{\sum R_m}$$

式中，μ 不是常数，因此公式并不能用于计算磁路，只可做定性分析用。

5. 磁路的分析

磁路分析分为两类。第一类是已知要求的磁通 $\varPhi$ 求所需磁通势 IN；第二类是已知磁通势 IN 求所能产生的磁通量 $\varPhi$ 。由于磁路是非线性的（B-H 曲线非线性），"第二类分析"只能借助"第一类分析"用猜试法进行。"第一类分析"步骤可简述如下：

已知 $\varPhi$ ，① 由 $B_1 = \dfrac{\varPhi}{S_1}$（查 B-H 曲线）得出 $H_1 \rightarrow H_1l_1$；② 由 $B_2 = \dfrac{\varPhi}{S_2}$（查 B-H 曲线）得出 $H_2 \rightarrow H_2l_2$；③ 由 $B_0 = \dfrac{\varPhi}{S_0} = \dfrac{\varPhi}{S_1} \rightarrow H_0 = \dfrac{B_0}{\mu_0} \rightarrow H_0\delta$；④ $\sum Hl = IN$ 对交流磁路则可按幅值进行分析，即：已知 $\varPhi_m \rightarrow B_m = \dfrac{\varPhi_m}{S_C} = \dfrac{\varPhi_m}{K_C S}$ 查 B-H 曲线 $\rightarrow H_m \rightarrow \sum H_m l = I_m N \rightarrow I = \dfrac{I_m}{\sqrt{2}}$（$K_C$ 为叠片系数）。

5.1.4　物质的磁性

1. 非磁性物质

非磁性物质分子电流的磁场方向杂乱无章，几乎不受外磁场的影响而互相抵消，不具有磁化特性。非磁性材料的磁导率都是常数，有：$\mu \approx \mu_0$，$\mu_r \approx 1$。当磁场媒质是非磁性材料时，有：$B = \mu_0 H$，即 B 与 H 成正比，呈线性关系。

由于 $B = \dfrac{\varPhi}{S}$，$H = \dfrac{NI}{I}$，所以磁通 $\varPhi$ 与产生此磁通的电流 I 成正比，呈线性关系。

2. 磁性物质

磁性物质内部形成许多小区域，其分子间存在的一种特殊的作用力，使每一区域内的分子磁场排列整齐，显示磁性，称这些小区域为磁畴。

在没有外磁场作用的普通磁性物质中，各个磁畴排列杂乱无章，磁场互相抵消，整体对外不显磁性。

在外磁场作用下，磁畴方向发生变化，使之与外磁场方向趋于一致，物质整体显示出磁性来，称为磁化。即磁性物质能被磁化。图 1-5-5 为几种常见磁性物质的磁化曲线。

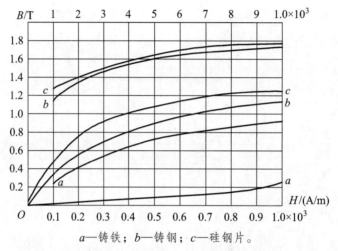

a—铸铁；b—铸钢；c—硅钢片。

图 1-5-5 几种常见磁性物质的磁化曲线

【例 5.1】 有一环形铁心线圈，其内径为 10 cm，外径为 5 cm，铁心材料为铸钢。磁路中含有一空气隙，其长度等于 0.2 cm。设线圈中通有 1 A 的电流，如要得到 0.9 T 的磁感应强度，试求线圈匝数。

解： 空气隙的磁场强度 $H_0 = \dfrac{B_0}{\mu_0} = \dfrac{0.9}{4\pi \times 10^7} = 7.2 \times 10^5$ (A/m)

铸钢铁心的磁场强度可查铸钢的磁化曲线，$B = 0.9$ T 时，磁场强度 $H_1 = 500$ A/m。

磁路的平均总长度为

$$l = \frac{10 + 15}{2}\pi = 39.2 \text{（cm）}$$

铁心的平均长度

$$l_1 = 1 - \delta = 39.2 - 0.2 = 39 \text{（cm）}$$

对各段有

$$H_0\delta = 7.2 \times 10^5 \times 0.2 \times 10^2 = 1440 \text{（A）}$$

$$H_1 l_1 = 500 \times 39 \times 10^2 = 195 \text{（A）}$$

总磁通势为

$$NI = H_0\delta + H_1 l_1 = 1440 + 195 = 1635 \text{（A）}$$

线圈匝数为

$$N = \frac{NI}{I} = \frac{1635}{I} = 1635$$

5.2 铁心线圈电路

绕有线圈的闭合铁心分为直流铁心线圈电路和交流铁心线圈电路。

5.2.1 直流铁心线圈电路

图 1-5-6 所示为铁心线圈电磁关系。

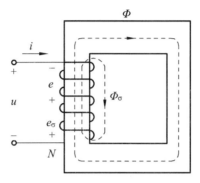

图 1-5-6 铁心线圈电磁关系

直流电流 I 作用下在线圈中产生磁通，由于电流不变，故磁通恒定。外加电压与线圈中的电流关系为 $I = U / R$。

5.2.2 电压电流关系

主磁通 Φ：通过铁心闭合的磁通。Φ 与 i 不是线性关系。

漏磁通 Φ_σ：经过空气或其他非导磁媒质闭合的磁通。

分析图 1-5-6 得：$u \to i(Ni) \begin{cases} \Phi \to e = -N\dfrac{\mathrm{d}\Phi}{\mathrm{d}t} \\ \Phi_\sigma \to e = -N\dfrac{\mathrm{d}\Phi_\sigma}{\mathrm{d}t} = -L_\sigma \dfrac{\mathrm{d}i}{\mathrm{d}t} \end{cases}$

铁心线圈的漏磁电感 $L_\sigma = \dfrac{N\Phi_\sigma}{i} = $ 常数

根据 KVL，有

$$u = Ri - e_\sigma - e = Ri + L_\sigma \frac{\mathrm{d}i}{\mathrm{d}t} + (e) \tag{1-5-1}$$

式（1-5-1）中，R 是线圈导线的电阻，L_σ 是漏磁电感。

当 u 是正弦电压时，其他各电压、电流、电动势可视作正弦量，则电压、电流关系的相量式为 $\dot{U} = R\dot{I} + (\dot{E}_\sigma) + (\dot{E}) = R\dot{I} + \mathrm{j}X_\sigma \dot{I} + (\dot{E})$。设主磁通 $\Phi = \Phi_\mathrm{m}\sin\omega t$，则

$$e = N\frac{\mathrm{d}\Phi}{\mathrm{d}t} = N\frac{\mathrm{d}}{\mathrm{d}t}(\Phi_{\mathrm{m}}\sin\omega t) = N\omega\Phi_{\mathrm{m}}\omega t = 2\pi N\Phi_{\mathrm{m}}\sin(\omega t90°) = E_{\mathrm{m}}\sin(\omega t90°)$$

有效值：

$$E = \frac{E_{\mathrm{m}}}{\sqrt{2}} = \frac{2\pi fN\Phi_{\mathrm{m}}}{\sqrt{2}} = 4.44fN\Phi_{\mathrm{m}} \qquad (1\text{-}5\text{-}2)$$

由于线圈电阻 R 和感抗 X_σ（或漏磁通 Φ_σ）较小，其电压降也较小，与主磁电动势 E 相比可忽略，故有 $\dot{U} \approx \dot{E}$，则

$$U \approx E = 4.44fN\Phi_{\mathrm{m}} = 4.44fNB_{\mathrm{m}}S \quad (\mathrm{V}) \qquad (1\text{-}5\text{-}3)$$

式（1-5-3）中，B_{m} 是铁心中磁感应强度的最大值（T）；S 是铁心截面积（m^2）。

5.2.3 功率损耗

交流铁心线圈的功率损耗主要有铜损和铁损两种。

1. 铜损（ΔP_{Cu}）

在交流铁心线圈中，线圈电阻 R 上的功率损耗称铜损，用 ΔP_{Cu} 表示。即

$$\Delta P_{\mathrm{Cu}} = RI^2 \qquad (1\text{-}5\text{-}4)$$

式（1-5-4）中，R 是线圈的电阻；I 是线圈中电流的有效值。

2. 铁损（ΔP_{Fe}）

在交流铁心线圈中，处于交变磁通下的铁心内的功率损耗称铁损，用 ΔP_{Fe} 表示。铁损由磁滞和涡流产生。

1）磁滞损耗（ΔP_{h}）

由磁滞所产生的能量损耗称为磁滞损耗（ΔP_{h}）。

磁滞损耗的大小：单位体积内的磁滞损耗正比与磁滞回线的面积和磁场交变的频率 f。磁滞损耗转化为热能，引起铁心发热。

减少磁滞损耗的措施：

选用磁滞回线狭小的磁性材料制作铁心。变压器和电机中使用的硅钢等材料的磁滞损耗较低。设计时应选择适当值以减小铁心饱和程度。

2）涡流损耗（ΔP_{e}）

涡流：交变磁通在铁心内产生感应电动势和电流，称为涡流。涡流在垂直于磁通的平面内环流。

涡流损耗：由涡流所产生的功率损耗。涡流损耗转化为热能，引起铁心发热。

减少涡流损耗措施：提高铁心的电阻率。铁心用彼此绝缘的钢片叠成，把涡流限制在较小的截面内。

5.2.4 等效电路

用一个不含铁心的交流电路来等效替代铁心线圈交流电路。

等效条件：在同样电压作用下，功率、电流及各量之间的相位关系保持不变。

先将实际铁心线圈的线圈电阻 R、漏磁感抗 X_σ 分出，得到用理想铁心线圈表示的电路；理想铁心线圈有能量的损耗和储放，可用 R_0–X_0 串联的电路等效。其中：电阻 R_0 是和铁心能量损耗（铁损）相应的等效电阻，感抗 X_0 是和铁心能量储放相应的等效感抗。

$$R_0 = \frac{\Delta P_{\text{Fe}}}{I^2}, X_0 = \frac{Q_{\text{Fe}}}{I^2}, |Z_0| = \sqrt{R_0^2 + X_0^2} = \frac{U'}{I} \approx \frac{U}{I}$$

图 1-5-7 为理想铁心线圈的等效电路。

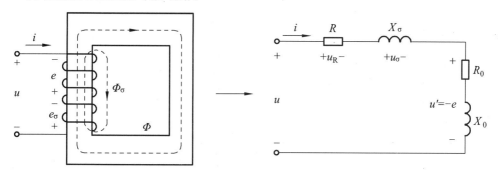

图 1-5-7　理想铁心线圈的等效电路

【例 5.2】 有一交流铁心线圈，电源电压 $U = 220$ V，电路中电流 $I = 4$ A，功率表读数 $P = 100$ W，频率 $f = 50$ Hz，漏磁通和线圈电阻上的电压降可忽略不计，试求：（1）铁心线圈的功率因数；（2）铁心线圈的等效电阻和感抗。

解：（1）$\cos\varphi = \dfrac{P}{UI} = \dfrac{100}{220 \times 4} = 0.114$

（2）铁心线圈的等效阻抗模为 $|Z'| = \dfrac{U}{I} = \dfrac{220}{4} = 55$ (Ω)

等效电阻为 $R' = R + R_0 = \dfrac{P}{I^2} = \dfrac{100}{4^2} = 6.25$ (Ω) $\approx R_0$

等效感抗为 $X' = X_\sigma + X_0 = \sqrt{|Z'|^2 - R'^2} = \sqrt{55^2 - 6.25^2} = 54.6$ (Ω) $\approx X_0$

5.3　变压器

变压器是一种静止的电气设备，根据电磁感应原理，将一种形态（电压、电流、相数）的交流电能转换成另一种形态的交流电能。在电力系统和电子线路中应用广泛。

变压器的主要功能有：变电压、变电流和变阻抗。电力工业中常采用高压输电低压配电，实现节能并保证用电安全。

变压器的种类很多，可以按用途、结构、相数、冷却方式等进行分类。

5.3.1　变压器的结构

变压器最主要的组成部分是铁心和绕组，称之为器身，以及放置器身且盛满变压器油的油箱。此外，还有一些为确保变压器运行安全的辅助器件。常见的变压器一般有两个线圈，为了加强耦合，常将两个线圈绕在同一个芯子上，如图 1-5-8 所示。

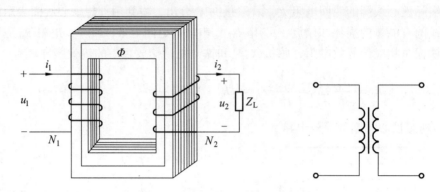

图 1-5-8　单相变压器及其符号

1. 铁心

铁心是变压器的磁路部分。为了减少铁心内部的损耗，铁心一般用 0.35 mm 厚的冷轧硅钢片叠成。铁心也是变压器的骨架，它由铁心柱、铁轭和夹紧装置组成。套装绕组的部分叫铁心柱；连接铁心柱形成闭合磁路的部分叫铁轭。变压器的铁心有心式和壳式两类。绕组包围着铁心的变压器叫心式变压器，铁心包围着绕组的变压器叫壳式变压器。

2. 绕组

绕组是变压器的电路部分。它由漆包线或绝缘的扁铜线绕制而成，有同心式和交叠式两种。同心式是将高、低压绕组套在同一铁心柱的内外层。交叠式绕组的高、低压绕组是沿轴向交叠放置的。

同心式绕组结构简单，绝缘和散热性能好，在电力变压器中得到广泛采用；而交叠式绕组的引线比较方便，机械强度好，易构成多条并联支路，因此常用于大电流变压器中，如电炉变压器、电焊变压器等。

变压器与电源连接的绕组叫一次绕组、原绕组、原边或初级绕组，与负载相连的绕组叫二次绕组、副绕组、副边或次级绕组。

3. 其他结构附件

1）油箱

油浸式变压器的外壳就是油箱，它起着机械支撑、冷却散热和保护的作用。

2）储油柜

储油柜亦称油枕，它是安装在油箱上面的圆筒形容器，通过连通管与油箱相连，柜内油面高度随油箱内变压器器身的热胀冷缩而变动，保证器身始终浸在变压器油中。

3）分接开关

变压器运行时，为了使输出电压控制在允许的变化范围内，通过分接开关改变一次绕组匝数，从而达到调节输出电压的目的。

4）绝缘套管

变压器引出线从邮箱内穿过邮箱盖时，通过瓷质绝缘套管，以使带电的引出线与接地的油箱绝缘。

5.3.2 变压器的工作原理

1. 电磁关系

变压器的原边绕组、副边绕组互不相连，能量的传递靠磁耦合。

1）空载运行

变压器的原边绕组接在电网上，副边绕组开路时的运行状态称为空载运行。此时，$i_2 = 0$。

空载时，铁心中主磁通是由一次绕组磁通势产生的。图 1-5-9 为变压器空载运行原理示意图。

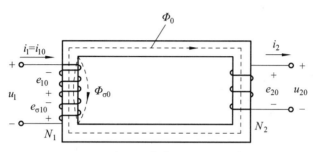

图 1-5-9　变压器空载运行原理示意图

由图 1-5-10 分析得以下关系：$u_1 \rightarrow \begin{cases} i_o(i_o N_1) \rightarrow \Phi \begin{cases} e_1 = -N_1 \dfrac{\mathrm{d}\Phi}{\mathrm{d}t} \\ e_2 = -N_2 \dfrac{\mathrm{d}\Phi}{\mathrm{d}t} \end{cases} \\ \Phi_{\sigma 1} \rightarrow e_{\sigma 1} = -L_{\sigma 1} \dfrac{\mathrm{d}i_0}{\mathrm{d}t} \end{cases}$

2）负载运行

原边绕组接通额定电压，副边绕组接上负载 Z_L 时，称为变压器的负载运行。有载时，铁心中主磁通是由一次、二次绕组磁通势共同产生的合成磁通。其工作原理图如图 1-5-10 所示。

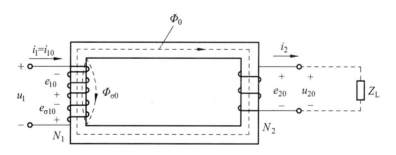

图 1-5-10　变压器负载运行原理示意图

由图 1-5-11 的分析可得以下关系：$u_1 \leftarrow \begin{cases} i_1(i_1 N_1) \rightarrow \Phi \begin{cases} e_1 = -N_1 \dfrac{\mathrm{d}\Phi}{\mathrm{d}t} \\ e_2 = -N_2 \dfrac{\mathrm{d}\Phi}{\mathrm{d}t} \end{cases} \\ \Phi_{\sigma 1} \rightarrow e_{\sigma 1} = -L_{\sigma 1} \dfrac{\mathrm{d}i_1}{\mathrm{d}t} \end{cases}$

2．电压变换（设加正弦交流电压）

1）一次、二次侧主磁通感应电动势

主磁通按正弦规律变化，设 $\Phi = \Phi_m \sin \omega t$ ，则

$$e_1 = N_1 \frac{\mathrm{d}\Phi}{\mathrm{d}t} = N_1 \frac{\mathrm{d}}{\mathrm{d}t}(\Phi_m \sin \omega t) = N_1 \omega \Phi_m \cos \omega t = E_{1m} \sin(\omega t - 90°) = E_m \sin(\omega t - 90°)$$

有效值： $E_1 = \dfrac{E_{1m}}{\sqrt{2}} = \dfrac{2\pi f N_1 \Phi_m}{\sqrt{2}}$ ，即 $U_1 \approx E_1 = 4.44 f N \Phi_m N_1$ 。

同理

$$U_2 \approx E_1 = 4.44 f \Phi_m N_2$$

2）一次、二次侧电压

变压器一次侧等效电路如图 1-5-11 所示。

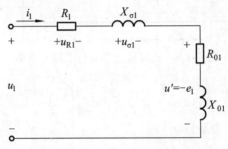

图 1-5-11　变压器一次侧等效电路

根据 KVL：

$$\dot{U}_1 = R_1 \dot{I}_1 - \dot{E}_{\sigma 1} - \dot{E}_1 = R_1 \dot{I}_1 + \mathrm{j} X_1 \dot{I}_1 \dot{E}_1 \tag{1-5-5}$$

式中，R_1 为一次侧绕组的电阻；$X_1 = \omega L_{\sigma 1}$ 为一次侧绕组的漏磁感抗。

由于电阻 R_1 和感抗 X_1（或漏磁通）较小，其两端的电压也较小，与主磁电动势 E_1 比较可忽略不计，则

$$\dot{U}_1 \approx \dot{E}_1 \rightarrow U_1 \approx E_1 = 4.44 f \Phi_m N_1$$

对二次侧，根据 KVL：

$$\dot{E}_2 = R_2 \dot{I}_2 - \dot{E}_{\sigma 2} + \dot{U}_2 = R_2 \dot{I}_2 + \mathrm{j} X_2 \dot{I}_2 + \dot{U}_2 \tag{1-5-6}$$

式中，R_2 为二次绕组的电阻；$X_2 = \omega L_{\sigma 2}$ 为二次绕组的感抗；$\dot{U}_2$ 为二次绕组的端电压。

变压器空载时：

$$I_2 = 0, \ U_2 = U_{20} = E_2 = 4.44 f \Phi_m N_2 \tag{1-5-7}$$

式（1-5-7）中，U_{20} 为变压器空载电压。

故有

$$\frac{U_1}{U_{20}} \approx \frac{E_1}{E_2} = \frac{N_1}{N_2} = k \tag{1-5-8}$$

式中，k 为变比。

3. 电流变换（一次、二次侧电流关系）

不论空载还是有载，原绕组上的阻抗压降均可忽略，故有

$$U_1 \approx E_1 = 4.44 f \Phi_m N_1 \tag{1-5-9}$$

若 U_1、f 不变，则 Φ_m 基本不变，近于常数。

可见，铁心中主磁通的最大值 Φ_m 在变压器空载和有载时近似保持不变。即有：

空载：$i_0 N_1 \rightarrow \Phi_m$；有载：$i_1 N_1 + i_2 N_2 \rightarrow \Phi_m$。

磁势平衡式：$i_1 N_1 + i_2 N_2 = i_0 N_1$。

一般情况下：$I_0 \approx (2 \sim 3)\% I_{1N}$ 很小可忽略。

所以，由 $i_1 N_1 \approx i_2 N_2$ 或 $\dot{I}_1 N_1 \approx \dot{I}_2 N_2$ 得出

$$\frac{I_1}{I_2} \approx \frac{N_2}{N_1} = \frac{1}{k} \tag{1-5-10}$$

即一次、二次侧电流与匝数成反比。

注意：

（1）升压变压器的一次侧为低压绕组，二次侧为高压绕组；降压变压器的一次侧为高压绕组，二次侧为低压绕组。

（2）高压绕组匝数多，电流小；低压绕组匝数少，电流大。

（3）二次侧电流由负载决定，一次侧电流由二次侧电流决定。

（4）变压器不能变换直流电压。如误接，电源电压会全部加在一次侧绕组上，可能烧坏绕组。

4. 阻抗变换

结合电压和电流变换，得出变压器一次侧的等效阻抗模，为二次侧所带负载的阻抗模的 k^2 倍。即

$$|Z_1| = \frac{U_1}{I_1} = \frac{k U_2}{I_2 / k} = k^2 \frac{U_2}{I_2} = k^2 |Z| \text{。} \tag{1-5-11}$$

5. 变压器的额定值

1）额定电压 U_{1N}、U_{2N}

额定电压为变压器副边开路（空载）时，原、副边绕组允许的电压值。

单相：U_{1N} 为原边电压，U_{2N} 为副边空载时的电压；三相：U_{1N}、U_{2N} 分别为原、副边的线电压。

2）额定电流 I_{1N}、I_{2N}

额定电流为变压器满载运行时，原边、副边绕组允许的电流值。

单相：原边、副边绕组允许的电流值；三相：原边、副边绕组线电流。

3）额定容量 S_N

额定容量为传送功率的最大能力。

单相：$S_N = U_{2N}I_{2N} \approx U_{1N}I_{1N}$；三相：$S_N = \sqrt{3}U_{2N} \times I_{2N} \approx \sqrt{3}U_{1N} \times I_{1N}$。

注意：变压器几个功率的关系（单相）。

容量：$S_N = U_{1N} \times I_{1N}$。

输出功率：$P_2 = U_2 I_2 \cos$ 。

一次侧输入功率：$P_1 = \dfrac{P_2}{\eta}$ 。

【例 5.3】 如图 1-5-12 所示，交流信号源的电动势 $E = 120$ V，内阻 $R_0 = 800\ \Omega$，负载为扬声器，其等效电阻为 $R_L = 8\ \Omega$。要求：（1）当 R_L 折算到原边的等效电阻 $R'_L = R_0$ 时，求变压器的匝数比和信号源输出的功率；（2）当将负载直接与信号源连接时，信号源输出多大功率？

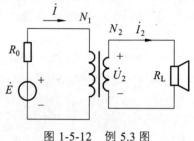

图 1-5-12　例 5.3 图

解：（1）变压器的匝数比应为

$$k = \frac{N_1}{N_2} = \sqrt{\frac{R'_L}{R_L}} = \sqrt{\frac{800}{8}} = 10$$

信号源的输出功率：

$$P = \frac{E^2}{R_0 + R'_L} \times R'_L = \frac{120^2}{800 + 800} \times 800 = 4.5\ （\text{W}）$$

（2）将负载直接接到信号源上时，输出功率为

$$P = \frac{E^2}{R_0 + R_L} \times R_L = \frac{120^2}{800 + 8} \times 8 = 0.176\ （\text{W}）$$

【例 5.4】 一台单相变压器，额定容量为 2 kV·A，额定电压为 380/110 V，空载时原绕组输入功率 $P_0 = 20$ W，$I_1 = 0.5$ A。设副绕组接额定负载，且 $\cos\varphi_2 = 1$，$U_2 = 105$ V，原绕组电阻 $R_1 = 0.6\ \Omega$，副绕组电阻 $R_2 = 0.05\ \Omega$。试求：（1）原、副绕组的额定电流；（2）电压变化率；（3）铁损、铜损和效率。

解：（1）副绕组额定电流为

$$I_{2N} = \frac{S_N}{U_{2N}} = \frac{2 \times 10^2}{110} = 18.18\ （\text{A}）$$

所以，原绕组电流为：$I_{1N} = \dfrac{I_{2N}}{k} = \dfrac{18.18}{\dfrac{380}{110}} = \dfrac{18.18}{3.45} = 5.27\ （\text{A}）$

（2）电压变化率为

$$\Delta U\% = \frac{U_{20} - U_2}{U_{20}} \times 100\% = \frac{110 - 105}{110} \times 100\% = 4.54\%$$

（3）空载电流很小，可视空载损耗近似铁损，即

$$\Delta P_{Fe} \approx P_0 = 20\ （\text{W}）$$

原、副绕组的铜损为

$$\Delta P_{\text{Cu}} = R_1 I_{1N}^2 + R_2 I_{2N}^2 = 0.6 \times 5.27^2 + 0.05 \times 18.18^2 = 33.19 （\text{W}）$$

所以，变压器的效率为

$$\eta = \frac{U_2 I_2 \cos\varphi_2}{U_2 I_2 \cos\varphi_2 + \Delta P_{\text{Cu}} + \Delta P_{\text{Fe}}} \times 100\% = \frac{105 \times 18.18 \times 1}{105 \times 18.18 \times 1 + 33.19 + 20} 100\% = 99.29\%$$

结论：接入变压器以后，输出功率大大提高。

电子线路中，常利用阻抗匹配实现最大输出功率。

5.4　三相变压器的应用

现代电力系统都采用三相制，所以三相变压器使用得最为广泛。

5.4.1　三相变压器的磁路系统-铁心的结构特点

1. 三相变压器的磁路系统

三相组式变压器：由三台相同的单相变压器组合而成。如图 1-5-13 所示。

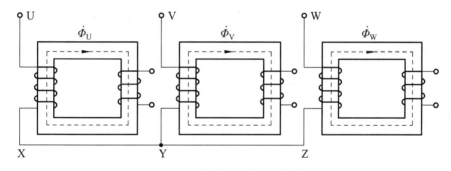

图 1-5-13　三相变压器组的磁路系统

磁路特点：

（1）三相磁路彼此独立，互不关联，即各相主磁通都有自己独立的磁路。

（2）三相磁路几何尺寸完全相同，即各相磁路的磁阻相等。

（3）外加三相对称电压时，三相主磁通对称，三相空载电流对称。

2. 三相心式变压器的磁路系统

与三相组式不同，三相心式变压器的磁路相互关联，它是通过铁轭把三个铁心柱连在一起的，如图 1-5-14 所示。这种铁心结构是从单相变压器演变过来的，把三个单相变压器铁心柱的一边组合到一起，而将每项绕组缠绕在未组合的铁心柱上。由于在对称的情况下，组合在一起的铁心柱中不会有磁通存在，故可以省去。和同容量的三相组式变压器相比，三相心式变压器所用的材料较少、质量轻。但它的缺点在于采用三相心式变压器供电时，任何一相发生故障，整个变压器都要进行更换，如果采用三相组式变压器，只要更换出现故障的一相即可。所以三相心式变压器的备用容量为组式变压器的三倍。对于大型变压器来说，如果采用心式结构，体积较大，运输不便。

基于以上考虑，为节省材料，多数三相变压器采用心式结构。但对于大型变压器而言，为减少备用容量以及确保运输方便，一般采用三相组式变压器。

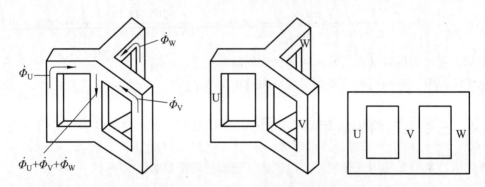

图 1-5-14　三相心式变压器的磁路系统

5.4.2　三相变压器电路系统的联结组

三相变压器原副绕组不同的联结组别，导致了原副绕组相应的电动势（线电压）相位差的不同，它是三相变压器并联运行必不可少的条件之一。而单相变压器的联结组别是三相变压器联结组的基础。

1. 变压器原边、副边绕组首、末端标记及连接方法

单相变压器原边绕组的首、末端被标记为 U、X；把副边绕组的首、末端标记为 u、x。对三相变压器而言，为研究方便，也对其首、末端加以标记，如表 1-5-2 所示。

表 1-5-2　三相变压器首末端标记

绕组名称	首端	末端	中点
原边绕组	U、V、W	X、Y、Z	O
副边绕组	U、v、w	X、y、z	O

理论上来说，三相变压器的原副边绕组都可以根据需要接成星形（Y）或三角形（△）。一旦按规定的接法连接完成，其表示方法便随之确定。为方便起见，用 Y/y 表示原、副边的星形接法；用 D/d 来表示原、副边的三角形接法。原边绕组在接成星形时，如果有中线引出，则用 YN 表示；副边绕组在接成星形时，如果有中线引出，则用 yn 表示。例如：（YN，d）表示原边绕组为星形接法，并且有中线引出，副边绕组为三角形接法；（D，y）表示原边绕组为三角形接法，副边绕组为星形接法，无中线引出。

联结组是变压器运行中的一个重要概念。下面，首先来研究单相变压器的联结组，在此基础上引入三相变压器的联结组。

2. 单相变压器的联结组

单相变压器的原边、副边绕组缠绕在同一根铁心柱上，并被同一主磁通交链。任何时刻，

两个绕组的感应电动势都会在某一端呈现高电位的同时，在另外一端呈现出低电位。借用电路理论的知识，把原边、副边绕组中同时呈现高电位（低电位）的端点称为同名端，并在该端点旁加"."来表示。

按照惯例，统一规定原边、副边绕组感应电动势的方向均从首端指向末端。一旦两个绕组的首、末端定义完后，同名端便由绕组的绕向决定。当同名端同时为原边、副边绕组的首端（末端）时，$\dot{E}_{UX}$ 和 $\dot{E}_{ux}$ 同相位，用联结组 I/I-12 表示，如图 1-5-15 所示；否则，$\dot{E}_{UX}$ 和 $\dot{E}_{ux}$ 相位相差 180°，用联结组 I/I-6 表示，如图 1-5-16 所示。

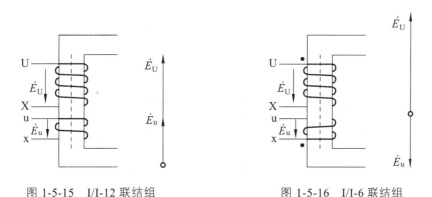

图 1-5-15 I/I-12 联结组   图 1-5-16 I/I-6 联结组

由此可见，单相变压器原边、副边感应电动势的方向存在两种可能：① 同为电动势升（降）；② 一个为电动势升，另一个为电动势降。

3. 三相变压器的联结组

三相变压器的联结组由两部分组成，一部分表示三线变压器的连接方法，另一部分为联结组的标号。下面详细介绍确定联结组的方法。联结组标号是由原边、副边线电动势的相位差决定的。三相变压器的三个铁心柱上都有分别属于原边绕组和副边绕组的一组，它们的相位关系与单相变压器原边、副边绕组感应电动势的关系完全一样。根据电路理论可知，当三相绕组为星形连接时，线电动势的大小为相电动势的 $\sqrt{3}$ 倍，相位则超前相应相电动势 30°；当三相绕组为三角形连接时，线电动势与相电动势相等。所以在原边、副边相电动势的相位关系知道后，线电动势的关系也随之确定，便可根据线电动势的相位关系来确定联结组标号。联结组标号有两层含义：一方面，原边、副边电动势相位差都是 30° 的倍数，该倍数即为联结组标号；另一方面，代表着时钟的整点数。如果规定原边线电动势作为分针始终指向 12 点不动，副边绕组的线电动势作为时针，按顺时针转动，指向几点，则联结组标号就是几，这就是所谓的钟表法。

1）由三相变压器的接线图确定联结组

在已知三相变压器接线图的情况下，可以按如下步骤来确定其联结组。首先画出原边绕组相电动势的向量图，并根据其连接方式求出线电动势；然后把 U 点当作 u 点，根据同名端，确定副边绕组相电动势与原边相电动势的相位关系，画出副边相电动势的相量图，再由其连接方式求出副边的线电动势；最后根据相量图所示的原边、副边线电动势相位差，得到联结组标号。如图 1-5-17 所示为（Y，y0）联结组。

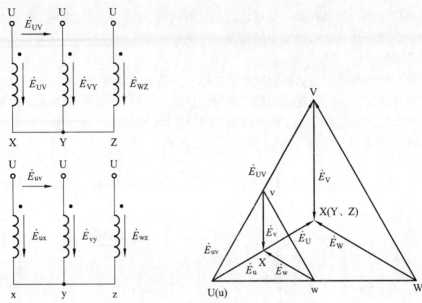

图 1-5-17 （Y，y0）联结组

2）由三线变压器的联结组确定连线图

这个过程可以看成是上一过程的逆过程，其步骤如下：首先根据联结组所示的连接方法，初步画出原边、副边绕组的连线方式，并且按照常规，定义原边绕组的出线端标志及相电动势、线电动势，在此基础上，画出原边绕组相量图；然后把 U 点当作 u 点，根据联结组标号，在相量图中画出副边绕组的线电动势、相电动势；最后根据原边、副边线电动势的相位关系，确定副边绕组的出线端标志、同名端。

由此可见，当原边、副边绕组采用相同的连接方式时，联结组标号均为偶数，并且原边、副边绕组感应电动势的相序一致，标号的改变并不会影响相序。当原边、副边绕组采用不同的连接方式时，联结组标号均为奇数。

本章小结

（1）磁场的基本物理量。

（2）磁性材料的磁性能。

高导磁性、磁饱和性和磁滞性。

（3）磁路与电路的分析比较。

磁路	电路
磁通势 F	电动势 E
磁通 Φ	电流 I
磁感应强度 B	电流密度 J
磁阻 $R_{\mathrm{m}} = \dfrac{1}{\mu S}$	电阻 $R = \dfrac{1}{\gamma S}$
$\Phi = \dfrac{F}{R_{\mathrm{m}}} = \dfrac{NI}{\dfrac{1}{\mu S}}$	$I = \dfrac{E}{R} = \dfrac{E}{\dfrac{1}{\gamma S}}$

（4）铁心线圈的电磁关系。

直流电流 I 作用下在线圈中产生磁通，由于电流不变，故磁通恒定。外加电压与线圈中的电流关系为 $I = U/R$。

（5）功率损耗。

① 铜损（ΔP_{Cu}）：在交流铁心线圈中，线圈电阻 R 上的功率损耗称铜损，用 ΔP_{Cu} 表示。即 $\Delta P_{Cu} = RI_2$

② 铁损（ΔP_{Fe}）：在交流铁心线圈中，处于交变磁通下的铁心内的功率损耗称铁损，用 ΔP_{Fe} 表示。

（6）变压器是一种静止的电气设备，主要功能有：变电压、变电流和变阻抗。

① 变电压：$\dfrac{U_1}{U_2} \approx \dfrac{E_1}{E_2} = \dfrac{N_1}{N_2} = k$

② 变电流：$\dfrac{I_1}{I_2} \approx \dfrac{N_2}{N_1} = \dfrac{1}{k}$

③ 变阻抗：$|Z_1| = \dfrac{U_1}{I_1} = \dfrac{kU_2}{I_2/k} = k^2 \dfrac{U_2}{I_2} = k^2 |Z|$

（7）变压器的容量。

单相：$S_N = U_{2N}I_{2N} \approx U_{1N}I_{1N}$

三相：$S_N = \sqrt{3}U_{2N}I_{2N} \approx \sqrt{3}U_{1N}I_{1N}$

（8）三相变压器的磁路系统（包括组式和心式）。

（9）同名端：把原边、副边绕组中同时呈现高电位（低电位）的端点称为同名端，并在该端点旁加"·"来表示。

（10）三相变压器的联结组。

钟表法：如果规定原边线电动势作为分针始终指向 12 点不动，副边绕组的线电动势作为时针，按顺时针转动，指向几点联结组标号就是几。

习　题

1. 填空题

（1）线圈产生感应电动势的大小正比于通过线圈的＿＿＿＿＿＿＿。

（2）磁路的磁通等于＿＿＿＿与＿＿＿＿之比，这就是磁路的欧姆定律。

（3）变压器是由＿＿＿＿＿＿和＿＿＿＿＿＿组成的。

（4）变压器有＿＿＿＿＿＿、＿＿＿＿＿＿和＿＿＿＿＿＿的作用。

（5）变压器空载运行时，其＿＿＿＿＿＿较小，所以空载时的损耗近似等于＿＿＿＿＿＿。

（6）变压器铁心导磁性能越好，其励磁电抗越＿＿＿＿＿＿，励磁电流越＿＿＿＿＿＿。

（7）变压器的原副边虽然没有直接电的联系，但当负载增加，副边电流就会增加，原边电流愆＿＿＿＿＿＿。

（8）变压器的原副边虽然没有直接电的联系，但当负载减少，副边电流就会减小，原边电流则＿＿＿＿＿＿。

（9）变压器在电力系统中主要作用是_____，以利于功率的传输。

2. 选择题

（1）变压器的基本工作原理是_____。

　　（A）电磁感应　　（B）电流的磁效应　　（C）能量平衡　　（D）电流的热效应

（2）有一空载变压器原边额定电压为 380 V。并测得原绕组 $R = 10\ \Omega$，试问原边电流应_____。

　　（A）>38 A　　（B）=38 A　　（C）≪38 A

（3）某单相变压器额定电压为 380/220 V，额定频率为 50 Hz。如将低压边接到 380 V 交流电源上，将出现_____。

　　（A）主磁通增加，空载电流减小

　　（B）主磁通增加，空载电流增加

　　（C）主磁通减小，空载电流减小

（4）某单相变压器额定电压 380/220 V，额定频率为 50 Hz。如电源为额定电压，但频率比额定值高 20%，将出现_____。

　　（A）主磁通和励磁电流均增加

　　（B）主磁通和励磁电流均减小

　　（C）主磁通增加，而励磁电流减小

（5）如将 380/220 V 的单相变压器原边接于 380 V 直流电源上，将出现_____。

　　（A）原边电流为零

　　（B）副边电压为 220 V

　　（C）原边电流很大，副边电压为零

（6）当电源电压的有效值和电源频率不变时，变压器负载运行和空载运行时的主磁通是_____。

　　（A）完全相同　　　　　　　　　　（B）基本不变

　　（C）负载运行比空载时大　　　　　（D）空载运行比负载时大

（7）变压器在负载运行时，原边与副边在电路上没有直接联系，但原边电流能随副边电流的增减而成比例地增减，这是由于_____。

　　（A）原绕组和副绕组电路中都具有电动势平衡关系

　　（B）原绕组和副绕组的匝数是固定的

　　（C）原绕组和副绕组电流所产生的磁动势在磁路中具有磁动势平衡关系

（8）今有变压器实现阻抗匹配，要求从原边看等效电阻是 50 Ω，现有 2 Ω 电阻一支，则变压器的变比 $k = $_____。

　　（A）100　　　　（B）25　　　　　　（C）0.25　　　　（D）5

（9）变压器原边加 220 V 电压，测得副边开路电压为 22 V，副边接负载 $R_2 = 11\ \Omega$，原边等效负载阻抗为_____Ω。

　　（A）1100　　　（B）110　　　　　　（C）220　　　　（D）1000

（10）变压器原边加 220 V 电压，测得副边开路电压为 22 V，副边接负载 $R_2 = 11\ \Omega$，副边电流 I_2 与原边电流 I_1 的比值为_____。

　　（A）0.1　　　　（B）1　　　　　　（C）10　　　　（D）100

3. 计算题

（1）一台变压器有两个原边绕组，每组额定电压为 110 V，匝数为 440 匝，副边绕组匝数为 80 匝，试求：① 原边绕组串联时的变压比和原边加上额定电压时的副边输出电压；② 原边绕组并联时的变压比和原边加上额定电压时的副边输出电压。

（2）单相变压器，原边线圈匝数 $N_1 = 1000$ 匝，副边 $N_2 = 500$ 匝，现原边加电压 $U_1 = 220$ V，测得副边电流 $I_2 = 4$ A，忽略变压器内阻抗及损耗，试求：① 原边等效阻抗 $Z_1 = ?$ ② 负载消耗功率 P_2（阻性）

（3）已知变压器原边电压 $U_1 = 380$ V，若变压器效率为 80%，要求副边接上额定电压为 36 V，额定功率为 40 W 的白炽灯 100 只，求：副边电流 I_2 和原边电流 I_1。

（4）有一单相变压器，原边电压为 220 V，50 Hz，副边电压为 44 V，负载电阻为 10 Ω。试求：① 变压器的变压比；② 原副边电流 I_1、I_2；③ 反射到原边的阻抗。

（5）有一单相照明变压器，容量为 10 kV·A，电压 3300/220。今欲在副绕组接上 60 W、220 V 的白炽灯，如果要变压器在额定情况下运行，这种白炽灯可接多少个？并求原、副绕组的额定电流。

（6）在图 1-5-18 中，输出变压器的副绕组有中间抽头，以便接 8 Ω 或 3.5 Ω 的扬声器，两者都能达到阻抗匹配。试求副绕组两部分的匝数之比。

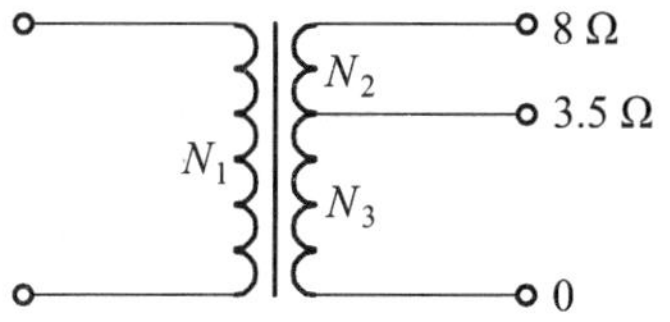

图 1-5-18

（7）图 1-5-19 所示的变压器，原边有两个额定电压为 110 V 的绕组。副绕组的电压为 6.3 V。

① 若电源电压是 220 V，原绕组的四个接线端应如何连接，才能接入 220 V 的电源？

② 若电源电压是 110V，原边绕组要求并联使用，这两个绕组应当如何连接？

③ 在上述两种情况下，原边每个绕组中的额定电流有无不同，副边电压是否有改变？

（8）图 1-5-20 所示是一电源变压器，原绕组有 550 匝，接 220 V 电压。副绕组有两个：一个电压 36 V，负载 36 W；一个电压 12 V，负载 24 W。两个都是纯电阻负载时，求原边电流 I_1 和两个副绕组的匝数。

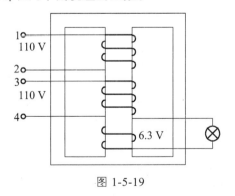

图 1-5-19

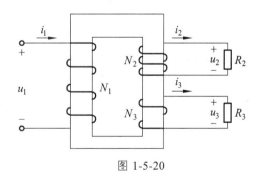

图 1-5-20

第6章 交流异步电动机

电动机的分类如下：

$$\text{电动机}\begin{cases}\text{交流电动机}\begin{cases}\text{异步电动机}\begin{cases}\text{三相异步电动机}\\\text{单相异步电动机}\end{cases}\\\text{同步电动机}\end{cases}\\\text{直流电动机：他励、并励、串励和复励四种}\end{cases}$$

几种电动机的特点：

（1）异步电动机：结构简单、价格低廉、坚固耐用、维护方便，在工农业中获得广泛的应用。

（2）同步电动机：主要用于功率较大、不需调速、长期工作的场合，如压缩机、水泵、通风机等。

（3）直流电动机：调速均匀、但价格较高，如火车电机一般用直流电动机。

6.1 三相异步电动机概述

实现电能与机械能相互转换的电工设备总称为电机。电机是利用电磁感应原理实现电能与机械能的相互转换的。把机械能转换成电能的设备称为发电机，而把电能转换成机械能的设备叫作电动机。

在生产上主要用的是交流电动机，特别三相异步电动机，因为它具有结构简单、坚固耐用、运行可靠、价格低廉、维护方便等优点，被广泛用于驱动各种金属切削机床、起重机、锻压机、传送带、铸造机械、功率不大的通风机及水泵等。

对于各种电动机，我们应该了解下列几个方面的问题：① 基本构造；② 工作原理；③ 表示转速与转矩之间关系的机械特性；④ 起动、调速及制动的基本原理和基本方法；⑤ 应用场合和如何正确使用。

6.2 三相异步电动机的结构与工作原理

6.2.1 三相异步电动机的结构

三相异步电动机的两个基本组成部分为定子（固定部分）和转子（旋转部分）。此外还有端盖、风扇等附属部分，如图1-6-1所示。

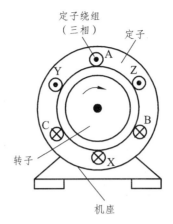

图 1-6-1 三相电动机的结构示意图

1. 定子

三相异步电动机的定子由三部分组成（见表 1-6-1）。

表 1-6-1 三相异步电动机制定子组成

定子	定子铁心	由厚度为 0.5 mm 且相互绝缘的硅钢片叠成，硅钢片内圆上有均匀分布的槽，其作用是嵌放定子三相绕组 AX、BY、CZ
	定子绕组	三组用漆包线绕制好的，对称地嵌入定子铁心槽内的相同的线圈。这三相绕组可接成星形或三角形
	机座	机座用铸铁或铸钢制成，其作用是固定铁心和绕组

2. 转子

三相异步电动机的转子由三部分组成（见表 1-6-2）。

表 1-6-2 三相异步电动机的转子组成

转子	转子铁心	由厚度为 0.5 mm 且相互绝缘的硅钢片叠成，硅钢片外圆上有均匀分布的槽，其作用是嵌放转子三相绕组
	转子绕组	转子绕组有两种形式： 鼠笼式 ——鼠笼式异步电动机； 绕线式 ——绕线式异步电动机
	转轴	转轴上加机械负载

　　鼠笼式电动机由于构造简单、价格低廉、工作可靠、使用方便，成为生产上应用得最广泛的一种电动机。

　　为了保证转子能够自由旋转，在定子与转子之间必须留有一定的空气隙，中小型电动机的空气隙为 0.2 ~ 1.0 mm。

6.2.2　三相异步电动机的转动原理

1. 基本原理

为了说明三相异步电动机的工作原理，我们做如图 1-6-2 所示演示实验。

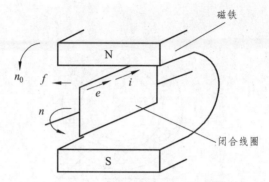

图 1-6-2　三相异步电动机工作原理

1）演示过程

在装有手柄的蹄形磁铁的两极间放置一个闭合导体，当转动手柄带动蹄形磁铁旋转时，将发现导体也跟着旋转；若改变磁铁的转向，则导体的转向也跟着改变。

2）现象解释

当磁铁旋转时，磁铁与闭合的导体发生相对运动，鼠笼式导体切割磁力线而在其内部产生感应电动势和感应电流。感应电流又使导体受到一个电磁力的作用，于是导体就沿磁铁的旋转方向转动起来，这就是异步电动机的基本原理。

转子转动的方向和磁极旋转的方向相同。

3）结论

欲使异步电动机旋转，必须有旋转的磁场和闭合的转子绕组。

2. 旋转磁场

1）产生

图 1-6-3 所示为最简单的三相定子绕组 AX、BY、CZ，它们在空间按互差 120°的规律对称排列。并接成星形与三相电源 U、V、W 相连。则三相定子绕组通过三相对称电流。随着电流在定子绕组中通过，在三相定子绕组中会产生旋转磁场（见图 1-6-4）。

$$\begin{cases} i_U = I_m \sin \omega t \\ i_V = I_m \sin(\omega t - 120°) \\ i_W = I_m \sin(\omega t + 120°) \end{cases}$$

当 $\omega t = 0°$时，$i_A = 0$，AX 绕组中无电流；i_B 为负，BY 绕组中的电流从 Y 流入 B 流出；i_C 为正，CZ 绕组中的电流从 C 流入 Z 流出。

当 $\omega t = 120°$时，$i_B = 0$，BY 绕组中无电流；i_A 为正，AX 绕组中的电流从 A 流入 X 流出；i_C 为负，CZ 绕组中的电流从 Z 流入 C 流出。

当 $\omega t = 240°$时，$i_C = 0$，CZ 绕组中无电流；i_A 为负，AX 绕组中的电流从 X 流入 A 流出；i_B 为正，BY 绕组中的电流从 B 流入 Y 流出。

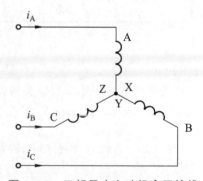

图 1-6-3　三相异步电动机定子接线

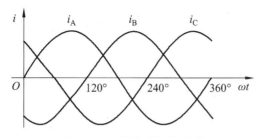

图 1-6-4　旋转磁场的形成

可见，当定子绕组中的电流变化一个周期时，合成磁场也按电流的相序方向在空间旋转一周。随着定子绕组中的三相电流不断地作周期变化，产生的合成磁场也不断地旋转，因此，称为旋转磁场。

2）旋转磁场的方向

旋转磁场的方向是由三相绕组中电流相序决定的，若想改变旋转磁场的方向，只要改变通入定子绕组的电流相序，即将三根电源线中的任意两根对调即可。这时，转子的旋转方向也跟着改变。

3．三相异步电动机的极数与转速

1）极数（磁极对数 p）

三相异步电动机的极数就是旋转磁场的极数。旋转磁场的极数和三相绕组的安排有关。

当每相绕组只有一个线圈，绕组的始端之间相差 120°空间角时，产生的旋转磁场具有一对极，即 $p=1$。

当每相绕组为两个线圈串联，绕组的始端之间相差 60°空间角时，产生的旋转磁场具有两对极，即 $p=2$。

同理，如果要产生三对极，即 $p=3$ 的旋转磁场，则每相绕组必须有均匀安排在空间的串联的三个线圈，绕组的始端之间相差 40°（=120°/p）空间角。极数 p 与绕组的始端之间的空间角 θ 的关系为：$\theta = 120°/p$

2）转速 n

三相异步电动机旋转磁场的转速 n_0 与电动机磁极对数 p 有关，它们的关系是：

$$n_0 = \frac{60f_1}{p} \qquad\qquad （1\text{-}6\text{-}1）$$

由式（1-6-1）可知，旋转磁场的转速 n_0 决定于电流频率 f_1 和磁场的极数 p。对某一异步电动机而言，f_1 和 p 通常是一定的，所以磁场转速 n_0 是个常数。

在我国，工频 $f_1 = 50$ Hz，对应于不同极对数 p 的旋转磁场转速 n_0 如表 1-6-3 所示。

表 1-6-3　极对数与旋转磁场转速 n_0 的对应关系

p	1	2	3	4	5	6
n_0	3000	1500	1000	750	600	500

3）转差率 s

电动机转子转动方向与磁场旋转的方向相同，但转子的转速 n 不可能与旋转磁场的转速

n_0 相等，否则转子与旋转磁场之间就没有相对运动，磁力线就不切割转子导体，转子电动势、转子电流以及转矩也就都不存在了。也就是说，旋转磁场与转子之间存在转速差。我们把这种电动机称为异步电动机，又因为这种电动机的转动原理是建立在电磁感应基础上的，故又称为感应电动机。

旋转磁场的转速 n_0 常称为同步转速。

转差率 s：用来表示转子转速 n 与磁场转速 n_0 相差程度的物理量，即

$$s = \frac{n_0 - n}{n_0} = \frac{\Delta n}{n_0} \qquad (1\text{-}6\text{-}2)$$

转差率是异步电动机的一个重要物理量。

当旋转磁场以同步转速 n_0 开始旋转时，转子则因机械惯性尚未转动，转子的瞬间转速 $n = 0$，这时转差率 $s = 1$。转子转动起来之后，$n > 0$，$(n_0 - n)$ 差值减小，电动机的转差率 $s < 1$。如果转轴上的阻转矩加大，则转子转速 n 降低，即异步程度加大，才能产生足够大的感受电动势和电流，产生足够大的电磁转矩，这时的转差率 s 增大。反之，s 减小。异步电动机运行时，转速与同步转速一般很接近，转差率很小。在额定工作状态下为 0.015 ~ 0.06。

根据式（1-6-2），可以得到电动机的转速常用公式

$$n = (1-s)n_0 \qquad (1\text{-}6\text{-}3)$$

【例 6.1】 有一台三相异步电动机，其额定转速 $n = 975$ r/min，电源频率 $f = 50$ Hz，求电动机的极数和额定负载时的转差率 s。

解：由于电动机的额定转速接近而略小于同步转速，而同步转速对应于不同的极对数有一系列固定的数值。显然，与 975 r/min 最相近的同步转速为 $n_0 = 1000$ r/min，与此相应的磁极对数为 $p = 3$。因此，额定负载时的转差率为

$$s = \frac{n_0 - n}{n_0} \times 100\% = \frac{1000 - 975}{1000} \times 100\% = 2.5\%$$

4）三相异步电动机的定子电路与转子电路

三相异步电动机中的电磁关系同变压器类似，定子绕组相当于变压器的原绕组，转子绕组（一般是短接的）相当于副绕组。给定子绕组接上三相电源电压，则定子中就有三相电流通过，此三相电流产生旋转磁场，其磁力线通过定子和转子铁心而闭合，这个磁场在转子和定子的每相绕组中都要感应出电动势。

6.3 三相异步电机的转矩特性与机械特性

6.3.1 电磁转矩（简称转矩）

异步电动机的转矩 T 是由旋转磁场的每极磁通 Φ 与转子电流 I_2 相互作用而产生的。电磁转矩的大小与转子绕组中的电流 I 及旋转磁场的强弱有关。

经理论证明，它们的关系是：

$$T = K_T \Phi I_2 \cos\varphi_2 \qquad (1\text{-}6\text{-}4)$$

式中，T 为电磁转矩；K_T 为与电机结构有关的常数；Φ 为旋转磁场每个极的磁通量；I_2 为转子绕组电流的有效值；φ_2 为转子电流滞后于转子电势的相位角。

若考虑电源电压及电机的一些参数与电磁转矩的关系，式（1-6-4）可修正为

$$T = K'_T = \frac{sR_2U_1^2}{R_2^2 + (sX_{20})^2} \qquad (1\text{-}6\text{-}5)$$

式中，K'_T 为常数；U_1 为定子绕组的相电压；s 为转差率；R_2 为转子每相绕组的电阻；X_{20} 为转子静止时每相绕组的感抗。

由式（1-6-5）可知，转矩 T 还与定子每相电压 U_1 的平方成比例，所以当电源电压有所变动时，对转矩的影响很大。此外，转矩 T 还受转子电阻 R_2 的影响。

6.3.2 机械特性曲线

电源电压 U_1 和转子电阻 R_2 一定，电动机的转矩 T 与转差率 n 之间的关系曲线 $T = f(s)$ 或转速与转矩的关系曲线 $n = f(T)$，称为电动机的机械特性曲线，它可根据式（1-6-4）得出，如图 1-6-5 所示。

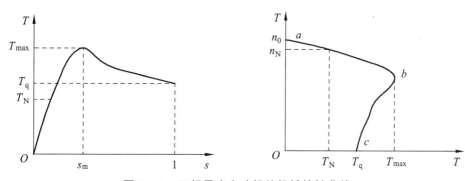

图 1-6-5　三相异步电动机的机械特性曲线

在机械特性曲线上我们要讨论三个转矩。

1. 额 定 转 矩 T_N

额定转矩 T_N 是异步电动机带额定负载时，转轴上的输出转矩。

$$T_N = 9550 \frac{P_2}{n} \qquad (1\text{-}6\text{-}6)$$

式中，P_2 是电动机轴上输出的机械功率，其单位是瓦特，n 的单位是转/分，T_N 的单位是牛·米。

当忽略电动机本身机械摩擦转矩 T_0 时，阻转矩近似为负载转矩 T_L，电动机作等速旋转时，电磁转矩 T 必与阻转矩 T_L 相等，即 $T = T_L$。额定负载时，则有 $T_N = T_L$。

2. 最 大 转 矩 T_m

T_m 又称为临界转矩，是电动机可能产生的最大电磁转矩。它反映了电动机的过载能力。

最大转矩的转差率为 s_m，此时的 s_m 叫作临界转差率，图 1-6-5（a）中最大转矩 T_{max} 与额定转矩 T_N 之比称为电动机的过载系数 λ，即

$$\lambda = T_{max}/T_N$$

一般三相异步的过载系数为 1.8 ~ 2.2。

在选用电动机时，必须考虑可能出现的最大负载转矩，而后根据所选电动机的过载系数算出电动机的最大转矩，它必须大于最大负载转矩。否则，就需要重选电动机。

3. 起动转矩 T_{st}

T_{st} 为电动机起动初始瞬间的转矩，即 $n = 0$，$s = 1$ 时的转矩。

为确保电动机能够带额定负载起动，必须满足：$T_{st} > T_N$，一般的三相异步电动机 T_{st}/T_N 为 1 ~ 2.2。

6.3.3 电动机的负载能力自适应分析

电动机在工作时，它所产生的电磁转矩 T 的大小能够在一定的范围内自动调整以适应负载的变化，这种特性称为自适应负载能力。

$T_L \uparrow \Rightarrow n \downarrow \Rightarrow s \uparrow \Rightarrow I_2 \uparrow \Rightarrow T \uparrow$ 直至新的平衡。此过程中，$I_2 \uparrow$ 时，$I_1 \uparrow \Rightarrow$ 电源提供的功率自动增加。

6.4 三相异步电动机技术数据及选择

6.4.1 三相异步电动机技术数据

每台电动机的机座上都装有一块铭牌。铭牌上标注有该电动机的主要性能和技术数据（见图 1-6-6）。

三相异步电动机					
型　　号	Y132M-4	功　率	7.5 kW	频　率	50 Hz
电　　压	380V	电　流	16.4 A	接　法	△
转　　速	1440 r/min	绝缘等级	E	工作方式	连续
温　　升	80 ℃	防护等级	IP44	质　量	55 kg
年　月　编号				××电机厂	

图 1-6-6 电动机铭牌示意

1. 型号

为不同用途和不同工作环境的需要，电机制造厂把电动机制成各种系列，每个系列的不同电动机用不同的型号表示。示例如下：

Y	315	S	6
三相异步电动机	机座中心高（mm）	机座长度代号 S：短铁心 M：中铁心 L：长铁心	磁极数

2．接法

接法指电动机三相定子绕组的连接方式。

一般鼠笼式电动机的接线盒中有 6 根引出线，标有 U_1、V_1、W_1、U_2、V_2、W_2，其中：

U_1、V_1、W_1 是每一相绕组的始端。

U_2、V_2、W_2 是每一相绕组的末端。

三相异步电动机的连接方法有两种：星形（Y）连接和三角形（△）连接。通常三相异步电动机功率在 4 kW 以下者接成星形；在 4 kW（不含）以上者，接成三角形。

3．电压

铭牌上所标的电压值是指电动机在额定运行时定子绕组上应加的线电压值。一般规定电动机的电压不应高于或低于额定值的 5%。

必须注意：在低于额定电压下运行时，最大转矩 T_{max} 和启动转矩 T_{st} 会显著降低，这对电动机的运行是不利的。

三相异步电动机的额定电压有 380 V、3000 V 及 6000 V 等多种。

4．电流

铭牌上所标的电流值是指电动机在额定运行时定子绕组的最大线电流允许值。

当电动机空载时，转子转速接近于旋转磁场的转速，两者之间相对转速很小，所以转子电流近似为零，这时定子电流几乎全为建立旋转磁场的励磁电流。当输出功率增大时，转子电流和定子电流都随着相应增大。

5．功率与效率

铭牌上所标的功率值是指电动机在规定的环境温度下，在额定运行时电极轴上输出的机械功率值。输出功率与输入功率不等，其差值等于电动机本身的损耗功率，包括铜损、铁损及机械损耗等。

所谓效率 η 就是输出功率与输入功率的比值。一般鼠笼式电动机在额定运行时的效率为 72% ~ 93%。

6．功率因数

因为电动机是电感性负载，定子相电流比相电压滞后一个 φ 角，$\cos\varphi$ 就是电动机的功率因数。三相异步电动机的功率因数较低，在额定负载时为 0.7 ~ 0.9，而在轻载和空载时更低，空载时只有 0.2 ~ 0.3。

选择电动机时应注意其容量，防止"大马拉小车"，并力求缩短空载时间。

7．转速

转速是指电动机额定运行时的转子转速，单位为转/分。

不同的磁极数对应有不同的转速等级，最常用的是四个等级（$n_0 = 1500$ r/min）。

8．绝缘等级

绝缘等级是按电动机绕组所用的绝缘材料在使用时容许的极限温度来分级的。

所谓极限温度是指电机绝缘结构中最热点的最高容许温度。如表 1-6-3 所示。

表 1-6-3　极限温度

绝缘等级	环境温度 40 ℃ 时的容许温升	极限允许温度
A	65 ℃	105 ℃
E	80 ℃	120 ℃
B	90 ℃	130 ℃

6.4.2　三相异步电动机的选择

正确选择电动机的功率、种类、型式是极为重要的。

1. 功率的选择

电动机的功率根据负载的情况选择合适的功率，选大了虽然能保证正常运行，但是不经济，电动机的效率和功率因数都不高；选小了就不能保证电动机和生产机械的正常运行，不能充分发挥生产机械的效能，并使电动机由于过载而过早地损坏。

1）连续运行电动机功率的选择

对连续运行的电动机，先算出生产机械的功率，所选电动机的额定功率等于或稍大于生产机械的功率即可。

2）短时运行电动机功率的选择

如果没有合适的专为短时运行设计的电动机，可选用连续运行的电动机。由于发热惯性，在短时运行时可以容许过载。工作时间愈短，则过载可以愈大。但电动机的过载是受到限制的。通常是根据过载系数 λ 来选择短时运行电动机的功率。电动机的额定功率可以是生产机械所要求的功率的 $1/\lambda$。

2. 种类和型式的选择

1）种类的选择

选择电动机的种类是从交流或直流、机械特性、调速与起动性能、维护及价格等方面来考虑的。

（1）交、直流电动机的选择。

如没有特殊要求，一般都应采用交流电动机。

（2）鼠笼式与绕线式的选择。

三相鼠笼式异步电动机结构简单、坚固耐用、工作可靠、价格低廉、维护方便，但调速困难、功率因数较低、起动性能较差。因此，在要求机械特性较硬而无特殊调速要求的场合，生产机械的拖动应尽可能采用鼠笼式电动机。只有在不方便采用鼠笼式异步电动机时才采用绕线式电动机。

2）结构型式的选择

电动机常制成以下几种结构型式：

（1）开启式：在构造上无特殊防护装置，用于干燥无灰尘的场所。通风非常良好。

（2）防护式：在机壳或端盖下面有通风罩，以防止铁屑等杂物掉入。也有将外壳做成挡板状，以防止在一定角度内有雨水滴溅入其中。

（3）封闭式：外壳严密封闭，靠自身风扇或外部风扇冷却，并在外壳带有散热片。在灰尘多、潮湿或含有酸性气体的场所可采用它。

（4）防爆式：整个电机严密封闭，用于有爆炸性气体的场所。

3）安装结构型式的选择

（1）机座带底脚，端盖无凸缘（B_3）。

（2）机座不带底脚，端盖有凸缘（B_5）。

（3）机座带底脚，端盖有凸缘（B_{35}）。

4）电压和转速的选择

（1）电压的选择。

电动机电压等级的选择要根据电动机类型、功率以及使用地点的电源电压来决定。Y系列鼠笼式电动机的额定电压只有380 V一个等级。只有大功率异步电动机才采用3000 V和6000 V的等级。

（2）转速的选择。

电动机的额定转速是根据生产机械的要求而选定的。但通常转速不低于500 r/min。因为当功率一定时，电动机的转速愈低，则其尺寸愈大，价格愈贵，且效率也较低。这样采用低转速电动机就不如购买一台高速电动机再另配减速器来得合算。

异步电动机通常采用4个极，即同步转速 $n_0 = 1500$ r/min。

【例6.2】 有一Y225M-4型三相鼠笼式异步电动机，额定数据如表1-6-4所示。试求（1）额定电流；（2）额定转差率 s_N；（3）额定转矩 T_N、最大转矩 T_{max}、起动转矩 T_{st}。

表1-6-4　例6.2参数

功率	转速	电压	效率	功率因数	I_{st}/I_N	T_{st}/T_N	T_{max}/T_N（λ）
45 kW	1480 r/min	380 V	92.3%	0.88	7.0	1.9	2.2

解：（1）4～10 kW电动机通常都采用380 V/△接法

$$I_N = \frac{P_2}{\sqrt{3}U_N \cos\varphi_N \eta} = \frac{45\times10^3}{\sqrt{3}\times380\times0.88\times0.923} = 84.2 \text{（A）}$$

（2）已知电动机是四极的，即 $p=2, n_0 = 1500$ r/min，所以

$$S_N = \frac{n_0 - n}{n_0} = \frac{1500-1480}{1500} = 0.013$$

（3）额定转矩 T_N、最大转矩 T_{max}、起动转矩 T_{st}

$$T_N = 9550\frac{P_N}{n_N} = 9550\times\frac{45}{1480} = 290.4 \text{（N·m）}$$

$$T_{st} = \frac{T_{st}}{T_N}T_N = 1.9\times290.4 = 551.8 \text{（N·m）}$$

$$T_{max} = \lambda T_N = 2.2\times290.4 = 638.9 \text{（N·m）}$$

本章小结

（1）三相异步电动机的两个基本组成部分为定子（固定部分）和转子（旋转部分）。欲使异步电动机旋转，必须有旋转的磁场和闭合的转子绕组，并且旋转的磁场和闭合的转子绕组的转速不同，这也是"异步"二字的含义。三相电源流过在空间互差一定角度按一定规律排列的三相绕组时，便会产生旋转磁场。旋转磁场的方向是由三相绕组中电源的相序决定的。

（2）三相异步电动机旋转磁场的转速 n_0 与电动机磁极对数 p 有关，它们的关系是：

$$n_0 = \frac{60f_1}{p}$$

（3）转差率 s：用来表示转子转速 n 与磁场转速 n_0 相差的程度的物理量。即：

$$s = \frac{n_0 - n}{n_0} = \frac{\Delta n}{n_0}$$

转差率是异步电动机的一个重要的物理量，异步电动机运行时，转速与同步转速一般很接近，转差率很小。在额定工作状态下为 0.015～0.06。

（4）三相异步电动机中的电磁关系同变压器类似，定子绕组相当于变压器的原绕组，转子绕组（一般是短接的）相当于副绕组。

（5）电磁转矩 T 的大小与转子绕组中的电流 I 及旋转磁场的强弱有关。

$$T = K_T \Phi I_2 \cos\varphi_2$$

转矩 T 还与定子每相电压 U_1 的平方成比例，所以当电源电压有所变动时，对转矩的影响很大。此外，转矩 T 还受转子电阻 R_2 的影响。

（6）在一定的电源电压 U_1 和转子电阻 R_2 下，电动机的转矩 T 与转差率 n 之间的关系曲线 $T=f(s)$ 或转速与转矩的关系曲线 $n=f(T)$，称为电动机的机械特性曲线。其特性如图 1-6-5 所示。

（7）三个转矩：

① 额定转矩 T_N。

额定转矩 T_N 是异步电动机带额定负载时，转轴上的输出转矩。

$$T_N = 9550 \frac{P_2}{n}$$

② 最大转矩 T_m。

T_m 又称为临界转矩，是电动机可能产生的最大电磁转矩。它反映了电动机的过载能力。

③ 起动转矩 T_{st}。

T_{st} 为电动机起动初始瞬间的转矩，即 $n=0$，$s=1$ 时的转矩。

（8）电动机的铭牌数据用来标明电动机的额定值和主要技术规范，在使用中应遵守铭牌的规定。选择电动机时，应根据负载和使用环境的实际情况进行选择，选择时应注意电动机的功率应尽可能与负载相匹配，既不宜"大"，更不宜"小马拉大车"。

习 题

1. 电动机的额定功率是指输出功率，还是输入功率？额定电压是指线电压，还是相电压？额定电流是指定子绕组的线电流，还是相电流？功率因数 $\cos\varphi$ 的 φ 角是定子相电流与相电压间的相位差，还是线电流与线电压的相位差？

2. 稳定运行的三相异步电动机，当负载转矩增加时，电磁转矩为什么会相应增大？当负载转矩超过电动机的最大磁转矩时，会产生什么现象？

3. Y112M-4 型异步电动机的技术数据如表 1-6-5 所示，求：（1）额定转差率 s_N；（2）额定电流 I_N；（3）起动电流 I_{st}；（4）额定转矩 T_N；（5）起动转矩 T_{st}；（6）最大转矩 T_m；（7）额定输入功率 P_1。

表 1-6-5

功率	转速	接法	效率	功率因数	I_{st}/I_N	I_{st}/T_N	T_m/T_N
4 kW	1440 r/min	△	84.5%	0.82	7.0	2.2	2.2

4. 一台三相异步电动机用变频调速电源将频率调至 $f_1 = 40$ Hz，测得转速为 $n = 1140$ r/min，试求此时：（1）旋转磁场转速 n_1；转差率 s；（3）转子电流频率 f_2；（4）转子旋转磁场对转子的转速 n_2；（5）若电动机额定电压 $U_N = 380$ V，则此时电源线电压应为多少？

5. 有一台四极三相异步电动机，电源电压的频率为 50 Hz，满载时电动机的转差率为 0.02。求电动机的同步转速、转子转速和转子电流频率。

6. 已知某三相异步电动机的技术数据为：$P_N = 2.8$ kW，$U_N = 220$ V/380 V，$I_N = 10$ A/6.8 A，$n_N = 2890$ r/min，$\cos\varphi_N = 0.89$，$f_1 = 50$ Hz。求：（1）电动机的磁极对数 p；（2）额定转矩 T_N 和额定效率 η_N。

第7章　异步电动机的继电接触控制

目前，电动机或其他电气设备电路的接通或断开普遍采用继电器、接触器、按钮及开关等控制电器来组成控制系统。这种控制系统一般称为继电-接触器控制系统。

任何复杂的控制电路，都是由一些基本的单元电路组成的。因此，在本节中我们主要讨论继电-接触器控制的一些基本电路。

要弄清一个控制电路的原理，必须了解其中各个电器元件的结构、动作原理，以及它们的控制作用。电器的种类繁多，可分为手动的和自动的两类。手动电器是由工作人员手动操纵的，如刀开关、点火开关等。而自动电器则是按照指令、信号或某个物理量的变化而自动动作的，如各种继电器、接触器、电磁阀等。因此，本章首先对这些常用控制电器作简单介绍。

7.1　常用低压电器

7.1.1　手动电器

1. 刀开关

刀开关又叫闸刀开关，一般用于不频繁操作的低压电路中，用作接通和切断电源，有时也用来控制小容量电动机的直接起动与停机。其电路符号如图 1-7-1 所示。

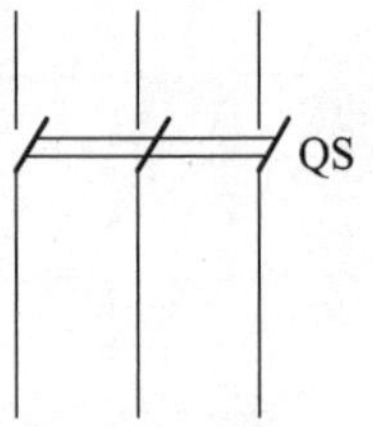

刀开关由闸刀（动触点）、静插座（静触点）、手柄和绝缘底板等组成。

刀开关的种类很多。按极数（刀片数）分为单极、双极和三极；按结构分为平板式和条架式；按操作方式分为直接手柄操作式、杠杆操作机构式和电动操作机构式；按转换方向分为单投和双投等。

图 1-7-1　刀开关电路符号

刀开关一般与熔断器串联使用，以便在短路或过负荷时熔断器熔断而自动切断电路。

刀开关的额定电压通常为 250 V 和 500 V，额定电流在 1500 A 以下。

考虑到电机较大的起动电流，刀闸的额定电流值应选择 3 ~ 5 倍于异步电机额定电流。

2. 按钮

按钮常用于接通、断开控制电路，它的结构和电路符号如图 1-7-2 所示。

按钮上的触点分为常开触点和常闭触点，由于按钮的结构特点，按钮只起发出"接通"和"断开"信号的作用。

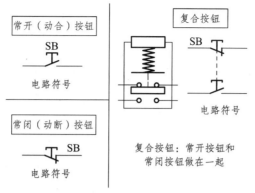

图 1-7-2　按钮的结构和符号

7.1.2　自动电器

1. 熔断器

熔断器主要作短路或过载保护用，串联在被保护的线路中。线路正常工作时如同一根导线，起通路作用；线路短路或过载时熔断器熔断，起到保护线路上其他电气设备的作用。

熔断器的结构有管式、磁插式、螺旋式等几种，其符号如图 1-7-3 所示。其核心部分——熔体（熔丝或熔片）是用电阻率较高的易熔合金（如铅锡合金）或截面积较小的导体制成。

FU

图 1-7-3　熔断器的
电路符号

熔体额定电流 I_F 的选择要求如下：

（1）无冲击电流的场合（如电灯、电炉）$I_F \geqslant I_L$。

（2）一台电动机的熔体：$I_F \geqslant$ 电动机的起动电流 $\div 2.5$。

如果电动机起动频繁，则为：$I_F \geqslant$ 电动机的起动电流 $\div (1.6 \sim 2)$。

（3）几台电动机合用的总熔体：$I_F = (1.5 \sim 2.5) \times$ 容量最大的电动机的额定电流+其余电动机的额定电流之和。

2. 交流接触器

接触器是一种自动开关，是电力拖动中主要的控制电器之一，它分为直流和交流两类。其中，交流接触器常用来接通和断开电动机或其他设备的主电路。图 1-7-4 是交流接触器的主要结构，它主要由电磁铁和触头两部分组成，是利用电磁铁的吸引力而动作的。当电磁线圈通电后，吸引山字形动铁心（上铁心），而使常开触头闭合。

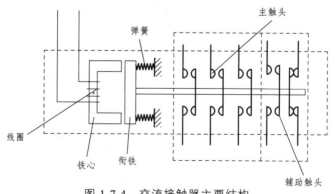

图 1-7-4　交流接触器主要结构

- 159 -

根据用途不同，接触器的触头可分为主触头和辅助触头两种。辅助触头通过的电流较小，常接在电动机的控制电路中；主触头能通过较大电流，常接在电动机的主电路中。如 CJl0-20 型交流接触器有 3 个常开主触头和 4 个辅助触头（两个常开，两个常闭）。

当主触头断开时，其间产生电弧，会烧坏触头，并使电路分断时间拉长，因此，必须采取灭弧措施。通常交流接触器的触头都做成桥式结构，它有两个断点，以降低触头断开时加在断点上的电压，使电弧容易熄灭，同时各相间装有绝缘隔板，可防止短路。在电流较大的接触器中还专门设有灭弧装置。接触器的电路符号如图 1-7-5 所示。

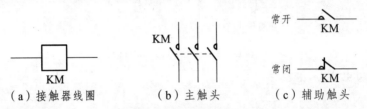

（a）接触器线圈　　　　（b）主触头　　　　（c）辅助触头

图 1-7-5　接触器电路符号

在选用接触器时，应注意它的额定电流、线圈电压及触头数量等。CJ10 系列接触器的主触头额定电流有 5 A、10 A、20 A、40 A、75 A、120 A 等数种。

3. 中间继电器

中间继电器的结构与接触器基本相同，只是体积较小，触点较多，通常用来传递信号和同时控制多个电路，也可以用来控制小容量的电动机或其他执行元件。

常用的中间继电器有 JZ7 系列，触点的额定电流为 5 A，选用时应考虑线圈的电压。

4. 热继电器

热继电器是用来保护电动机，使之免受长期过载危害的继电器。

热继电器是利用电流的热效应而动作的，它的工作原理如图 1-7-6 所示。图中热元件是一段电阻不大的电阻丝，接电动机主电路中的双金属片，由两种具有不同线膨胀系数的金属采用热和压力碾压而成，亦可采用冷结合。其中，下层金属的膨胀系数大，上层的小。当主电路中电流超过容许值，双金属片受热向上弯曲致使脱扣，扣板在弹簧的拉力下将常闭触头断开。触头是接在电动机的控制电路中的，控制电路断开使接触器的线圈断电，从而断开电动机的主电路。

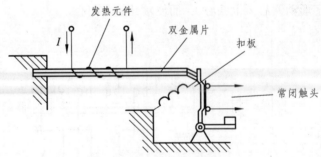

图 1-7-6　热继电器工作原理图

由于热惯性，热继电器不能作短路保护。因为发生短路事故时，我们要求电路立即断开，而热继电器是不能立即动作的。但是这个热惯性又是合乎我们要求的。例如，在电动机起动或短时过载时，由于热惯性热继电器不会动作，这样可避免电动机不必要的停车。如果要热继电器复位，则按下复位按钮即可。

常用的热继电器有 JR0、JR10 及 JR16 等系列。热继电器的主要技术数据是整定电流。所谓整定电流，就是热元件通过的电流超过此值的 20%时，热继电器应当在 20 min 内动作。JR0-40 型的整定电流在 0.6 ~ 40 A 有 9 种规格。选用热继电器时，应使其整定电流与电动机的额定电流基本上一致。

5. 行程开关

行程开关结构与按钮类似，但其动作要由机械撞击。用作电路的限位保护、行程控制、自动切换等。其结构示意图和电路符号如图 1-7-7 所示。

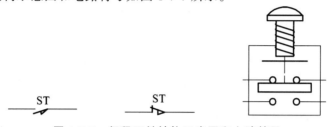

图 1-7-7　行程开关结构示意图和电路符号

7.2　异步电动机的启动与调速分析

7.2.1　起动特性分析

1. 起动电流 I_{st}

在刚起动时，由于旋转磁场对静止的转子有很大的相对转速，磁力线切割转子导体的速度很快，这时转子绕组中感应出的电动势和产生的转子电流均很大，同时，定子电流必然也很大。一般中小型鼠笼式电动机定子的起动电流可达额定电流的 5 ~ 7 倍。

注意：在实际操作时应尽可能不让电动机频繁起动。如在切削加工时，一般只是用摩擦离合器或电磁离合器将主轴与电机轴脱开，而不将电动机停下来。

2. 起动转矩 T_{st}

电动机起动时，转子电流 I_2 虽然很大，但转子的功率因数 $\cos\varphi_2$ 很低，由公式 $T = C_M \Phi I_2 \cos\varphi_2$ 可知，电动机的起动转矩 T 较小，通常 T_{st}/T_N 为 1.1～2.0。

起动转矩小可能造成以下问题：① 会延长起动时间；② 不能在满载下起动。因此应设法使其提高。但起动转矩如果过大，又会使传动机构受到冲击而损坏。所以一般机床的主电动机都是空载起动（起动后再切削），对起动转矩没有什么要求。

综上所述，异步电机的主要缺点是起电流大而起转矩小。因此，我们必须采取适当的起动方法，以减小起动电流并保证有足够的起动转矩。

3. 鼠笼式异步电动机的起动方法

1）直接起动

直接起动又称为全压起动，就是利用闸刀开关或接触器将电动机的定子绕组直接加到额定电压下起动。

这种方法只适用于小容量的电动机或电动机容量远小于供电变压器容量的场合。

2）降压起动

降压起动就是起动时降低加在定子绕组上的电压，以减小起动电流，待转速上升到接近额定转速时，再恢复到全压运行。

此方法适于大中型鼠笼式异步电动机的轻载或空载起动。

（1）星形-三角形（Y-△）换接起动。

起动时，将三相定子绕组接成星形，待转速上升到接近额定转速时，再换成三角形。这样，在起动时就把定子每相绕组上的电压降到正常工作电压的 $1/\sqrt{3}$。

此方法只能用于正常工作时定子绕组为三角形连接的电动机。

这种换接起动可采用星三角起动器来实现。星三角起动器体积小、成本低、寿命长、动作可靠。

（2）自耦降压起动。

自耦降压起动是利用三相自耦变压器将电动机在起动过程中的端电压降低。起动时，先把开关 Q_2 扳到"起动"位置，当转速接近额定值时，将 Q_2 扳向"工作"位置，切除自耦变压器。

采用自耦降压起动能同时使起动电流和起动转矩减小。

正常运行作星形连接或容量较大的鼠笼式异步电动机常采用自耦降压起动。

7.2.2　三相异步电动机的调速

调速就是在同一负载下能得到不同的转速，以满足生产过程的要求。

调速的方法：

$$\because \qquad s = \frac{n_0 - n}{n_0}$$

$$\therefore \qquad n = (1-s)n_0 = (1-s)\frac{60f}{p}$$

可见，可通过三个途径进行调速：改变电源频率 f，改变磁极对数 p，改变转差率 s。前两者是鼠笼式电动机的调速方法，后者是绕线式电动机的调速方法。

1. 变频调速

此方法可获得平滑且范围较大的调速效果，且具有硬的机械特性，但须有专门的变频装置（由可控硅整流器和可控硅逆变器组成），设备复杂，成本较高，应用范围不广。

2. 变极调速

此方法不能实现无级调速，但它简单方便，常用于金属切割机床或其他生产机械上。

3. 转子电路串电阻调速

在绕线式异步电动机的转子电路中，串入一个三相调速变阻器进行调速。

此方法能平滑地调节绕线式电动机的转速，且设备简单、投资少；但变阻器增加了损耗，故常用于短时调速或调速范围不太大的场合。

以上可知，异步电动机的各种调速方法都不太理想，所以异步电动机常用于要求转速比较稳定或调速性能要求不高的场合。

7.2.3　三相异步电动机的制动

制动是给电动机一个与转动方向相反的转矩，促使它在断开电源后很快地减速或停转。对电动机制动，也就是要求它的转矩与转子的转动方向相反，这时的转矩称为制动转矩。

常见的电气制动方法如下。

1）反接制动

当电动机快速转动而需停转时，改变电源相序，使转子受一个与原转动方向相反的转矩而迅速停转。

注意，当转子转速接近零时，应及时切断电源，以免电机反转。

为了限制电流，对功率较大的电动机进行制动时必须在定子电路（鼠笼式）或转子电路（绕线式）中接入电阻。

这种方法比较简单，制动力强，效果较好，但制动过程中的冲击也强烈，易损坏传动器件，且能量消耗较大，频繁反接制动会使电机过热。对有些中型车床和铣床的主轴的制动采用这种方法。

2）能耗制动

电动机脱离三相电源的同时，给定子绕组接入一直流电源，使直流电流通入定子绕组。于是在电动机中便产生一方向恒定的磁场，使转子受一与转子转动方向相反的力 F 的作用，于是产生制动转矩，实现制动。

直流电流的大小一般为电动机额定电流的 0.5 ~ 1 倍。

由于这种方法是用消耗转子的动能（转换为电能）来进行制动的，所以称为能耗制动。

这种制动能量消耗小，制动准确而平稳，无冲击，但需要直流电流。在有些机床中采用这种制动方法。

3）发电反馈制动

当转子的转速 n 超过旋转磁场的转速 n_0 时，这时的转矩也是制动的。

例如：当起重机快速下放重物时，重物拖动转子，使其转速 $n>n_0$，重物受到制动而等速下降。

7.3　三相异步电动机的控制

7.3.1　直接启动控制电路

直接启动即启动时把电动机直接接入电网，加上额定电压，一般来说，电动机的容量不大于直接供电变压器容量的 20% ~ 30%时，都可以直接启动。

1. 点动控制（见图 1-7-8）

合上开关 S，三相电源被引入控制电路，但电动机还不能起动。按下按钮 SB，接触器 KM 线圈通电，衔铁吸合，常开主触点接通，电动机定子接入三相电源起动运转。松开按钮

SB，接触器 KM 线圈断电，衔铁松开，常开主触点断开，电动机因断电而停转。

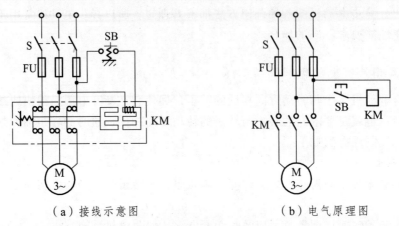

（a）接线示意图   （b）电气原理图

图 1-7-8 点动控制

2. 直接起动控制（见图 1-7-9）

起动过程：按下起动按钮 SB_1，接触器 KM 线圈通电，与 SB_1 并联的 KM 的辅助常开触点闭合，以保证松开按钮 SB_1 后 KM 线圈持续通电，串联在电动机回路中的 KM 的主触点持续闭合，电动机连续运转，从而实现连续运转控制。

按下停止按钮 SB_2，接触器 KM 线圈断电，与 SB_1 并联的 KM 的辅助常开触点断开，以保证松开按钮 SB_2 后 KM 线圈持续失电，串联在电动机回路中的 KM 的主触点持续断开，电动机停转。与 SB_1 并联的 KM 的辅助常开触点的这种作用称为自锁。图 1-7-9 所示的控制电路还可实现短路保护、过载保护和零压保护。

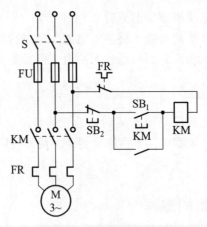

图 1-7-9 直接起动控制

起短路保护的是串接在主电路中的熔断器 FU。一旦电路发生短路故障，熔体立即熔断，电动机立即停转。

起过载保护的是热继电器 FR。当过载时，热继电器的发热元件发热，将其常闭触点断开，使接触器 KM 线圈断电，串联在电动机回路中的 KM 的主触点断开，电动机停转。同时 KM 辅助触点也断开，解除自锁。故障排除后若要重新起动，需按下 FR 的复位按钮，使 FR 的常闭触点复位（闭合）即可。

起零压（或欠压）保护的是接触器 KM 本身。当电源暂时断电或电压严重下降时，接触器 KM 线圈的电磁吸力不足，衔铁自行释放，使主、辅触点自行复位，切断电源，电动机停转，同时解除自锁。

7.3.2 正反转控制

1. 简单的正反转控制（见图 1-7-10）

1）正向起动过程

按下起动按钮 SB$_1$，接触器 KM$_1$ 线圈通电，与 SB$_1$ 并联的 KM$_1$ 的辅助常开触点闭合，以保证 KM$_1$ 线圈持续通电，串联在电动机回路中的 KM$_1$ 的主触点持续闭合，电动机连续正向运转。

2）停止过程

按下停止按钮 SB$_3$，接触器 KM$_1$ 线圈断电，与 SB$_1$ 并联的 KM$_1$ 的辅助触点断开，以保证 KM$_1$ 线圈持续失电，串联在电动机回路中的 KM$_1$ 的主触点持续断开，切断电动机定子电源，电动机停转。

3）反向起动过程

按下起动按钮 SB$_2$，接触器 KM$_2$ 线圈通电，与 SB$_2$ 并联的 KM$_2$ 的辅助常开触点闭合，以保证线圈持续通电，串联在电动机回路中的 KM$_2$ 的主触点持续闭合，电动机连续反向运转。

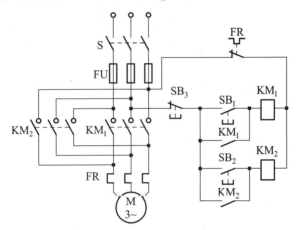

图 1-7-10　简单的正反转控制

正反转控制的缺点：KM$_1$ 和 KM$_2$ 线圈不能同时通电，因此不能同时按下 SB$_1$ 和 SB$_2$，也不能在电动机正转时按下反转起动按钮，或在电动机反转时按下正转起动按钮。如果操作错误，将引起主回路电源短路。

2. 带电气互锁的正反转控制电路（见图 1-7-11）

带电气互锁的正反转控制电路将接触器 KM$_1$ 的辅助常闭触点串入 KM$_2$ 的线圈回路中，从而保证在 KM$_1$ 线圈通电时 KM$_2$ 线圈回路总是断开的；将接触器 KM$_2$ 的辅助常闭触点串入 KM$_1$ 的线圈回路中，从而保证在 KM$_2$ 线圈通电时 KM$_1$ 线圈回路总是断开的。这样，接触器的辅助常闭触点 KM$_1$ 和 KM$_2$ 就保证了两个接触器线圈不能同时通电。这种控制方式称为互锁或者联锁，这两个辅助常开触点称为互锁或者联锁触点。

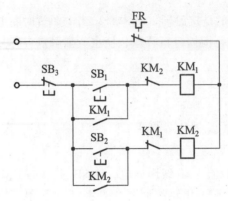

图 1-7-11　带电气互锁的正反转控制

　　带电气互锁的正反转控制电路的缺点：电路在具体操作时，若电动机处于正转状态要反转时，必须先按停止按钮 SB_3，使互锁触点 KM_1 闭合后按下反转起动按钮 SB_2 才能使电动机反转；若电动机处于反转状态要正转时，必须先按停止按钮 SB_3，使互锁触点 KM_2 闭合后，再按下正转起动按钮 SB_1，才能使电动机正转。

　　3. 同时具有电气互锁和机械互锁的正反转控制电路（见图 1-7-12）

　　同时具有电气互锁和机械互锁的正反转控制电路采用复式按钮，将 SB_1 按钮的常闭触点串接在 KM_2 的线圈电路中；将 SB_2 的常闭触点串接在 KM_1 的线圈电路中；这样，无论何时，只要按下反转起动按钮，在 KM_2 线圈通电之前就首先使 KM_1 断电，从而保证 KM_1 和 KM_2 不同时通电；从反转到正转的情况也是一样。这种由机械按钮实现的互锁也叫机械或按钮互锁。

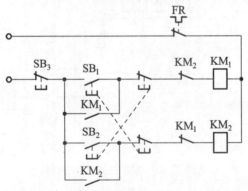

图 1-7-12　具有电气互锁和机械互锁的正反转控制

7.3.3　Y—△降压起动控制（见图 1-7-13）

　　按下起动按钮 SB_1，时间继电器 KT 和接触器 KM_2 同时通电吸合，KM_2 的常开主触点闭合，把定子绕组连接成星形，其常开辅助触点闭合，接通接触器 KM_1。KM_1 的常开主触点闭合，将定子接入电源，电动机在星形连接下起动。KM_1 的一对常开辅助触点闭合，进行自锁。经一定延时，KT 的常闭触点断开，KM_2 断电复位，接触器 KM_3 通电吸合。KM_3 的常开主触点将定子绕组接成三角形，使电动机在额定电压下正常运行。与按钮 SB_1 串联的 KM_3 的常闭辅助触点的作用是：当电动机正常运行时，该常闭触点断开，切断了 KT、KM_2 的通路，即使误按 SB$_1$，KT 和 KM$_2$ 也不会通电，以免影响电路正常运行。若要停车，则按下停止按钮 SB$_3$，接触器 KM$_1$、KM$_2$ 同时断电释放，电动机脱离电源停止转动。

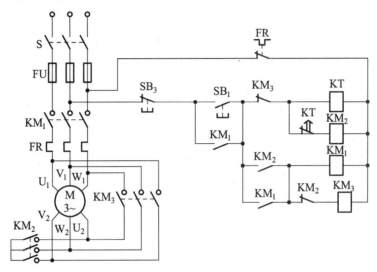

图 1-7-13　Y-△降压起动控制

7.3.4　行程控制

1. 限位控制（见图 1-7-14）

限位控制就是当生产机械的运动部件到达预定的位置时，压下行程开关的触杆，将常闭触点断开，接触器线圈断电，使电动机断电而停止运行。

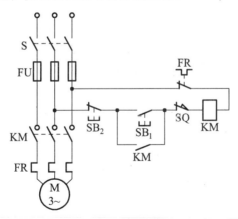

图 1-7-14　限位控制

2. 行程往返控制（见图 1-7-15）

行程往返控制时，按下正向起动按钮 SB$_1$，电动机正向起动运行，带动工作台向前运动。当运行到 SQ$_2$ 位置时，挡块压下 SQ$_2$，接触器 KM$_1$ 断电释放，KM$_2$ 通电吸合，电动机反向起动运行，使工作台后退。工作台退到 SQ$_1$ 位置时，挡块压下 SQ$_1$，KM$_2$ 断电释放，KM$_1$ 通电吸合，电动机再次正向起动运行，工作台又向前进，如此一直循环下去，直到需要停止时按下 SB$_3$，KM$_1$ 和 KM$_2$ 线圈同时断电释放，电动机脱离电源停止转动。

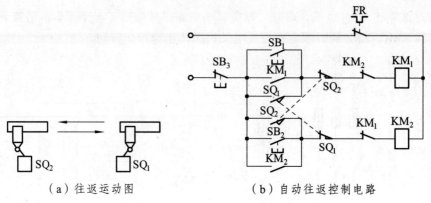

（a）往返运动图　　　　　　（b）自动往返控制电路

图 1-7-15　行程往返控制

本章小结

（1）异步电动机有两种直接起动方法：直接起动和降压起动。直接起动简单、经济，应尽量采用；电机容量较大时应采用降压起动以限制起动电流。常用的降压起动方法有Y-△降压起动、自耦变压器降压起动和定子串电阻降压起动等。

（2）应掌握异步电动机的直接起动和正反转控制电路时控制的基本环节的工作原理和分析方法，明确自锁和互锁的含义和思想方法。

（3）了解工艺过程及控制要求。

（4）搞清控制系统中各电机、电器的作用以及它们的控制关系。

（5）主电路、控制电路应分开阅读或设计。

（6）控制电路中，根据控制要求按自上而下、自左而右的顺序读图或设计。

（7）同一个电器的所有线圈、触头不论在什么位置都应使用相同的名字。

（8）原理图上所有电器必须按国家统一符号标注，且均按未通电状态表示。

（9）继电器、接触器的线圈只能并联，不能串联。

（10）控制顺序只能由控制电路实现，不能由主电路实现。

习　题

1. 试设计一个既能让异步电动机连续长动工作，又能点动工作的继电器-接触器控制线路。

2. 一台三相交流电动机的额定相电压为 220 V，工作时每相负载 $Z = (50+j25)\Omega$。

（1）当电源线电压为 380 V 时，绕组应如何连接？

（2）当电源线电压为 220 V 时，绕组应如何连接？

（3）分别求上述两种情况下的负载相电流和线电流。

3. 某三相交流电动机的额定相电压为 380 V，工作时每相阻抗 $Z = (40+j10)\ \Omega$，接在 220 V 三相交流电源中。正常工作时，各相负载星形连接。但起动时，为防止起动电流过大烧坏电动机，改为三角形连接。试分别计算电动机正常工作时和起动时的功率。

第8章　常用电工仪表

电工仪表测量的对象主要是电流、电压、电阻、电功率、电能、频率、相位、功率因数、转速等电量、磁量及电路参数。本章主要介绍常用电工测量仪表的结构、工作原理、选择及使用方法、测量数据的处理等。日常电能的生产、传输、变配以及使用过程中，必须通过各种电工仪表对电能的质量及负载运行情况进行测量，并对测量结果进行分析，以保证供电及用电设备和线路可靠、安全、经济地运行。因此，学习电工仪表与测量对电工来讲，具有十分重要的意义。

8.1　测量的基本知识

8.1.1　测量仪表的分类

测量仪表的分类如下：

（1）根据被测量的名称（或单位）分类：有电流表、电压表、功率表、兆欧表等。

（2）按作用原理分类：主要有磁电式、电磁式、电动式、感应式等。

磁电式—C，整流式—L，热偶式—E，电磁式—T，电动式、铁磁电动式—D，感应式—G，静电式—Q。

（3）根据仪表的测量方式分类：有直读式仪表和比较式仪表。

（4）根据仪表所测的电流种类分类：有直流仪表、交流仪表、交直流两用仪表。

（5）按仪表的准确度等级分类。

（6）根据对磁场防御能力和使用条件分类等。

8.1.2　测量方法

测量方法是指获得测量结果的手段或途径，对使用什么仪器没有限制。测量方法可分为：

（1）直接测量：未知量的测量结果直接由实验数据获得。

（2）间接测量：未知量的结果由直接测量的量代入公式计算而得到。

（3）组合测量：未知量与测量量的关系更为复杂，需通过较为复杂的运算、推导而得到其结果。

采用什么样的测量方法，要根据测量条件、被测量的特性，以及对准确度的要求等进行选择，目的是得到合乎要求的、科学可靠的实验结果。

8.1.3　电工测量的内容

（1）"电磁能"量的测量，如电流、电压、电功率、电场强度，电磁干扰、噪声等的测量。

（2）电信号的特性的测量，如波形、保真度（失真度）、频率（周期）、相位、脉冲参数、调制度、信号频谱、信/噪比及逻辑状态等的测量。

（3）元件及电路参数的测量，如电阻、电感、电容、电子器件（电子管、晶体管、场效应管及集成电路等）的测量，电路（含电子设备及仪器等）的频率响应、通带宽度、品质因数、相位移、延时、衰减、增益的测量，以及特性曲线（如频率特性曲线、器件的伏安特性曲线）的测量。

8.2 万用表的使用

万用表又叫多用表、三用表、复用表，是一种多功能、多量程的测量仪表，一般万用表可测量直流电流、直流电压、交流电压、电阻和音频电平等，有的万用表还可以测交流电流、电容量、电感量及半导体的一些参数（如 β）。

8.2.1 万用表的结构

万用表由表头、测量电路及转换开关等三个主要部分组成。

1. 表头

表头是一只高灵敏度的磁电式直流电流表，万用表的主要性能指标基本上取决于表头的性能。表头的灵敏度是指表头指针满刻度偏转时流过表头的直流电流值，这个值越小，表头的灵敏度越高。测电压时的内阻越大，其性能就越好。万用表的表头是灵敏电流计，表头上的表盘印有多种符号，刻度线和数值。符号"A—V—Ω"表示这只电表是可以测量电流、电压和电阻的多用表。表盘上印有多条刻度线，其中右端标有"Ω"的是电阻刻度线，其右端为零，左端为∞，刻度值分布是不均匀的。符号"–"或"DC"表示直流，"～"或"AC"表示交流，"⊔"表示交流和直流共用的刻度线。刻度线下的几行数字是与选择开关的不同挡位相对应的刻度值。

2. 测量线路

测量线路是用来把各种被测量转换为适合表头测量的微小直流电流的电路，它由电阻、半导体元件及电池组成，能将各种不同的被测量（如电流、电压、电阻等）、不同的量程经过一系列的处理（如整流、分流、分压等）统一变成一定量限的微小直流电流送入表头进行测量。

3. 转换开关

转换开关的作用是选择不同的测量线路，以满足不同种类和不同量程的测量要求。转换开关一般有两个，分别标有不同的挡位和量程。

4. 表笔和表笔插孔

表笔分为红、黑二支。使用时应将红色表笔插入标有"＋"号的插孔，黑色表笔插入标有"－"号的插孔。

8.2.2 万用表的使用

（1）熟悉表盘上各符号的意义及各个旋钮和选择开关的主要作用。

（2）进行机械调零。

（3）根据被测量的种类及大小，选择转换开关的挡位及量程，找出对应的刻度线。

（4）选择表笔插孔的位置。

（5）测量电压：测量电压（或电流）时要选择好量程，如果用小量程去测量大电压，会有烧表的危险；如果用大量程去测量小电压，则指针偏转太小，无法读数。量程的选择应尽量使指针偏转到满刻度的 2/3 左右。如果事先不清楚被测电压的大小，应先选择最高量程挡，然后逐渐减小到合适的量程。

交流电压的测量：将万用表的一个转换开关置于交、直流电压挡，另一个转换开关置于交、流电压的合适量程上，万用表两表笔和被测电路或负载并联即可。

直流电压的测量：将万用表的一个转换开关置于交、直流电压挡，另一个转换开关置于直、流电压的合适量程上，且"+"表笔（红表笔）接到高电位处，"–"表笔（黑表笔）接到低电位处，即让电流从"+"表笔流入，从"–"表笔流出。若表笔接反，表头指针会反方向偏转，容易撞弯指针。

测量步骤：

① 选择量程。万用表直流电压挡标有"V"，有 2.5 V、10 V、50 V、250 V 和 500 V 五个量程。根据电路中电源电压大小选择量程。以图 1-8-1 为例：由于电路中电源电压只有 3 V，所以选用 10 V 挡。若不清楚电压大小，应先用最高电压挡测量，再逐渐换用低电压挡。

② 测量方法。万用表应与被测电路并联。红笔应接被测电路和电源正极相接处，黑笔应接被测电路和电源负极相接处（见图 1-8-1）。

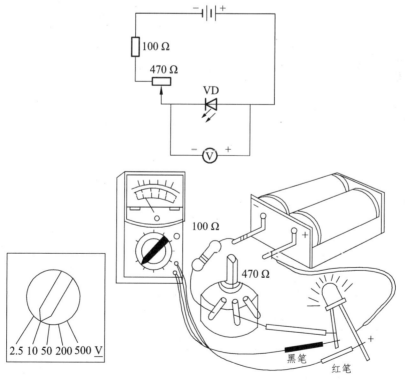

图 1-8-1　用万用表测电压

③ 正确读数。仔细观察表盘，直流电压挡刻度线是第二条刻度线，用 10 V 挡时，可用刻度线下第三行数字直接读出被测电压值。注意读数时，视线应正对指针。

（6）测电流：测量直流电流时，将万用表的一个转换开关置于直流电流挡，另一个转换开关置于 50 μA ~ 500 mA 的合适量程上，电流的量程选择和读数方法与电压一样。测量时必须先断开电路，然后按照电流从 "+" 到 "－" 的方向，将万用表串联到被测电路中，即电流从红表笔流入，从黑表笔流出。如果误将万用表与负载并联，则会因表头的内阻很小而造成短路，烧毁仪表。其读数方法：实际值 = 指示值 × 量程/满偏。

测量直流电流步骤：

① 选择量程：万用表直流电流挡标有 "mA"，有 1 mA、10 mA、100 mA 三档量程。选择量程应根据电路中的电流大小。如不知电流大小，应选用最大量程。

② 测量方法：万用表应与被测电路串联。电路相应部分断开后，将万用表表笔接在断点的两端。红表笔应接在和电源正极相连的断点，黑表笔接在和电源负极相连的断点（见图 1-8-2）。

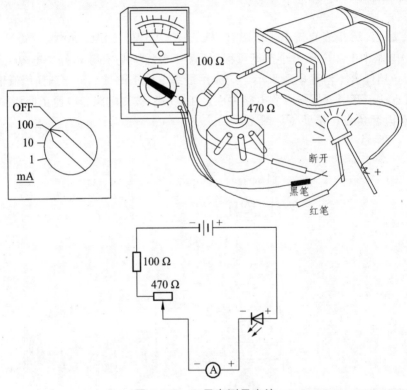

图 1-8-2　万用表测量电流

③ 正确读数：直流电流挡刻度线仍为第二条，如选 100 mA 挡时，可用第三行数字，读数后乘 10 即可。

测量电压、电流注意事项：

① 要有人监护：一是使测量人与带电体保持规定的安全距离，二是监护测量人正确使用仪表和正确测量。

② 测量时，不要用手触摸表笔的金属部分，以保证安全和测量的准确性。

③ 测量高压或大电流时，不能在测量时旋动转换开关，避免转换开关的触头产生电弧而损坏开关。

④ 要注意被测量的极性，避免指针反转而损坏仪表。测直流时，红表笔接正极，黑表笔接负极。

⑤ 当不知道电压和电流多大时，应先将量限挡置于最高挡，然后再向低量限挡转换。

（7）测电阻：用万用表测量电阻时，应按下列方法操作：

① 选择合适的倍率挡。万用表欧姆挡的刻度线是不均匀的，所以倍率挡的选择应使指针停留在刻度线较稀的部分为宜，且指针越接近刻度尺的中间，读数越准确。一般情况下，应使指针指在刻度尺的 1/3 ~ 2/3。

② 欧姆调零。测量电阻之前，应将 2 个表笔短接，同时调节"欧姆（电气）调零旋钮"，使指针刚好指在欧姆刻度线右边的零位。如果指针不能调到零位，说明电池电压不足或仪表内部有问题。并且每换一次倍率挡都要再次进行欧姆调零，以保证测量准确。

③ 读数：表头的读数乘以倍率，就是所测电阻的电阻值。

万用表欧姆挡可以测量导体的电阻。欧姆挡用"Ω"表示，分为 R×1、R×10、R×100 和 R×1k 四挡。有些万用表还有 R×10k 挡。使用万用表欧姆挡测电阻时，除应做到前面讲的使用前要求外，还应遵循以下步骤。

① 首先做外观检查，然后检查表内电池电压是否足够。检查方法是转换开关旋至电阻挡，倍率转换开关置于 R×1 挡（测 1.5V 电池），置于 R×10k（测量较高电压的电池）。将表笔相碰看指针是否指在零位，调整"调零"旋钮后，若指针仍不能指在零位，则更换电池后再使用。

② 机械调零，转动机械调零旋钮，使指针对准刻度盘的 0 位线。

③ 检查表笔位置是否正确。

④ 用两表笔分别接触被测电阻两引脚进行测量。正确读出指针所指电阻的数值，再乘以倍率（R×100 挡应乘 100，R×1k 挡应乘 1000，……）。最后得出被测电阻的阻值。

⑤ 为使测量较为准确，测量时应使指针指在刻度线中心位置附近。若指针偏角较小，应换用较大挡位，若指针偏角较大，应换用较小挡位。每次换挡后，应再次调整欧姆挡零位调整旋钮，然后再测量。

⑥ 测量结束后，应拔出表笔，将选择开关置于"OFF"挡或交流电压最大挡位。收好万用表。

测量电阻时应注意：

① 不允许带电测量，被测电阻应从电路中拆下后再测量。因为测量电阻的欧姆挡是由电池供电，带电测量相当于外加一个电压，不但会使测量结果不准确，而且有可能会烧坏表头。不允许用电阻挡直接测量微安表表头和检流计等的内阻。否则表内 1.5 V 电池产生的电流会烧坏表头。

② 两只表笔不要长时间碰在一起。

③ 两只手不能同时接触两根表笔的金属杆、或被测电阻两根引脚，最好用右手同时持两根表笔，否则会将身体的电阻并接在被测电阻上，引起测量误差。

④ 测量完毕，将转换开关转至 OFF 挡或交流电压最高挡。长时间不使用欧姆挡，应将表中电池取出。

（8）万用表使用注意事项。

使用万用表时应做到：

① 万用表水平放置。

② 应检查表针是否停在表盘左端的零位。如有偏离，可用小螺丝刀轻轻转动表头上的机械零位调整旋钮，使表针指零。

③ 将表笔按上面要求插入表笔插孔。

④ 将选择开关旋到相应的项目和量程上。

⑤ 在测电流、电压时，不能带电换量程。

⑥ 选择量程时，要先选大的，后选小的，尽量使被测值接近于量程。

⑦ 测电阻时，不能带电测量。因为测量电阻时，万用表由内部电池供电，如果带电测量则相当于接入一个额外的电源，可能损坏表头。

万用表使用完成后，应做到：

① 拔出表笔。

② 将选择开关旋至"OFF"挡，若无此挡，应旋至交流电压最大量程挡，如"1000 V"挡。

③ 若长期不用，应将表内电池取出，以防电池电解液渗漏而腐蚀内部电路。

8.3 兆欧表的使用

兆欧表又称摇表，表面上标有符号"MΩ"（兆欧），是测量高电阻的仪表。一般用来测量电机、电缆、变压器和其他电气设备的绝缘电阻。因而也称绝缘电阻测定器。设备投入运行前，绝缘电阻应该符合要求。如果绝缘电阻降低（往往由于受潮、发热、受污、机械损伤等因素所致），不仅会造成较大的电能损耗，严重时还会造成设备损伤或人身伤亡事故。

常用的兆欧表有 ZC-7、ZC-11、ZC-25 等型号。兆欧标的额定电压有 250 V、500 V、1000 V、2500 V 等几种；测量范围有 50 MΩ、1000 MΩ、2000 MΩ等几种。

8.3.1 兆欧表的构造和工作原理

兆欧表主要由作为电源的手摇发电机（或其他直流电源）和作为测量机构的磁电式流比计（双动线圈流比计）组成。测量时，实际上是给被测物加上直流电压，测量其通过的泄漏电流，在表的盘面上读到的是经过换算的绝缘电阻值。

1. 使用前的准备工作

（1）先做开路试验和短路试验，检查兆欧表是否能正常工作。将兆欧表水平放置，空摇兆欧表手柄，指针应该指到∞处，再慢慢摇动手柄，使 L 和 E 两接线桩输出线瞬时短接，指针应迅速指零。注意在摇动手柄时不得让 L 和 E 短接时间过长，否则将损坏兆欧表。

（2）检查被测电气设备和电路，看是否已全部切断电源。绝对不允许用兆欧表去测量带电的设备和线路。

（3）测量前，应对设备和线路先行放电，以免设备或线路电容中存储的电能危及人身安全和损坏兆欧表，这样还可以减少测量误差，同时注意将被测试点擦拭干净。

2. 正确使用

（1）兆欧表必须水平放置于平稳牢固的地方，以免在摇动时因抖动和倾斜产生测量误差。

（2）接线必须正确无误，兆欧表有三个接线桩，"E"（接地）、"L"（线路）和"G"（保护环或叫屏蔽端子）。保护环的作用是消除表壳表面"L"与"E"接线桩间的漏电和被测绝缘物表面漏电的影响。在测量电气设备对地绝缘电阻时，"L"用单根导线接设备的待测部位，"E"用单根导线接设备外壳；如测电气设备内两绕组之间的绝缘电阻时，将"L"和"E"分别接两绕组的接线端；当测量电缆的绝缘电阻时，为消除因表面漏电产生的误差，"L"接线芯，"E"接外壳，"G"接线芯与外壳之间的绝缘层。"L""E""G"与被测物的连接线必须用单根线，绝缘良好，不得绞合，表面不得与被测物体接触。

（3）摇动手柄的转速要均匀，一般规定为 120 r/min，允许有 ±20% 的变化，最多不应超过 ±25%。通常都要摇动一分钟后，待指针稳定下来再读数。如被测电路中有电容，应先持续摇动一段时间，让兆欧表对电容充电，指针稳定后再读数，测完后先拆去接线，再停止摇动。若测量中发现指针指零，应立即停止摇动手柄。

（4）测量完毕，应对设备充分放电，否则容易引起触电事故。

（5）禁止在雷电时或附近有高压导体的设备上测量绝缘电阻。只有在设备不带电又不可能受其他电源感应而带电的情况下才可测量。

（6）兆欧表未停止转动以前，切勿用手去触及设备的测量部分或兆欧表接线桩。拆线时也不可直接去触及引线的裸露部分。

（7）兆欧表应定期校验。校验方法是直接测量有确定值的标准电阻，检查其测量误差是否在允许范围以内。

3. 兆欧表测量绝缘电阻注意事项

（1）测量前应正确选用表计的规范，使表计的额定电压与被测电气设备的额定电压相适应，额定电压 500 V 及以下的电气设备一般选用 500 ~ 1000 V 的兆欧表，500 V 以上的电气设备选用 2500 V 兆欧表，高压设备选用 2500 ~ 5000 V 兆欧表。

（2）使用兆欧表时，应首先鉴别兆欧表的好坏，在未接被试品时，先驱动兆欧表，其指针可以上升到"∞"处，然后再将两个接线端钮短路，慢慢摇动兆欧表，指针应指到"0"处，符合上述情况说明兆欧表是好的，否则不能使用。

（3）使用时必须水平放置，且远离外磁场。

（4）接线柱与被试品之间的两根导线不能绞线，应分开单独连接，以防止绞线绝缘不良而影响读数。

（5）测量时转动手柄应由慢渐快并保持 120 r/min 的转速，待调速器发生滑动后，即为稳定的读数，一般应取 1 min 后的稳定值。如发现指针指零时，不能连续摇动，以防线圈损坏。

（6）在有雷电和邻近有带高压导体的设备时，禁止使用仪表进行测量。只有在设备不带电，而又不可能受到其他感应电而带电时，才能进行测量。

（7）在测量前后应对被试品进行充分放电，以保障设备及人身安全。

（8）测量电容性电气设备的绝缘电阻时，应在取得稳定值读数后，先取下测量线，再停止转动手柄。测完后立即对被测设备接地放电。

（9）避免剧烈长期震动，使表头轴尖、宝石受损而影响刻度指示。

（10）仪表在不使用时应放在固定的地方，环境温度不宜太热和太冷，切勿放在潮湿、污秽的地面上。并避免置于含腐蚀作用的空气附近。

【例 8.1】 在高压高阻的测试环境中，为什么要求仪表接"G"端连线？

在被测试品两端加上较高的额定电压，且绝缘阻值较高时，被测试品表面受潮湿、污染引起的泄漏较大，示值误差就大，而仪表"G"端是将被测试品表面泄漏的电流旁路，使泄漏电流不经过仪表的测试回路，可消除泄漏电流引起的误差。

【例 8.2】 能不能用兆欧表直接测带电的被测试品，结果有什么影响，为什么？

为了人身安全和正常测试，原则上不允许测量带电的被测试品。若要测量带电被测试品，虽然不会对仪表造成损坏（短时间内），但测试结果是不准确的。因为带电后，被测试品便与其他试品连接在一起，得出的结果不能真实反映实际数据，而是与其他试品的并联或串联阻值。

【例 8.3】 用兆欧表测量绝缘电阻时，有哪些因素会造成测量数据不准确，为什么？

（1）电池电压不足。电池电压欠压过低，造成电路不能正常工作，所以测出的读数是不准确的。

（2）测试线接法不正确。误将"L""G""E"三端接线接错，或将"G""L"连线"G""E"连线接在被测试品两端。

（3）"G"端连线未接。被测试品由于受污染、潮湿等的影响造成电流泄漏引起误差，导致测试不准确，此时必须接好"G"端连线防止泄漏电流引起误差。

（4）干扰过大。如果被测试品受环境电磁干扰过大，就会使仪表读数跳动或指针晃动。造成读数不准确。

（5）人为读数错误。在用指针式兆欧表测量时，由于人为视角误差或标度尺误差造成示值不准确。

（6）仪表误差。仪表本身误差过大，需要重新校对。

8.4 接地电阻测试仪

设备的良好接地是设备正常运行的重要保证，设备使用的地线通常分为工作地（电源地）、保护地、防雷地，有些设备还有单独的信号地，这些地线的主要作用有：提供电源回路、保护人体免受电击，以及屏蔽设备内部电路避免其受外界电磁干扰或干扰其他设备。

设备接地的方式通常是埋设金属接地桩、金属网等导体，导体再通过电缆线与设备内的地线排或机壳相连。当多个设备连接于同一接地导体时，通常需安装接地排，接地排的位置应尽可能靠近接地桩，不同设备的地线分开接在地线排上，以减小相互影响。

8.4.1 手摇式地阻表

1. 测量原理

手摇式地阻表是一种较为传统的测量仪表，它的基本原理是采用三点式电压落差法，其测量手段是在被测地线接地桩（暂称为 X）一侧地上打入两根辅助测试桩，要求这两根测试桩位于被测地桩的同一侧，三者基本在一条直线上，距被测地桩较近的一根辅助测试桩（称为 Y）距离被测地桩 20 m 左右，距被测地桩较远的一根辅助测试桩（称为 Z）距离被测地桩 40 m 左右。测试时，按要求的转速转动摇把，测试仪通过内部磁电机产生电能，在被测地桩 X 和较远的辅助测试桩（称为 Z）之间"灌入"电流，此时在被测地桩 X 和辅助地桩 Y 之间可获得一电压，仪表通过测量该电流和电压值，即可计算出被测接地桩的地阻。

2. ZC-8 型地阻仪结构

ZC-8 型地阻仪一般由手摇交流发电机、电流互感器、检流计等组成。其面板如图 1-8-3 所示。接地电阻测试器电路如图 1-8-4 所示。

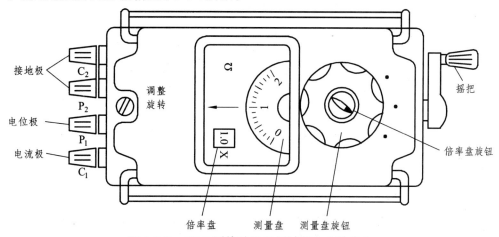

图 1-8-3 ZC-8 型接地电阻测试仪（兆欧表）

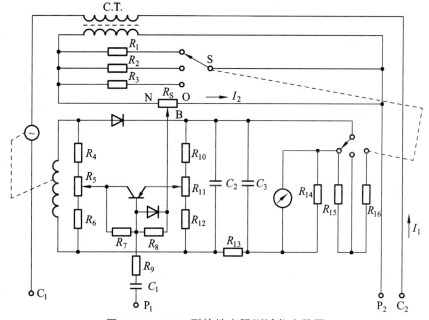

图 1-8-4 ZC-8 型接地电阻测试仪电路图

3. 使用方法

1）测量接地电阻前的准备工作及正确接线

（1）地阻仪分三个接线端子和四个接线端子两种，它的附件包括两支接地探测针、三条导线（其中 5 m 长的用于接地板，20 m 长的用于电位探测针，40 m 长的用于电流探测针）。

（2）测量前应做机械调零和短路试验。将接线端子全部短路，慢摇摇把，调整测量标度盘，使指针返回零位，这时指针盘零线、表盘零线大体重合，则说明仪表是好的。按图接好测量线。

2）摇测方法

（1）选择合适的倍率。

（2）以每分钟 120 转的速度均匀地摇动仪表的摇把，旋转刻度盘，使指针指向表盘零位。

（3）读数。接地电阻值为刻度盘读数乘以倍率。

3）测试步骤

（1）沿被测接地导体，依直线方式埋设辅助探棒。依直线丈量 20 m 处，埋设一根地气棒为电位极（P_1 或 P），继续在下一 20 m 处，埋设一根气棒为电流极（C_1 或 C）如图 1-8-5 所示。

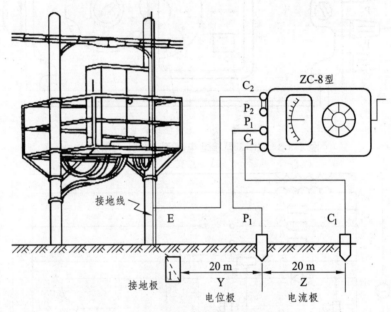

图 1-8-5　测试接地电阻连接方法

（2）连接测试导线：用 5 m 导线连接 E（P_2）（此时 P_2 与 C_2 短路）端子与接地极，电位极用 20 m 接至 P_1 端子上，电流极用 40 m 接 C_1 端子上。

（3）将表放平，检查表针是否指向"0"位，否则应调节到"0"位。

（4）选择适当的倍率盘值，如 ×0.1、×1、×10。

（5）以每分钟 120 转速摇动发电机，同时也转动测量盘直至表针稳定在"0"位上不动为止。此时，测量盘指的刻度读数乘以倍率读数，即：

被测电阻值（欧姆）＝测量盘读数×倍率盘读数

（6）检流计的灵敏度过高时，可将 P（电位极）地气棒插入土壤中浅一些。当检流计的灵敏度过低时，可将 P 棒周围浇上一点水，使土壤湿润。但应注意，决不能浇水太多，使土壤湿度过大，这样会造成测量误差。

（7）当有雷电或被测物体带电时，严禁进行测量工作。

4. 使用地阻仪的注意事项

（1）应有两人操作。

（2）被测量电阻与辅助接地极三点所构成的直线不得与金属管道或邻近的架空线路平行。在测量时被测接地极应与设备断开。

（3）地阻仪不允许做开路试验。

8.5 钳型表的使用

钳型表是一种用于测量正在运行的电气线路的电流的仪表，可在不断电的情况下测量电流。

8.5.1 结构及原理

钳型表实质上是由一只电流互感器、钳形扳手和一只整流式磁电系有反作用力仪表所组成。

8.5.2 使用方法

（1）测量前应机械调零。

（2）选择合适的量程，先选大量程，后选小量程，或看铭牌值估算。

（3）当使用最小量程测量，其读数还不明显时，可将被测导线绕几匝，匝数要以钳口中央的匝数为准，则：读数 = 指示值 × 量程/满偏 × 匝数。

（4）测量时，应使被测导线处在钳口的中央，并使钳口闭合紧密，以减少误差。

（5）测量完毕，要将转换开关放在最大量程处。

8.5.3 注意事项

（1）测量时要有人监护。

（2）被测线路的电压要低于钳型表的额定电压，否则由于绝缘强度不够，容易引起接地事故或发生触电危险。

（3）当被测导线为裸线时，必须事先将各相用绝缘板隔离，以防钳口张开时，引起相间短路。

（4）测高压线路的电流时，要戴绝缘手套，穿绝缘鞋，站在绝缘垫上。

（5）钳口要闭合紧密不能带电换量程，以免损坏仪表。需要时应将钳型表从导线上取下来进行。

8.6 电桥的使用

8.6.1 单臂电桥的工作原理

电桥是一种比较式电工仪表，具有很高的准确度。它可以用来测量电阻、电容、电感和电路的参数。电桥可分为测量电容、电感等交流参数的交流电桥和测量电阻等直流参数的直流电桥两种。其中直流电桥又可分为单臂电桥和双臂电桥两种。

直流单臂电桥即惠斯顿电桥，适宜于测量中值电阻（$1 \sim 10^6\,\Omega$）。其工作原理如图 1-8-6 所示。

电桥由 4 个臂、电源和检流计三部分组成。

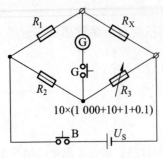
图 1-8-6　单桥的原理

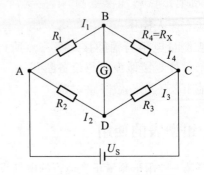
图 1-8-7　单桥测量电阻

图 1-8-6、1-8-7 中：R_1、R_2、R_3、R_4 构成一电桥，A、C 两端供一恒定桥压 U_S，B、D 之间有一检流计 G，当电桥平衡时，G 无电流流过，BD 两点为等电位，则：

$$U_{BC} = U_{DC}, \quad I_1 = I_2, \quad I_3 = I_4$$

下式成立：

$$I_1 * R_1 = I_2 * R_2, \quad I_3 * R_3 = I_4 * R_4$$

于是有

$$\frac{R_1}{R_2} = \frac{R_3}{R_4}$$

R_4 为待测电阻 R_X，R_3 为标准比较电阻。式中 $K = R_1/R_2$，称为比率，一般惠斯登电桥的 K 有 0.001、0.01、0.1、1、10、100、1000 等。本电桥的比率 K 可以任选。根据待测电阻大小选择 K 后，只要调节 R_3，使电桥平衡，检流计为 0，就可以得到待测电阻 R_X 之值。

$$R_X = \frac{R_1}{R_2} \cdot R_3 = KR_3$$

8.6.2　面板介绍

箱式双臂电桥的形式多样，以 QJ42 型携带式直流双臂电桥为例，图 1-8-8 为其面板配置图。

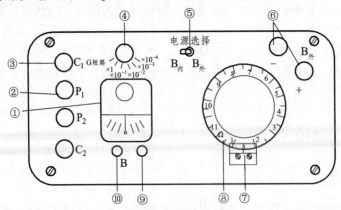

1—检流计，其上有机械调零器；2—电位端接线柱（P_1、P_2）；3—电流端接线柱（C_1、C_2）；
4—倍率开关；5—电源选择开关；6—外接电源接线柱；7—标尺；8—读数盘 Rb；
9—检流计按钮开关；10—电源按钮开关。

图 1-8-8　面板配置图

1. 使用方法

（1）在仪器底部电池盒中装上 3~6 节 1 号干电池，或在外接电源接线柱"B外"上接入 1.5~2 V 容量大于 10 A·h 的直流电源，并将"电源选择"开关拨向相应位置。

（2）将检流计指针调到"0"位置。

（3）将被测电阻 R_X 的四端接到双臂电桥的相应四个接线柱上。

（4）估计被测电阻值，将倍率开关旋到相应的位置上。

（5）测量电阻时，应先按"B"后按"G"按钮，并调节读数盘 Rb，使电流计重新回到"0"位。断开时应先放"G"后放"B"按钮。注意：一般情况下，"B"按钮应间歇使用。此时电桥已处于平衡，而被测电阻 R_X 为

$$R_X = （倍率开关的示值）×（读数盘的示值）Ω$$

（6）使用完毕，应把倍率开关旋到"G 短路"位置上。

2. 注意事项

直流双臂电桥的使用方法和注意事项与直流单臂电桥基本相同，但还要注意以下几点。

（1）被测电阻的电流端钮和电位端钮应和双臂电桥的对应端钮正确连接。当被测电阻没有专门的电位端钮和电流端钮时，要设法引出四根线与双臂电桥连接，并用内侧的一对导线接到电桥的电位端钮上。连接导线应尽量短而粗，其阻值不大于 0.005 Ω，并且应连接牢靠。

（2）选用标准电阻时，应尽量使其与被测电阻在同一数量级。

（3）在测量阻值在 0.1 Ω 以下的电阻时，B 钮应间歇使用。

（4）电桥长期不用，应将电池取出。

本章小结

电工仪表主要由测量机构和测量线路两部分组成，其中测量机构是整个仪表的核心。在学习本章的过程中，要首先掌握各种测量机构的特点，然后在其基础上配合适当的测量线路，即可组成各种不同类型的电工仪表。应注意的是，学习中若能采取对比的方法来总结各种仪表和各种测量线路的特点，将对学习本章起到重要作用。另外，在学习本章的同时，除要重视课堂上的直观实物教学外，还要注意与生产实习课的密切结合。只有这样，才能真正掌握好电工测量仪表的使用与维护等知识，为今后进入工作岗位打下牢固的基础。

习　题

1. 填空题

（1）工程中，通常将电阻按阻值大小分为＿＿＿＿电阻、＿＿＿＿电阻、＿＿＿＿电阻。

（2）按获取测量结果的方式来分类，测量电阻的方法有＿＿＿＿＿、＿＿＿＿＿和

_____类。

（3）接地是为了保证_____和_____的安全以及_____，如果接地电阻不符合要求，不但_____，而且会造成严重的_____。

（4）伏安法测电阻的缺点是：不但_____，而且_____；优点是_____。

（5）兆欧表是一种专门用来检查_____的便携式仪表。

2. 判断题(在括号中正确的打"√"，错误的打"×")

（1）1 Ω以下的电阻称为小电阻。 （   ）

（2）兆欧表测电阻属于比较法。 （   ）

（3）用伏安法测电阻时，若被测电阻很小，应采用电压表前接电路。 （   ）

（4）用电桥测量电阻的方法属于比较测量法。 （   ）

（5）测量1Ω以下的小电阻宜采用直流双臂电桥。 （   ）

（6）直流双臂电桥可以较好地消除接触电阻和接地电阻的影响。 （   ）

（7）接地电阻的大小主要与接地线电阻和接地体电阻的大小有关。 （   ）

3. 选择题（将正确答案的字母填入空格中）

（1）伏安法测电阻属于_____。

    A. 直接法   B. 间接法   C. 前接法   D. 比较法

（2）用直流单臂电桥测量一估算值为几欧的电阻时，比例臂应选_____。

    A. ×0.001   B. ×1   C. ×10   D. ×100

（3）电桥使用完毕，要将检流计锁扣锁上，以防_____。

    A. 电桥出现误差   B. 破坏电桥平衡

    C. 电桥灵敏度下降   D. 搬动时震坏检流计

（4）测量电气设备的绝缘电阻可选用_____。

    A. 万用表   B. 电桥   C. 兆欧表   D. 伏安法

（5）测量额定电压为380 V的发电机线圈绝缘电阻，应选用额定电压为_____的兆欧表。

    A. 380 V   B. 500 V   C. 1000 V   D. 2500 V

4. 问答题

测量电阻的方法主要有哪几种？它们的优、缺点各是什么？应用范围有什么不同？

实验篇

实验 1 电路基本元件的认识

1. 训练目的

（1）学会识别常用电路元件的方法。

（2）掌握线性、非线性电阻元件伏安特性的测试方法。

（3）熟悉实验台上直流电工仪表和设备的使用方法。

2. 原理说明

电路元件的特性一般可用该元件上的端电压 U 与通过该元件的电流 I 之间的函数关系 $I = f(U)$ 来表示，即用 I-U 平面上的一条曲线来表征，这条曲线称为该元件的伏安特性曲线。电阻元件是电路中最常见的元件，有线性电阻和非线性电阻之分。

万用表的欧姆挡只能在某一特定的 U 和 I 下测出对应的电阻值，因而不能测出非线性电阻的伏安特性。一般是用含源电路在"在线"状态下测量元件的端电压和对应的电流值，进而由公式 $R = U/I$ 求出所测电阻值。

（1）线性电阻器的伏安特性符合欧姆定律 $U = RI$，其阻值不随电压或电流值的变化而变化，伏安特性曲线是一条通过坐标原点的直线，如图 2-1-1（a）所示，该直线的斜率等于该电阻器的电阻值。

（2）白炽灯可以视为一种电阻元件，其灯丝电阻随着温度的升高而增大。一般灯泡的"冷电阻"与"热电阻"的阻值可以相差几倍至十几倍。通过白炽灯的电流越大，其温度越高，阻值也越大，即对一组变化的电压值和对应的电流值，所得 U/I 不是一个常数，所以它的伏安特性是非线性的，如图 2-1-1（b）所示。

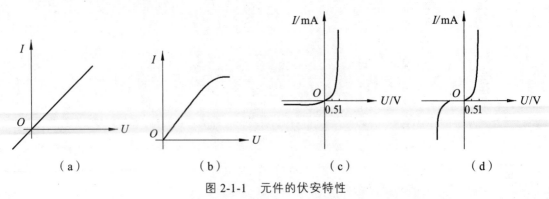

图 2-1-1 元件的伏安特性

（3）半导体二极管也是一种非线性电阻元件，其伏安特性如图 2-1-1（c）所示。二极管的电阻值随电压或电流大小、方向的改变而改变。它的正向压降很小（一般锗管为 0.2 ~ 0.3 V，硅管为 0.5 ~ 0.7 V），正向电流随正向压降的升高而急剧上升，而反向电压从零一直增加到十几伏甚至几十伏时，其反向电流增加很小，粗略地可视为零。因此给二极管加反向电压时，可以认为其阻值为∞。发光二极管正向电压为 0.5 ~ 2.5 V 时，正向电流有很大变化。可见二极管具有单向导电性，但反向电压加得过高，超过管子的极限值时，则会导致管子被击穿而损坏。

（4）稳压二极管是一种特殊的半导体二极管，其正向特性与普通二极管类似，但其反向特性较特殊，如图 2-1-1（d）所示。给稳压二极管加反向电压时，其反向电流几乎为零，但当电压增加到某一数值时，电流将突然增加，以后它的端电压将维持恒定，不再随外加反向电压的升高而增大，这便是稳压二极管的反向稳压特性。实际电路中，可以利用不同稳压值的稳压管来实现稳压。

3．训练设备

（1）可调直流稳压电源（0 ~ 30 V）。

（2）万用表。

（3）直流数字毫安表。

（4）直流数字电压表。

（5）二极管。

（6）稳压管。

（7）白炽灯。

（8）线性电阻器（1 kΩ/1 W）。

4．训练内容

1）测量电阻的伏安特性

线性电阻器伏安特性的测量按图 2-1-2 接线，调节稳压电源 U_S 的数值，测出对应的电压表和电流表的读数并记入表 2-1-1 中。

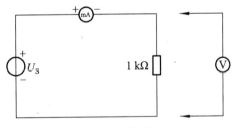

图 2-1-2　接线图

表 2-1-1　线性电阻器的伏安特性

U_R/V	0	2	4	6	8	10
I/ mA						

2）测量白炽灯泡的伏安特性

把图 2-1-2 中的电阻换成 12 V、0.1 A 的小灯泡，重复训练内容 1）的测试内容，将数据记入表 2-1-2 中。U_L 为灯泡的端电压。

表 2-1-2　白炽灯泡的伏安特性

U_L/V	0.1	0.5	1	2	3	4	5
I/ mA							

3）测量半导体二极管的伏安特性

按图 2-1-3 连接测量电路。200 Ω电阻为限流电阻。先测二极管的正向特性，正向压降可在 0～0.75V 取值。应在曲线的弯曲部分（0.5～0.75）适当地多取几个测量点，其正向电流不得超过 45 mA。将所测数据记入表 2-1-3 中。

做反向特性实验时，需将二极管反接，其反向电压可在 0～30 V 之间取值，将所测数据记入表 2-1-4 中。

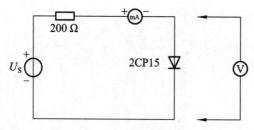

图 2-1-3　接线图

表 2-1-3　二极管正向特性

U_{D+}/V	0	0.4	0.5	0.55	0.6	0.65	0.68	0.70	0.72	0.75
I/ mA										

表 2-1-4　二极管反向特性

U_{D-}/V	0	−5	−10	−15	−20	−25	−30
I/ mA							

4）测量稳压二极管的伏安特性

把图 2-1-3 中的二极管换成稳压二极管（2CW51），重复训练内容 3），将测量数据记入表 2-1-5 中。

反向特性实验：将图 2-1-3 中的 200 Ω电阻换成 1 kΩ电阻，2CW51 反接，测 2CW51 的反向特性，稳压电源的输出电压在 0～20 V 变化。测量结果记入表 2-1-6 中。

表 2-1-5　稳压二极管正向特性

U_{Z+}/V	
I/ mA	

表 2-1-6　稳压二极管反向特性

U/V	
U_{Z-}/V	
I/ mA	

5. 训练注意事项

（1）测二极管正向特性时，稳压电源输出应由小到大逐渐增加，应时刻注意电流表读数不得超过 25 mA，稳压电源输出端切勿碰线短路。

（2）进行上述训练时，应先估算电压和电流值，合理选择仪表的量程，并注意仪表的极性。

（3）如果要测 2AP9 的伏安特性，则正向特性的电压值应取 0、0.1、0.13、0.15、0.17、0.19、0.21、0.24、0.30（V）反向特性的电压值应取 0、2、4、6、8、10（V）。

6. 思考题

（1）线性电阻与非线性电阻的概念是什么？电阻与二极管的伏安特性有何区别？

（2）若元件伏安特性的函数表达式为 $I = f(U)$，在描绘特性曲线时，其坐标变量应如何放置？

（3）稳压二极管与普通二极管有何区别，其用途是什么？

7. 训练报告内容

（1）根据实验结果和表中数据，分别在坐标纸上绘制出各自的伏安特性曲线（其中二极管和稳压管的正、反向特性均要求画在同一张图中，正、反向电压可取不同的比例尺）。

（2）对本次实验结果进行适当的解释，总结、归纳被测各元件的特性。

（3）进行必要的误差分析。

（4）总结本次实验的收获。

实验 2　电路中电位、电压的测定

1. 训练目的

（1）明确电位和电压的概念，验证电路中电位的相对性和电压的绝对性。

（2）掌握电路电位图的绘制方法。

2. 原理说明

1）电位与电压的测量

在一个确定的闭合电路中，各点电位的高低视所选的电位参考点的不同而变化，但任意两点间的电位差（即电压）则是绝对的，它不因参考点的选择而改变。据此性质，我们可用一只电压表测量出电路中各点的电位及任意两点间的电压。

2）电路电位图的绘制

在直角平面坐标系中，以电路中的电位值为纵坐标，电路中各点位置（电阻）为横坐标，将测量到的各点电位在该坐标平面中标出，并把标出点按顺序用直线相连接，就可得到电路的电位变化图。每一段直线段即表示两点间电位的变化情况，直线的斜率表示电流的大小。对于一个闭合回路，其电位变化图形是封闭的折线。

以图 2-2-1（a）所示电路为例，若电位参考点选为 A 点，选回路电流 I 的方向为顺时针（或逆时针）方向，则从 A 点出发，沿顺时针方向绕行绘制出的电位图如图 2-2-1（b）所示。

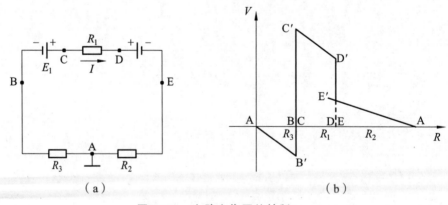

（a）　　　　　　　　　　　　（b）

图 2-2-1　电路电位图的绘制

（1）置 A 点为坐标原点，其电位为 0。

（2）自 A 至 B 的电阻为 R_3，在横坐标上按比例取线段 R_3，得 B 点，根据电流绕行方向可知 B 点电位应为负值，$V_B = -IR_3$，即 B 点电位比 A 点低，故从 B 点沿纵坐标负方向取线段 IR_3，得 B′点。

（3）由 B 到 C 为电压源 E_1，其内阻可忽略不计，则在横坐标上 C、B 两点重合，由 B 到 C 电位升高值为 E_1，即 $V_C - V_B = E_1$，则从 B′点沿纵坐标正方向按比例取线段 E_1，得点 C′，即线段 B′C′ = E_1。

依此类推，可做出完整的电位变化图。

由于电路中的电位参考点可任意选定，对于不同的参考点，所绘出的电位图形是不同的，但其各点电位变化的规律却是一样的。在做电位图或测量时必须正确区分电位和电压的高低，按照惯例，应先选取回路电流的方向，以该方向上的电压降为正。所以，在用电压表测量时，若仪表指针正向偏转，则说明电表正极的电位高于负极的电位。

3．训练设备

（1）可调直流稳压电源（0～30 V）。

（2）万用表。

（3）直流数字毫安表。

（4）直流数字电压表。

（5）二极管。

（6）稳压管。

（7）白炽灯。

（8）线性电阻器（1 kΩ/1 W）。

4．训练内容

训练线路如图 2-2-2 所示。

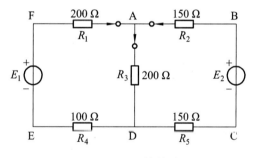

图 2-2-2　训练线路

（1）以图 2-2-2 中的 A 点作为电位参考点，分别测量 B、C、D、E 及 F 各点的电位值 V 及相邻两点之间的电压值 U_{AB}、U_{BC}、U_{CD}、U_{DE}、U_{EF} 及 U_{FA}，数据记入表 2-2-1 中。

（2）以 D 点作为参考点，重复训练内容（1）的步骤，测得数据记入表 2-2-1 中。

5．训练注意事项

（1）训练线路板系多个训练通用，本次训练中不使用电流插头和插座，以及带故障的钮子开关都需置于"断"位置。

（2）测量电位时，用指针式电压表或用数字直流电压表测量时，用黑色负表笔接电位参考点，用红色正表笔接被测各点，若指针正向偏转或显示正值，则表明该点电位为正（即高于参考点电位）；若指针反向偏转或显示负值，此时应调换万用表的表笔，然后读出数值，读数时在电位值之前应加一负号（表明该点电位低于参考点电位）。

（3）恒压源读数以接负载后为准。

表 2-2-1　电位与电压的测量

电位参考点	V 与 U/V	V_A	V_B	V_C	V_D	V_E	V_F	U_{AB}	U_{BC}	U_{CD}	U_{DE}	U_{EF}	U_{FA}
A	计算值												
	测量值												
	相对误差												
D	计算值												
	测量值												
	相对误差												

6. 思考题

训练电路中若以 F 点为电位参考点，各点的电位值将如何变化？若令 E 点作为电位参考点，请问此时各点的电位值应有何变化？

7. 训练报告内容

（1）根据测量数据，在坐标纸上绘制两个电位参考点的电位图形。

（2）完成数据表格中的计算，对误差做必要的分析。

（3）总结电位相对性和电压绝对性的原理。

（4）写出心得体会及其他。

实验3 基尔霍夫定律验证

1. 训练目的

（1）对基尔霍夫电压定律（KVL）和电流定律（KCL）进行验证，加深对两个定律的理解。

（2）学会用电流插头、插座测量各支路电流的方法。

2. 原理说明

KCL 和 KVL 是电路分析理论中最重要的基本定律，适用于线性或非线性、时变或非时变电路的分析计算。KCL 和 KVL 是对电路中各支路的电流或电压的一种约束关系，是一种"电路结构"或"拓扑"的约束，与具体元件无关。而元件的伏安约束关系描述的是元件的具体特性，与电路的结构（即电路的节点、回路数目及连接方式）无关。正是由于二者的结合，才能衍生出多种多样的电路分析方法（如节点法和网孔法）。

KCL 指出：任何时刻流进和流出任一个节点的电流的代数和为零，即

$$\sum i(t) = 0 \quad 或 \quad \sum I = 0$$

KVL 指出：任何时刻任何一个回路或网孔的电压降的代数和为零，即

$$\sum u(t) = 0 \quad 或 \quad \sum U = 0$$

运用上述定律时必须注意电流的正方向，此方向可预先任意设定。

3. 训练设备

训练设备与实验 2 相同。

4. 训练内容

训练线路如图 2-3-1 所示。

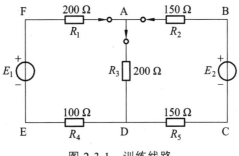

图 2-3-1　训练线路

训练前先任意设定 3 条支路的电流参考方向，如图 2-3-1 中的 I_1、I_2、I_3 所示，并熟悉线路结构，掌握各开关的操作使用方法。

分别将两路直流稳压源接入电路，令 $E_1 = 6\text{ V}$，$E_2 = 12\text{ V}$，其数值要用电压表监测。

熟悉电流插头和插孔的结构，先将电流插头的红、黑两接线端接至数字毫安表的" + "、" – "极；再将电流插头分别插入 3 条支路的 3 个电流插孔中，读出相应的电流值，记入表 2-3-1 中。

用直流数字电压表分别测量两路电源及电阻元件上的电压值，数据记入表 2-3-1 中。

表 2-3-1　基尔霍夫定律的验证

内容	电源电压/V		支路电流/ mA				回路电压/V				
	E_1	E_2	I_1	I_2	I_3	$\sum I$	U_{FA}	U_{AB}	U_{CD}	U_{DE}	$\sum U$
计算值											
测量值											
相对误差											

5. 训练注意事项

（1）两路直流稳压源的电压值和电路端电压值均应以电压表测量的读数为准，电源的表盘指示只作为显示仪表，不能作为测量仪表使用，恒压源输出以接负载后为准。

（2）谨防电压源两端碰线短路而损坏仪器。

（3）若用指针式电流表进行测量，则要识别电流插头所接电流表的" + "" – "极性。当电表指针出现反偏时，必须调换电流表极性重新测量，此时读得的电流值必须冠以负号。

6. 思考题

（1）根据图 2-3-1 的电路参数，计算出待测的电流 I_1、I_2、I_3 和各电阻上的电压值，记入表中，以便测量时，可正确地选定毫安表和电压表的量程。

（2）若用指针式直流毫安表测各支路电流，什么情况下可能出现指针反偏？应如何处理？在记录数据时应注意什么？若用直流数字毫安表进行测量，则会有什么显示？

7. 训练报告内容

（1）根据训练数据，选定训练电路中的任一个节点，验证 KCL 的正确性； 选定任一个闭合回路，验证 KVL 的正确性

（2）进行误差原因分析。

（3）写出本次实验的收获体会。

实验4 分压器

1. 训练目的

（1）掌握分压器的选择原则和使用方法。

（2）学习直流稳压电源和数字万用表的使用方法。

2. 原理说明

在直流电路中，若施加的电源电压是一个恒定的数值时，为了得到一个可以调节的直流电源，通常使用滑线变阻器接成分压器。这种分压器在电工实验及电子技术中得到了普遍的应用。

本训练用滑线变阻器接成分压器，其电路如图 2-4-1 所示。

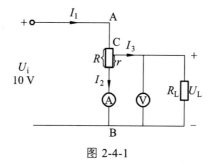

图 2-4-1

由该图可知，分压器中的电流在 AC 段和 BC 段是不同的，根据 KCL 可知：

$$I_1 = I_2 + I_3$$

因此，滑线电阻的额定电流的选择要根据 I_1 的大小来决定。由简单直流电路的基本关系可得

$$I_1 = \frac{U_i}{(R-r) + \dfrac{rR_L}{r + R_L}} \tag{1}$$

在负载电阻 R_L 一定的情况下，当滑动端钮 C 滑到接近 A 点，即 $r = R$ 时，通过 AC 段的电流接近最大值：

$$I_1 = I_{max} = \frac{U_i}{\dfrac{rR_L}{r + R_L}} \tag{2}$$

所以，分压器的额定电流按这个最大电流来选择总是安全的。

使用分压器时，除了考虑其额定电流值外，我们还需要考虑在调节分压器的滑动端钮 C

时，得到的输出电压 U_L 能与分压器的可调节电阻 r 成正比关系。

为了达到这个目的，就必须根据负载电阻 R_L 的大小，适当选择分压器 R 的数值。应用直流电路的计算方法，可得到下列两个关系式：

$$I_2 = \frac{I_0}{1 + \frac{K(1-K)R}{R_L}} \tag{3}$$

$$U_L = \frac{U_i}{\frac{1}{K} + \frac{(1-K)R}{R_L}} \tag{4}$$

以上两式中，$I_0 = U_i/R$，$K = r/R$。由（3）（4）式可知，只有当 $R_L \geqslant R$ 时，才能使 $I_2 \approx I_0 U_L \approx K U_i$，这时输出电压的线性度才比较好。

3. 训练设备

（1）可调直流稳压电源（0～30 V）。

（2）万用表。

（3）直流数字毫安表。

（4）直流数字电压表。

（5）二极管。

（6）稳压管。

（7）白炽灯。

（8）线性电阻器（1 kΩ/1 W）。

4. 训练内容

（1）确定 $R/R_L = 0.25$，即将标有 112 Ω 的滑线变阻器作为分压器 R，将标有 500 Ω 的滑线变阻器用万用表测出 450 Ω 作为负载电阻 R_L。

（2）按图 2-4-1 所示电路接线，由稳压电源提供 10 V 的直流电压，作为分压器的输入电压 U_i。

（3）调节 K 值。K 值分别取为 0、0.25、0.5、0.75、1，将所测得电流 I_2 及输出的电压 U_L 记入表 2-4-1 中。

（4）将计算 U_L/U_i 及 I_2/I_0，并将计算结果分别填入表 2-4-1 中。

（5）确定 $R/R_L = 1$。仍将标有 112 Ω 的滑线变阻器作为分压器 R，将标有 500 Ω 的滑线变阻器用万用表测出约 112 Ω 作为负载电阻 R_L。然后重复训练内容（3）、（4）即可。

表 2-4-1　分压器训练

R/R_L	0.25					1				
K	0	0.25	0.5	0.75	1	0	0.25	0.5	0.75	1
U_L/V										
I_2/ mA										
U_L/U_i										
I_2/I_0										

5. 训练注意事项

（1）使用滑线变阻器时应平滑调节。

（2）注意当 $R/R_L = 1$ 时，U_L/U_i 与 K 值的变化是否不再接近于线性，以及 I_2 与 I_0 之间的比例变化。

6. 思考题

（1）当用滑线变阻器作为分压器时，是否分压器的电阻比负载的电阻值越小越好？为什么？

（2）I_2 随着 K 值变化的过程中，是否存在着一个极值，你能用数学知识证明吗？它的物理意义是什么？

（3）有人说，选择分压器额定电流时，可以不考虑负载电阻的大小，这种说法对吗？为什么？

7. 训练报告内容

（1）根据实验结果和表中数据，分别在坐标纸上绘制出两种情况下的 U_i-U_L 关系曲线。

（2）对本次实验结果进行适当的解释。

（3）进行必要的误差分析。

（4）总结本次实验的收获。

实验 5　叠加定理的验证

1. 训练目的

（1）验证基尔霍夫电流定律和叠加定理。

（2）加深对电流、电压参考方向的理解。

（3）进一步熟悉直流稳压电源、万用表的使用。

2. 原理说明

（1）基尔霍夫电流定律（KCL）：$\sum I = 0$。

（2）叠加定理：在线性电路中，当有两个或两个以上的独立电源作用时，则任意支路的电流或电压，都可以认为是电路中各个电源单独作用而其他电源不作用时，在该支路中产生的电流分量或电压分量的代数和。

（3）电压、电流的参考方向。

如图 2-5-1 所示，设电流参考方向由 A 到 B，则当电流从电流表正极流入负极流出，电流表正向偏转，电流的实际方向与参考方向一致；将电流表正负极交换连接后，读取读数，电流即为负值，表示电流的实际方向与参考方向相反。

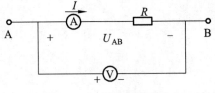

图 2-5-1　电流参考方向

电压的参考方向与测量时正负值的确定与电流的类似。

3. 训练设备

（1）可调直流稳压电源（0～30 V）。

（2）万用表。

（3）直流数字毫安表。

（4）直流数字电压表。

（5）二极管。

（6）稳压管。

（7）白炽灯。

（8）线性电阻器（1 kΩ/1 W）。

4. 训练内容

（1）按图 2-5-2 接线，借助万用表调整稳压电源输出电压，使 $U_{S1} = 9$ V（左边），$U_{S2} = 6$ V（右边），然后将左右两路电源接入电路板。

（2）两电源共同作用时，测量各电流、电压值。

开关 S_1、S_2 分别合向 1—1′、3—3′，接通 U_{S1}、U_{S2}，线路板上面的接线端子用导线连接。

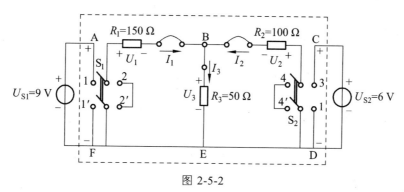

图 2-5-2

电压挡量程取 10 V，电流挡量程取 100 mA（根据预习时计算出的电流值和电压值，选取万用表电压挡和电流挡的合适量程），根据图中电压、电流的参考方向，测量各电流、电压值，并确定正负号，记入表 2-5-1 中。

表 2-5-1

电源	电流/ mA			验证 KCL	电压/V		
U_{S1} 和 U_{S2} 共同作用	I_1	I_2	I_3	节点 B：$\sum I = ?$	U_1	U_2	U_3

（3）电源 U_{S1} 单独作用时，测量各电流、电压值。

开关 S_1 合向 1—1′，开关 S_2 合向 4—4′，电源 U_{S2} 不起作用，按上述方法测出 U_1'、U_2'、U_3' 和 I_1'、I_2'、I_3'，并确定正负号，将测量结果记入表 2-5-2 中。

（4）电源 U_{S2} 单独作用时，测量各电流、电压值。

开关 S_1 合向 2—2′，开关 S_2 合向 3—3′，电源 U_{S1} 不起作用，按上述方法测出 U_1''、U_2''、U_3'' 和 I_1''、I_2''、I_3''，并确定正负号，将测量结果记入表 2-5-2 中。

表 2-5-2

电源	电流/ mA			电压/V		
U_{S1} 单独作用	I_1'	I_2'	I_3'	U_1'	U_2'	U_3'
U_{S2} 单独作用	I_1''	I_2''	I_3''	U_1''	U_2''	U_3''
验证叠加定理	$I_1 = I_1' + I_1''$	$I_2 = I_2' + I_2''$	$I_3 = I_3' + I_3''$	$U_1 = U_1' + U_1''$	$U_2 = U_2' + U_2''$	$U_3 = U_3' + U_3''$

5. 训练注意事项

（1）用电流插头测量各支路电流时，应注意仪表的极性。

（2）注意仪表量程的及时更换。

6. 思考题

（1）根据表 2-5-1 和表 2-5-2 的实验数据，验证 KCL 和叠加定理的正确性，分析产生误差的原因。

（2）训练中为什么要假定电流、电压的参考方向？它与电流、电压的测量及数值正负有什么关系？

（3）用测量所得的数据验证 R_3 上的功率是否符合叠加定理，叠加定理为什么不适用于功率？

7. 训练报告内容

（1）用测量所得的数据验证电路各元件上的电压、电流、功率是否符合叠加定理。

（2）用测量所得的数据验证电路各元件上的功率是否符合叠加定理，并做解释。

实验6 有源二端网络的研究

1. 训练目的

（1）用实验方法验证戴维南定理。

（2）掌握有源二端网络开路电压 U_{OC} 和入端等效电阻 R_i 的测定方法。

（3）理解负载获最大功率的阻抗匹配条件。

2. 原理说明

1）戴维南定理

> 含独立源的线性二端电阻网络，对其外部而言，都可以用电压源和电阻串联的组合等效代替；该电压源的电压等于网络的开路电压，该电阻等于网络内部所有独立源作用为零时网络的等效电阻。

2）开路电压 U_{OC} 的测定方法

（1）直接测量：有源二端网络入端等效电阻 R_i 与电压表内阻 R_V 相比可忽略不计时，可用电压表直接测量开路电压 U_{OC}（见图 2-6-1）。

（2）补偿法：当入端等效电阻 R_i 较大时，用电压表直接测量时误差较大，采用补偿法测 U_{OC} 比较准确。图 2-6-2 中 U_{S1} 为另一直流电压源，可变电阻 R 接成分压器使用，调节可变电阻，使检流计 G 指示为 0，电压表的读数即为开路电压 U_{OC}。

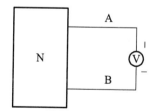

图 2-6-1 直接法测开路电压

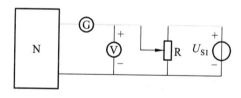

图 2-6-2 补偿法测开路电压

3）入端等效电阻 R_i 的测定方法

（1）外加电压源：使有源二端网络内独立源作用为 0，端钮上外加电源电压 U，测量端钮电流 I，如图 2-6-3 所示，则 $R_i = U/I$。

（2）开路短路法：分别测量有源二端网络的开路电压 U_{OC} 和短路电流 I_{SC}，则 $R_i = U_{OC}/I_{SC}$。

（3）半偏法：先测出有源二端网络的开路电压 U_{OC}，再按图 2-6-4 接线，R_L 为电阻箱电阻。

调节 R_L，使其端电压 U_{RL}（即电压表的读数）为开路电压 U_{OC} 的一半，即 $U_{RL} = U_{OC}$，此时 $R_L = R_i$。

本次技能训练采用半偏法测量 R_i。

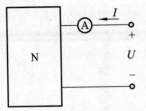

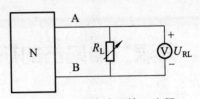

图 2-6-3　外加电压源测输入电阻　　　　图 2-6-4　半偏法测输入电阻

当负载电阻等于电源等效电阻，即 $R_L = R_i$ 时，负载 R_L 将获得最大功率，这种情况称为负载阻抗的匹配。

2. 训练设备

（1）可调直流稳压电源（0～30 V）。

（2）万用表。

（3）直流数字毫安表。

（4）直流数字电压表。

（5）二极管。

（6）稳压管。

（7）白炽灯。

（8）线性电阻器（1 kΩ/1 W）。

3. 训练内容

1）测量有源二端网络的开路电压 U_{OC} 和入端等效电阻 R_i

调节直流稳压电源，使 $U_S = 10$ V（用电压表测出），然后与线路板相连接，组成有源二端网络，如图 2-6-5 所示。用直接测量法测出 AB 端开路电压 U_{OC}。

在 AB 端接电阻箱，采用半偏法调电阻箱电阻，使其两端的电压读数为 $U_{OC}/2$，则电阻箱电阻即为入端电阻 R_i（如图 2-6-6 所示）。将 U_{OC} 和 R_i 的数据记入表 2-6-1 中。

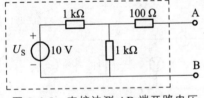

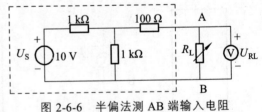

图 2-6-5　直接法测 AB 端开路电压　　　图 2-6-6　半偏法测 AB 端输入电阻

2）测定有源二端网络的外特性

在有源二端网络 AB 端钮上，按图 2-6-7 接线，取电阻箱电阻 R_L 为表 2-6-1 中所列各值，用电压表和电流表测出相应的电压和电流，将测量结果记入表 2-6-1 中。

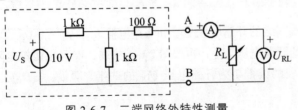

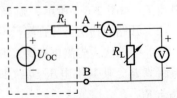

图 2-6-7　二端网络外特性测量　　　　图 2-6-8　戴维南等效电路外特性测量

3）测定戴维南等效电路的外特性

按图 2-6-8 接线，图中 U_{OC} 和 R_i 为训练内容 1）中有源二端网络的开路电压 U_{OC} 和入端等效电阻 R_i。U_{OC} 从直流稳压电源取得，R_i 从电阻箱取得。A、B 端接另一电阻箱作为负载电阻 R_L，使 R_i 取表 2-6-1 中所列各电阻值，测出相应的端电压 U 和电流 I，将测量结果记入表 2-6-1 中。

表 2-6-1   有源二端网络的研究

有源二端网络		开路电压 $U_{OC}=$		V		入端等效电阻 $R_i=$			0		
负载电阻 R_L/Ω		0	100	200	300	400	450	500	600	700	800	900
有源二端网络	U/V											
	I/ mA											
	$P=I^2R_L/W$											
戴维南等效电路	U/V											
	I/ mA											
	$P=I^2R_L/W$											

5．训练注意事项

（1）测量时，注意电流表量程的更换。

（2）改接线路时，要关掉电源。

6．思考题

（1）如何测量电路开路电压？

（2）如何测量电路短路电流？

（3）如何测量电路等效电源内阻？

（4）为什么当负载电阻等于等效电源内阻，即 $R_L = R_i$ 时，负载 R_L 将获得最大功率？

7．训练报告内容

（1）根据表 2-6-1 的实验数据，绘出有源二端网络和戴维南等效电路的外特性即 U-I 曲线。

（2）根据特性曲线说明两个电路等效的意义。

（3）根据表 2-6-1 的实验数据，绘出有源二端网络的负载功率与负载电阻 R_L 的关系曲线 $P = f(R_L)$，在曲线上找出负载功率的最大点，该点是否符合 $R_L = R_i$ 的条件？

实验 7　简单正弦交流电路的研究

1. 实验目的

（1）研究在正弦交流电路中，电压与电流的大小关系、相位关系。

（2）分析阻抗随频率变化的规律。

（3）学会用三压法测量及计算相位角。

（4）掌握用取样电阻的方法测量交流电流。

2. 实验仪器

（1）可调直流稳压电源（0～30 V）。

（2）万用表。

（3）直流数字毫安表。

（4）直流数字电压表。

（5）二极管。

（6）稳压管。

（7）白炽灯。

（8）线性电阻器（1 kΩ/1 W）。

3. 实验原理

1）电阻元件

电阻两端的电压与通过它的电流都服从欧姆定律，在电压电流关联参考方向下 $u_R = Ri$。

式中，$R = u_R / i$ 是一个常数，称为线性非时变电阻，其大小与 u_R、i 的大小及方向无关，具有双向性，其伏安特性是一条通过原点的直线。在正弦电路中，电阻元件的伏安关系可表示为：$U_R = RI$。式中 $R = \dfrac{U_R}{I}$ 为常数，与频率无关，只要测量出电阻端电压和其中的电流便可计算出电阻的阻值。电阻元件的一个重要特征是电流 I 与电压 U_R 同相位。

2）电感元件

电感元件是实际电感器的理想化模型，具有储存磁场能量的功能，是磁链与电流相约束的二端元件，即：$\psi_L(t) = Li$

式中 L 表示电感，对于线性非时变电感，L 是一个常数，电感电压在关联参考方向下为：

$$u_L = L\frac{\mathrm{d}i}{\mathrm{d}t}$$

在正弦电路中：$U_L = \mathrm{j}X_L I$

式中 $X_L = \omega L = 2\pi f L$ 称为感抗，其值可由电感电压、电流有效值之比求得。即 $X_L = \dfrac{U_L}{I}$。当

L 为常数时，X_L 与频率 f 成正比，f 越大，X_L 越大，f 越小，X_L 越小，电感元件具有低通高阻的性质。若 f 为已知，则电感元件的电感为 $L = \dfrac{X_L}{2\pi f}$，理想电感的特征是电流 I 滞后于电压 $\dfrac{\pi}{2}$。

3）电容元件

电容元件是实际电容器的理想化模型，具有储存电场能量的功能，是电荷与电压相约束的元件。即：$q(t) = Cu_C$，式中 C 表示电容，对于线性非时变电容，C 是一个常数。电容电流在关联参考方向下为 $i = C\dfrac{\mathrm{d}u_C}{\mathrm{d}t}$。

在正弦电路中 $\dot{I} = \dfrac{\dot{U}_C}{-\mathrm{j}X_C}$ 或 $U_C = -\mathrm{j}X_C\dot{I}$，式中，$X_C = \dfrac{1}{\omega C} = \dfrac{1}{2\pi fC}$ 称为容抗。其值为 $X_C = \dfrac{U_C}{I}$，可由实验测出。当 C 为常数时，X_C 与 f 成反比，f 越大，X_C 越小；$f = \infty$，$X_C = 0$。电容元件具有高通低阻和隔断直流的作用。当 f 为已知时，电容元件的电容为：$C = \dfrac{1}{2\pi fX_C}$，电容元件的特点是电流 I 的相位超前于电压 $\dfrac{\pi}{2}$。

4）三压法测阻抗角

任意阻抗 Z_1 和 Z_2 串联如图 2-7-1（a）所示，相量图如图 2-7-1（b）所示。利用余弦定理可以得知 $\cos\varphi = \dfrac{U^2 + U_R^2 - U_Z^2}{2UU_R}$。

通过测量串联元件上的电压及总电压（共三个电压），可以计算出串联电路的阻抗角，称为三压法测阻抗角。

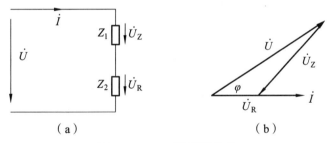

（a）　　　　　　　　　　　　（b）

图 2-7-1　三压法测阻抗角

4. 预习要求

（1）复习理论课相关内容。

正弦交流电路中，常用二端元件及串联二端网络的伏安特性；熟练掌握阻抗三角形、电压三角形；应用相量图分析各物理量之间的关系；熟记有关计算公式。

（2）计算上图电路中各理论值，用铅笔填在相应表格里。

5. 实验内容

1）阻抗串联电路

（1）RC 串联电路。

按图 2-7-2（a）连接电路，$C = 0.2\ \mu\mathrm{F}$，$R = 1\ \mathrm{k}\Omega$；外加正弦信号，$U_S = 1\ \mathrm{V}$。分别测量在

频率 f = 0.5 kHz、0.8 kHz 和 1.4 kHz 时，R、C 上的电压，填入表 2-7-1 中。

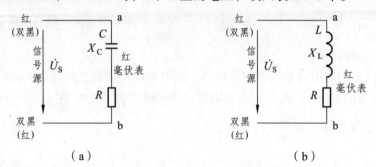

（a） （b）

图 2-7-2　阻抗串联电路

注：每次改变频率，都要重新测定 U_S = 1 V，即"先调频，后调幅"。

（2）RL 串联电路。

按图 2-7-2（b）连接电路图，L = 200 mH，R = 1 kΩ；外加正弦信号，U_S = 1 V。测量在频率 f = 0.5 kHz，0.8 kHz 和 1.4 kHz 时，R、L 上的电压，填入表 2-7-2 中。

2）RLC 并联电路

按图 2-7-3 连接电路。C = 0.2 μF，L = 200 mH，R = 1 kΩ，R_0 = 10 Ω（取样电阻）。

信号源：f = 800 Hz，U_s = 1 V。测量各种连接方式下的电流。

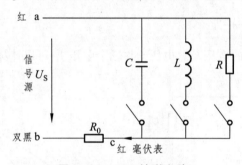

图 2-7-3　RLC 并联电路

取样电阻法：

不直接测支路中的电流 I，而是通过测量取样电阻 R_0 上的电压 U_{R0}，计算出电流 $I = U_{R0}/R_0$，将数据填写在表 2-7-2 中。

注意：改变元件参数时需重新调整 U_S = 1 V。

6. 数据记录及处理

表 2-7-1　阻抗串联测量数据

U_S/V	f/kHz	R-C 串联					R-/串联				
		测量		计算			测量		计算		
		U_R	U_C	$I = \dfrac{U_R}{R}$	$\lvert Z \rvert$	$\cos\varphi$	U_R	U_L	$I = \dfrac{U_R}{R}$	$\lvert Z \rvert$	$\cos\varphi$
1	0.5										
	0.8										
	1.4										

表 2-7-2　RLC 并联电路测量数据

	I_{RLC}	I_{RL}	I_{LC}	I_{RC}	I_R	I_C	I_L
$I/$ mA							

7. 思考题

（1）画出 RC 串联、RC 并联，RL 串联、RL 并联以及 LC 并联的相量图（共 5 个）。

（2）根据测量数据及相量图说明，当 $X_L = X_C = R$ 时：

① 流过 R、L、C 元件的电流是否相同？

② 只是 R、L 并联时，其电流大小是否小于 R、L、C 并联时的电流？

③ LC 并联时的电流一定大于只接 C 时的电流吗？

（3）通过相量图说明：当频率升高时，阻抗 $|Z|$ 的变化趋势，$\cos\varphi$ 的变化趋势。

8. 实验体会

写下实验中的心得体会。

实验 8　三相电电压、电流测量

1. 实验目的

（1）学习三相负载星形连接的方法，验证线、相电压，线、相电流之间的关系。

（2）研究三相四线制中线的作用。

（3）学习使用三瓦特计法测量三相负载的总功率。

2. 实验原理与说明

1）三相电路中电压和电流的测量

三相电路中的电源和负载均有星形连接和三角形连接两种连接方式。当负载作星形连接时，三相电路有三相三线制和三相四线制两种供电形式；当负载作三角形连接时，只有三相三线制一种供电形式。三相电路中的电源和负载均有对称和不对称两种情况。本实验只研究三相电源对称且为星形连接，三相负载作星形连接时的情况。

本实验中的三相电源是由三相市电（线电压 380 V）通过三相调压器 T_r 提供的。三相调压器 T_r 由三台相同的单相调压器 T_A、T_B、T_C 在星形连接方式下组成，每个单相调压器的调节电压的滑块都固定在同一根转轴上，旋转手柄即改变滑块位置时，能同时调节其副边的三相输出电压，并保证三相电压的对称，相电压的调节范围是 0 ~ 250 V（对应的线电压为 0 ~ 450 V）三相调压器的连线端较多，接线时务必核对清楚，不可弄错。三个输入端连向外供三相电源，三个输出端连向负载，调压器的中性点与外供电源的中线相接。在合上和断开三相电源前，调压器的手柄位置需回零。

（1）三相负载星形连接。

在三相电路中，当负载做星形连接时（见图 2-8-1），不论是三线制还是四线制，相电流恒等于线电流即 $I_P = I_L$。线电压与相电之间的关系为：

$$\dot{U}_{AB} = \dot{U}_{AN'} - \dot{U}_{BN'}, \quad \dot{U}_{BC} = \dot{U}_{BN'} - \dot{U}_{CN'}, \quad \dot{U}_{CA} = \dot{U}_{CN'} - \dot{U}_{AN'}$$

① 负载星形连接的三相三线制电路。

在图 2-8-1 电路中，当开关 S_2 断开时，即为负载星形连接的三相三线制电路，当负载对称，即 $Z_A = Z_B = Z_C$ 时，星形负载的相电流、相电压、线电压均对称，相、线电压的相量图如图 2-8-2（a）所示。此时线电压的有效值 U_L 是相电压有效值 U_P 的 $\sqrt{3}$ 倍，即 $U_L = \sqrt{3} U_P$，电源的中性点 N 和负载的中性点 N′ 为等位点，即 $\dot{U}_{NN'} = 0$。

当负载不对称时，负载的线电压仍对称，但负载相电流、相电压不再对称，图 2-8-2（b）是这种情况下的负载的相、线电压的相量图，可看出负载线、相电压之间 $\sqrt{3}$ 倍的关系不复存在，两中性点 N 和 N′ 不为等电位点，即 $\dot{U}_{NN'} \neq 0$，称中性点发生位移。

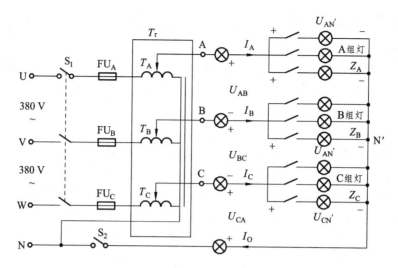

图 2-8-1　星形接法三相电路

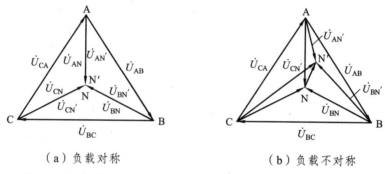

（a）负载对称　　　　　　　（b）负载不对称

图 2-8-2　负载星形连接的三相三线制电路、相、线电压相量图

② 负载星形连接的三相四线制电路。

在图 2-8-1 所示的电路中，当开关 S_2 闭合时，电路的两个中性点 N 和 N′之间连接一根导线（称为中性线）则成为三相四线制电路，中线电流等于三个线电流的相量和，即 $\dot{I}_O = \dot{I}_A + \dot{I}_B + \dot{I}_C$。不论负载是否对称，均有 $I_L = I_P$，$U_L = \sqrt{3}U_P$。

当负载对称时，电路的情况和对称的三相三线制相同，即相电压、线电压、相电流均对称，且中线电流 $\dot{I}_O = 0$。

当负载不对称时，线电压仍对称，在中性线阻抗足够小时，各相负载电压也仍对称，但相（线）电流不对称，且中线电流不为零，即 $\dot{I}_O = \dot{I}_A + \dot{I}_B + \dot{I}_C \neq 0$。中性线的作用就是使星形连接的不对称负载的相电压对称。

③ 某一相负载短路与开路情况。

在图 2-8-1 所示的电路中，如果 A 相负载短路，即 $Z_A = 0$ 时，当电路为三线制接法（S_2 断开）时，A 相成了中性点 N′，则负载的各相电压为：$\dot{U}_A = 0$，$\dot{U}_B = \dot{U}_{BA}$，$\dot{U}_C = \dot{U}_{CA}$，即 B、C 相负载电压为电源的线电压，将使这两相灯组所加电压超过灯的额定电压，而被烧坏；当电路为四线制法（S_2 闭合）时，A 相短路电流很大，将烧断熔断器 FU_A，B、C 相不受影响。因此对于星形接法三相电路，无论是三线制或是四线制都不允许出现相负载短路情况。

如果 A 相负载开路，即 $Z_A = \infty$，当电路为三线制接法时，B、C 相负载 Z_B、Z_C 相串连接在电源的线电压 $\dot{U}_{BC}$ 上，两相电流相同。两相负载上的电压，决定于两灯组电阻的比值，如果 B 组灯电阻大于 C 组，则 B 相电压有可能高于灯的额定电压而被烧坏。因此星形接法三相三线制不对称负载电路，不允许出现某相负载开路情况；当电路为四线制接法时，B、C 相不受影响。

2）三相电路有功功率测量

三相负载所吸收的总功率等路相负载消耗功率之和，即 $P = P_A + P_B + P_C$。

三瓦特计法：对于三相四线制电路，可用三个功率表同时测量三相负载消耗的功率，相加得到三相电路的有功功率。也可用一个功率表分别测量各相负载的功率，再求和。当三相负载对称时，可只用一个功率表测量任一相的功率，将表的示值乘以 3 即得到三相电路的总功率。测量每相功率时，功率表的接法如图 2-8-3 所示。

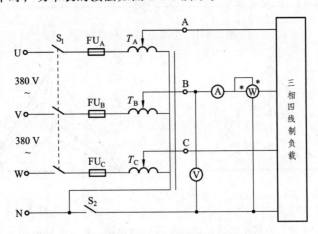

图 2-8-3　三相四线制电路三瓦特计法功率测量电路

3. 实验任务、步骤与方法

1）三相负载星形连接（三相四线制供电）电压、电流测量

用挂箱 DGJ-04 按图 2-8-1 连接实验线路，将三相调压器的旋柄置于输出为零伏的位置（即逆时针旋到底），经检查线路连接正确后，方可开启实验台电源，调节调压器，使其输出的线电压为 220 V，断电待用。

（1）有中线，对称负载。合上开关 S_2 即连接中线 NN′，各相分别接入 3 个 15 W 灯泡相并联的负载，分别测量各相负载的线电压、相电压、线电流和中线电流，记入表 2-8-1 中。

（2）无中线，对称负载，断开并 S_2，各相负载不变，重复测量并记录各相负载的线电压、相电压、线电流、电源与负载中性点 NN′间的电压，观察中线对星形连接对称负载是否有影响。

（3）有中线，不对称负载。合上开关 S_2，A、B、C 相接入的 15 W 灯泡并联数分别为 1、2、3 个，重复测量并记录（1）中各量。

（4）无中线，不对称负载。断开开关 S_2，各相负载同（3），重复测量（2）中各量，观察各相灯的明暗变化程度，以此了解中线的作用。

表 2-8-1 星形连接三相电路实验数据

负载	开灯盏数			中线	线 电 压			相 电 压			中性点电压 $U_{NN'}/V$	线 电 流			电线电流 I_O/A
	A 相	B 相	C 相		U_{AB}/V	U_{BC}/V	U_{CA}/V	$U_{AN'}/V$	$U_{BN'}/V$	$U_{CN'}/V$		I_A/A	I_B/A	I_C/A	
对称	3	3	3	有											
	3	3	3	无											
不对称	1	2	3	有											
	1	2	3	无											

（5）无中线、不对称负载特例，在（4）的基础上，使 C 相开路，观察 A、B 两相灯亮度的变化。

2）三瓦特计法测量有中线星形连接三相电路负载有功功率

（1）负载对称，先将调压器调至输出 0 V 输出后断电，用 DGJ-04 挂箱，按图 2-8-1 连接三相对称负载，再按图 2-8-5 先将功率表、电流表、电压表接入电路的 B 相，注意功率表的*端接 B 相的电源侧，非*端与电压表的一端接在中线上。线路中接入的电流表和电压表是用来监视该相的电流和电压，不要超过功率表电流和电压的量程。经检查后通电，读出并记录功率表的示数 P_B，然后分别将三只表换接到 A 相和 C 相测量 P_A 和 P_C。注意每次换表必须断电操作。

（2）负载不对称。在（1）接线的基础上，将 A、B、C 相接入的灯泡数改为 1、2、3，重复（1）的操作，分别测量并将 B、A、C 的功率记录在表 2-8-2 中。

表 2-8-2 三瓦特计法测量有线星线连接三相负载功率实验数据

负载情况	开 灯 盏 数			测 量 数 据			计算值
	A 相	B 相	C 相	P_A/W	P_B/W	P_C/W	$\sum P/W$
对称	3	3	3				
不对称	1	2	3				

4. 实验注意事项

（1）本实验采用三相交流市电，线电压为 380 V，实验时要注意人身安全，不可触及导电部件，防止意外事故发生。

（2）每次接线完毕，必须认真检查，确认正确之后方能接通电源。必须严格遵守先断电、再接线、改线、拨动开关，后通电；先断电，后拆线的实验操作原则。

（3）每项实验内容完毕之后，均需将三相调压器旋柄调回零位后断电。

5. 预习要求

（1）复习三相电路有关知识，三相负载功率的测量方法，阅读本实验各项内容，画出实验线路图和实验数据表格。

（2）三相星形连接不对称负载在无中线情况下，当某相负载开路或短路时会出现什么情况？如果接上中线，情况又如何？

（3）说明三相四线制电路中线的作用，为什么中线上不允许装保险丝？

6. 实验报告要求

（1）根据不对称负载星形连接有中线电路中，I_A、I_B、I_C 的测量数据、计算中线电流 I_O 值，并与其测量值作比较。

（2）说明不对称负载星形连接无中线电路 C 相断开前后，A、B 相灯泡亮度变化情况，原因是什么？

（3）根据实验结果总结测量三相电路功率各种方法的适用条件。

实验9　动态电路仿真实验

1. 实验目的

（1）研究 RC 一阶电路的零输入响应、零状态响应和全响应的规律和特点。

（2）掌握一阶电路时间常数的测量方法，了解电路参数对时间常数的影响。

2. 实验原理与说明

1）RC 一阶电路的零状态响应

RC 一阶电路如图 2-9-1 所示，开关 S 在"1"的位置，$u_C = 0$，处于零状态，当开关 S 合向"2"的位置时，电源通过 R 向电容 C 充电，$u_C(t)$ 称为零状态响应，$u_C = U_S - U_S e^{-\frac{t}{\tau}}$，变化曲线如图 2-9-2 所示，当 u_C 上升到 $U_S(1 - 1/e)$ 所需要的时间称为时间常数。

2）RC 一阶电路的零输入响应

在图 2-9-1 中，开关 S 在"2"的位置电路稳定后，再合向"1"的位置时，电容 C 通过 R 放电，$u_C(t)$ 称为零输入响应，$u_C = U_S e^{-\frac{t}{\tau}}$，变化曲线如图 2-9-3 所示，当 u_C 下降到 $U_S e^{-1}$ 所需要的时间称为时间常数 τ，$\tau = RC$。

3）测量 RC 一阶电路时间常数 τ

图 2-9-1 电路的上述暂态过程很难观察，为了用普通示波器观察电路的暂态过程，需采用图 2-9-4 所示的周期性方波 u_S 作为电路的激励信号，方波信号的周期为 T，只要满足 $\frac{T}{2} \geqslant 5\tau$，便可在示波器的荧光屏上形成稳定的响应波形。

电阻 R、电容 C 串联后与方波发生器的输出端连接，用双踪示波器观察电容电压 u_C，便可观察到稳定的指数曲线，如图 2-9-5 所示，在荧光屏上测得电容电压最大值 $U_{Cm} = a(\text{cm})$，取 $b = 0.632a(\text{cm})$，与指数曲线交点对应时间 t 轴的 x 点，则根据时间 t 轴比例尺（扫描时间 $\frac{t}{\text{cm}}$），该电路的时间常数 $\tau = x(\text{cm}) \times \frac{t}{\text{cm}}$。

3. 实验内容

RC 一阶电路的充、放电过程：

（1）测量时间常数 τ：选择 EEL-51 组件上的 R、C 元件，令 $R = 10\ \text{k}\Omega$，$C = 0.022\ \mu\text{F}(223)$，用示波器观察激励 u_S 与响应 u_C 的变化规律，测量并记录时间常数 τ。

（2）观察时间常数 τ（即电路参数 R、C）对暂态过程的影响。令 $R = 10\ \text{k}\Omega$，$C = 0.022\ \mu\text{F}$，观察并描绘响应的波形，继续增大 C（取 $0.022\ \mu\text{F} \sim 0.22\ \mu\text{F}$）或增大 R（取 $10\ \text{k}\Omega$、$30\ \text{k}\Omega$），定性地观察对响应的影响。

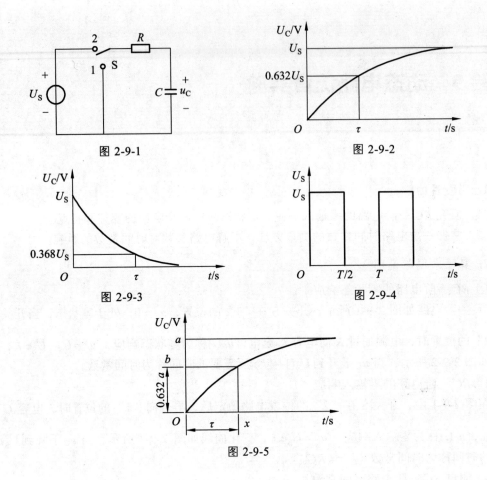

图 2-9-1

图 2-9-2

图 2-9-3

图 2-9-4

图 2-9-5

实验 10　单相变压器实验

1．实验目的

（1）通过空载试验和短路试验确定单相变压器的参数。

（2）通过负载试验测定单相变压器运行特性。

2．试验前的预习

（1）在变压器空载和短路试验中，各种仪表怎样连接，才能使测量误差最小？

（2）如何用试验方法测定变压器的铁耗及铜耗？

（3）变压器空载及短路试验时应注意哪些问题？一般电源应接在低压边还是高压边合适？

注意：导线绝不能接长使用。

3．实验内容

1）测定电压比

接线图如图 2-10-1 所示。

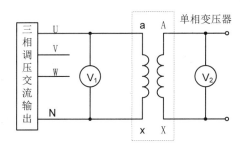

图 2-10-1　单相变压器变比试验

从控制屏上调压器的输出接线到单相变压器的低压线圈。高压线圈开路，闭合电源开关 Q，将低压线圈外施电压调至额定电压的 50% 左右，测量电压线圈电压及高压线圈电压，对应不同的输入电压共读取 5 组数据，记录于表 2-10-1 中。

表 2-10-1　变比及空载实验数据

序号	实验数据				计算数据
	U_0/V	I_0/A	P_0/W	U_{AX}/V	$\cos\varphi_0$

2）空载试验

变压器的铁耗与电源的频率及波形有关，试验电源的频率应接近被试变压器的额定频率（允许偏差不超过±1%），其波形应是正弦波。

接线图如图 2-10-2 所示。

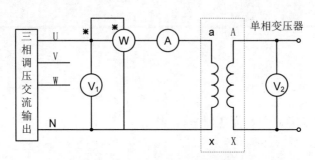

图 2-10-2　单相变压器空载试验

在变压器低压侧施加电压，即在低压绕组上施加电压，高压绕组开路。变压器空载电流 $I_0 \approx (2.5\% \sim 10\%)I_N$，依此选择电流表及功率表的电流量程（功率表不用选择量程）。变压器空载运行时功率因数甚低，一般在 0.2 以下。

变压器接通电源开关 Q 前（绿色按钮），必须将调压器（在控制屏的左侧方）输出电压调至最小位置，以避免开关闭合时，电流表、功率表电流线圈被冲击电流所损坏。合上电源开关 Q 后，调节调节变压器一次侧电压至 $1.2U_N$，然后逐次降压，逐次测量空载电压 U_0、电流 I_0 及损耗 p_0（在数字功率因数表上读取），在 $(1.2 \sim 0.5)U_N$ 范围内读取 6 或 7 组数据（包括 $U_0 = U_N$ 点，在该点附近测量点应较密一些），结果记录于表 2-10-1 中。

3）短路试验

进行变压器短路试验时，高压线圈接电源，低压线圈接一电流表短路，如图 2-10-3 所示。

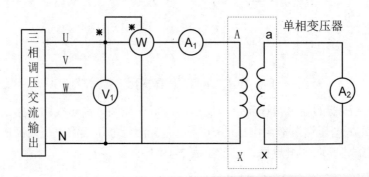

图 2-10-3　单相变压器短路试验

短接线要接牢，其截面积应较大。

变压器短路电压的数值约为 $(5\% \sim 10\%)U_N$，为了避免过大的短路电流，在接通电源前，必须将调压器调至输出电压为最小的位置，然后闭合电源开关 Q，逐渐缓慢地增加电压使短路电流升到 $1.1I_N$（在调节电压时，一定要注意电流表的读数不能超过要求的范围）。在 $(1.1 \sim 0.5)I_N$ 范围内，测量短路功率 P_K（在数字功率因数表上读取）、短路电压 U_K 及短路电流 I_K。读取 5 或 6 组数据（包括 $I_K = I_N$），记录于表 2-10-2 中。本试验应尽快进行，因为变压器绕组很快就会发热，使绕组电阻增大，读数将会发生偏差。

表 2-10-2 短路试验数据

序号	实验数据			计算数据
	U_K/V	I_K/A	P_K/W	$\cos\varphi_0$
1				
2				
3				
4				
5				
6				

4）负载试验

接线图如图 2-10-4 所示。

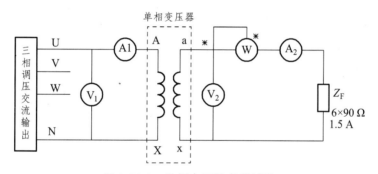

图 2-10-4 单相变压器负载试验

变压器一次绕组（高压侧）经调压器（在控制屏上）、开关 Q 接至电源，负载为 6 个 1.5 A、90 Ω 的可变电阻串联（1.5 A、6×90 Ω）。先将负载电阻值调至最大，然后闭合电源开关 Q，调节调压器输出电压为 $U_1 = U_{1N} = 220\ V$，减小负载电阻，即增大负载电流，保持 $U_1 = U_{1N}$，在负载电流从零（$I_2 = 0$，$U_2 = U_{20}$）至额定值范围内（0 A ~ 0.63 A），测量负载电流 I_2 和二次侧电压 U_2，每改变一次负载电阻，将 I_2 和 U_2 数值记录于表 2-10-3 中，共读取 5 或 6 组数据（包括 $I_2 = I_{2N}$ 点）。

表 2-10-3 负载试验数据（$U_1 = U_{1N}$）

序号	1	2	3	4	5	6
U_2/V						
I_2/A						

若需要进行非纯电阻而功率因数一定的负载实验,实验方法和线路与纯电阻负载时相同,

此时二次侧需要一个可变电抗器，与负载电阻并联或串联组成感性负载。

4. 实验报告

1）计算变比

根据测变比试验的几组数据，分别计算电压比，取其平均值作为受试验变压器的电压比。

2）根据空载试验所测得的数据求下列曲线及参数

（1）画空载特性曲线。

$$I_0 = f(U_0) \qquad p_0 = f(U_0)$$

（2）计算变压器的励磁参数。

从空载特性曲线 $I_0 = f(U_0)$ 及 $p_0 = f(U_0)$ 上查出额定电压 U_{1N} 时的 I_0 及 p_0，由此计算励磁参数。

变压器空载时，从电源吸取的功率 p_0 为变压器的铁耗 p_{Fe} 及空载铜耗 p_{Cu}，由于空载铜耗很小，可以忽略不计，故 $p_{Fe} = p_0$，于是励磁参数为

$$Z'_m = \frac{U_1}{I_0}$$

$$r'_m = \frac{p_0}{I_0^2}$$

$$X'_m = \sqrt{Z'^2_m - r'^2_m}$$

因空载试验在低压侧进行，折合到高压侧

$$r_m = K^2 r'_m$$

$$X_m = K^2 X'_m$$

$$Z_m = K^2 Z'_m$$

3）根据短路试验所测得的数据下列曲线及参数

（1）画短路特性曲线。

$$I_K = f(U_K) \qquad p_K = f(U_K)$$

（2）计算短路参数。

从短路特性曲线上查得短路电流等于额定电流 $I_K = I_N$ 时的短路电压 U_K 和短路损耗 p_K，计算短路参数。

$$Z_K = \frac{U_K}{I_K}$$

$$r_K = \frac{p_K}{I_K}$$

$$X_K = \sqrt{Z_K^2 - r_K^2}$$

4）根据负载试验数据，作纯电阻负载下受试变压器的外特性

$$U_1 = U_{1N} \qquad \cos\psi = 1 \qquad U_2 = f(I_2)$$

5）根据实验数据，计算变压器运行性能

（1）计算额定负载功率因数为 1 时，受试变压器的电压变化率 ΔU 及效率 η。

（2）计算功率因数为 1 时，受试变压器的效率特性 $\eta = f(P_2)$。

实验 11　三相异步电动机工作特性和参数测定实验

1. 实验目的

（1）掌握三相异步电动机直接负载和空载、堵转实验方法。

（2）用空载、堵转实验数据，求出异步电动机每相等效电路中各个参数。

2. 实验内容

（1）用测功机作负载，测出三相异步电动机的工作特性：

$$P_1、I_1、T_2、s、\cos\varphi_1、\eta \text{ 与 } f(P_2) \text{ 的函数关系。}$$

（2）空载实验，测出空载特性曲线：

$$I_0、P_0、\cos\varphi_0 \text{ 与 } f(U_0) \text{ 的函数关系。}$$

（3）堵转实验，测出堵转特性曲线：

$$I_K、P_K \text{ 与 } f(U_K) \text{ 的函数关系。}$$

（4）从空载实验和堵转实验中求出 R_m、X_m 和 R_1、$X_{1\sigma}$、R'_2、$X'_{2\sigma}$ 等参数。

3. 实验说明和操作步骤

记录本小组实验机组的铭牌数据。

每次实验，应从所求测量值的上限开始读数，然后逐渐减小测量值，这样求得的整条曲线，其温度比较均匀，减小因温度不同带来的误差。

1）直接负载法求取异步电动机的工作特性

测功机说明：

在实验室中用测功机直接加负载的方法有以下两种：

（1）涡流测功器作异步电动机的负载，这种机组只要调节涡流测功器的励磁电流，就能调节异步电动机负载的大小，负载转矩 T_2 可以直接从测功器的刻度板上读得（本实验的刻度单位为公斤力·米）。

（2）以电动测功机作异步电动机的负载，这种测功机是将一台直流发电机改装成的。它的定子可以在两个支柱上左右摆动，加负载时将电动测功机接成他励发电机，电枢发出的直流电消耗在电阻箱上（也可以馈向直流电网），同时定子摆动一个角度，可以通过指针读出转矩 T_2（公斤力·米）。

负载实验是在定子上施加额定电压和额定频率的情况下进行的，接线如图 2-11-1 所示，（a）为涡流测功器线路，（b）为电动测功机线路。

操作步骤：

（1）按图接线，记录被试电机额定电压、额定电流值。

（2）调压器输出电压调至零，无错误后合上开关 S_1、S_2，升高调压器输出电压起动异步电动机。并将电压调至额定值 $U_N = 380$ V。

（3）将测功机励磁回路单相调压器输出调至 0 位置（逆时针到底）。

（4）保持电动机外加电压 $U_1 = U_N$ 不变，通过调节单相调压器改变整流电路的输入电压，从而改变了整流电路的输出电压，即改变了测功机的励磁电流，调节电动机的负载。在 $I_1 = (1.2 \sim 0.5)I_N$ 范围内均匀测取 7~9 点，记录每次的三相电流、三相功率和转速、转矩。数据填入表 2-11-1 中。

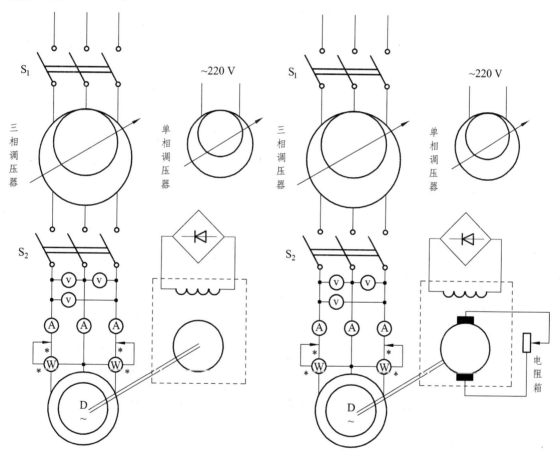

图 2-11-1 三相异步电动机负载实验接线图

表 2-11-1 负载实验数据（$U_1 = U_N = 380$ V）

序号	记录数据						计算数据					
	I_A	I_B	I_C	P_1	P_{II}	T_2	n	I_1	P_1	P_2	η	$\cos\varphi_1$	s

表中，T_2 的单位为公斤力·米；I_1 为三相电流平均值（安）；$s = \dfrac{n_1 - n}{n_1}$；$P_1 = P_1 + P_{II}$；

$P_2 = 1.027T_2n(\text{W})$; $\eta = \dfrac{P_2}{P_1}$; $\cos\varphi_1 = \dfrac{P_1}{\sqrt{3}U_1I_1}$。

2）空载实验

空载实验就是在电动机轴上不带负载时，定子绕组上施加额定频率的三相对称电压，然后通过调压器，调节定子绕组上的电压，在不同电压下测取三相 U_0、I_0、P_0。

空载实验可以作出空载特性曲线，利用空载实验数据从空载功率中分离出铁耗和机械损耗，进而计算出 R_m、X_m。

操作步骤如下：

（1）先将调压器输出电压调至零，测功机不加励磁，使电动机处于空载状态。

（2）合上电源开关 S_1、S_2，逐渐升高电压，起动电动机并将电压调至额定值 380 V。

（3）调节电动机的电压，由（1.1～1.3）U_N 逐渐减少到可能达到的最低电压（即电流回升时的电压，此时电压很低，磁场很弱，电机为了克服一定的空载力矩，转差率会增大，转子电流亦随之增大，从而引起定子电流的回升，此电压值约为 $0.3U_\text{N}$ 左右）。读取三相空载电压、电流、功率，共取 7～9 点，记录填入表 2-11-2 中。

表 2-11-2　空载实验数据　　　（$P_2 = 0$）

序　号	记录数据									计算数据			
	U_{AB}	U_{BC}	U_{CA}	I_A	I_B	I_C	P_A	P_I	P_II	U_0	I_0	P_0	$\cos\varphi_0$

表中，U_0 为三相线电压平均值；I_0 为三相电流平均值；$P_0 = P_\text{I} + P_\text{II}$；$\cos\varphi_0 = \dfrac{P_0}{\sqrt{3}U_0I_0}$。

3）堵转实验（短路实验）

堵转实验时电流很大，为了使电流不致过大，应降低电源电压进行。控制堵转电流 $I_K \approx 1.2I_\text{N}$ 以下，电压约在 $0.4U_\text{N}$ 以下。

堵转实验可以测取堵转特性和等效电路中 R_2'、$X_{2\sigma}'$ 和 $X_{1\sigma}$ 等参数。事先检查转子旋转方向，然后堵住转子。实验线路与空载时相同。

操作步骤如下：

（1）用螺栓堵住转子（即 $s = 1$），调压器输出电压调到零位置。

（2）合上电源开关 S_1、S_2，以堵转电流为准，观察电流表，慢慢升高电压，在额定电流 I_N 左右（此时电压约为 100 V）观察仪表工作是否正常。调节外施电压，使电流升到 $1.2I_\text{N}$，迅速读取三相电流、功率、电压，从大约 $1.2I_\text{N}$～$0.2I_\text{N}$ 之间均匀测取 5～7 点，记录填入表 2-11-3 中。此实验动作要迅速，因为此时电机不转，散热条件差，需要防止电机绕组过热。电压允许只测一相值。

（3）实验完毕立即断开电源，将堵转的螺栓取掉，以便以后的实验正常进行。

注意：记录室温及定子每相冷态电阻值 R_1。

表 2-11-3　短路实验数据（$n=0$）

序号	记录数据								计算数据			
	U_{AB}	U_{BC}	U_{CA}	I_A	I_B	I_C	P_I	P_{II}	U_K	I_K	P_K	$\cos\varphi_K$

表中，U_K 为三相线电压平均值；I_K 为三相电流平均值；$P_K = P_I + P_{II}$；$\cos\varphi_K = \dfrac{P_K}{\sqrt{3}U_K I_K}$。

4. 实验报告

（1）根据表 2-11-1 的数据，在同一坐标纸上画出工作特性曲线：

P_1、I_1、T_2、s、$\cos\varphi_1$、η 与 $f(P_2)$ 的函数关系。

（2）根据表 2-11-2 的数据画出空载特性曲线：

I_0、P_0、$\cos\varphi_0$ 与 $f(U_0)$ 的函数关系。

（3）根据表 2-11-3 的数据画出堵转特性曲线：

I_K、P_K 与 $f(U_K)$ 的函数关系。

（4）从空载和堵转实验中求出等效电路各参数。

① 根据室温时的冷态电阻值，换算到基准工作温度 75℃时的定子每相电阻。

$$R_{75} = R_\theta \frac{235 + 75}{235 + \theta}$$

式中 R_θ 为室温 θ℃ 时的冷态电阻

② 分出铁耗和机械耗，求出各点的 p_0'，作 $p_0' = f(U_0^2)$ 曲线，从曲线中查得额定电压 U_N 时的铁耗 p_{Fe} 和机械耗 p_Ω 数值，求出 R_m。

③ 由堵转曲线中查得 $I_K = I_N$ 时的 U_K、P_K 数值，求得归算到定子边的转子电阻 R_2' 和定转子不饱和电抗 $X_{1\sigma}$ 和 $X_{2\sigma}'$，求出 X_m。

④ 作出 T 型等效电路图。

实验 12　三相异步电动机的正、反转控制

1. 实验目的

（1）了解交流接触器、热继电器的结构，并掌握其工作原理。

（2）掌握电动机实现正、反转控制的原理。

（3）掌握电动机正、反转控制线路正确的接线方法和操作方法。

2. 实验原理

不少生产机械，如吊车、刨床等，都需要上下、左右等两个方向的运动，这就要求拖动它的电动机必须能实现正、反转控制。

由三相异步电动机工作原理可知：电动机的转动方向与旋转磁场的方向一致，要改变电动机的转向只需要改变旋转磁场的方向即可，而旋转磁场的方向由三相电源的相序决定。因此，将电动机的三根电源线中的任意两根对调，便可实现电动机的反转，其原理如图 2-12-1 所示。

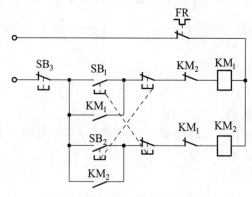

图 2-12-1　三相异步电机正反转

在图 2-12-1 的主电路中，SB_3 为停机按钮，SB_1 为正转起动按钮，KM_1 为正转控制接触器，KM_1 的线圈通电后，其主触头闭合，定子绕组三个头分别接入电源的 A、B、C 三相，电动机正转。

SB_2 是反转起动按钮，KM_2 是反转控制接触器，KM_2 的线圈通电后，其主触头闭合，定子绕组三个头分别接入电源的 C、B、A 三相，电动机反转。可见，当通入定子绕组的电流相序改变时，电动机就反转。

注意：

（1）为保证正转或反转能连续工作，在电路中设置了两个自锁开关，他们分别与其起动开关并联。如果没有自锁开关，则本电路只能实现点动运转控制。

（2）为保证正转时反转控制电路可靠断开，KM$_1$与KM$_2$不能同时闭合，在电路中分别设置了两个互锁开关。

3．实验仪器

（1）可调直流稳压电源（0～30 V）。

（2）万用表。

（3）直流数字毫安表。

（4）直流数字电压表。

（5）二极管。

（6）稳压管。

（7）白炽灯。

（8）线性电阻器（1 kΩ/1 W）。

4．实验步骤

（1）按图 2-12-1 连接好线路（注意电动机绕组接成 Y 形连接），由同学相互检查无误并请教师检查同意后，合上开关 QS。

（2）接触器点动控制。

按下正转按钮 SB$_1$，电动机旋转，松手后电动机停止转动。

（3）电动机自锁控制。

将交流接触器 KM$_1$ 的一对常开辅助触头并联到 SB$_1$ 上，按下正转按钮，电动机正向旋转，松手后电动机继续转动。

（4）电动机正反转控制。

① 正转：按下正转按钮 SB$_1$，观察电动机正向旋转。

② 停机：按下停止按钮 SB$_3$。

③ 反转：按下反转按钮 SB$_2$，观察电动机反向旋动。

5．实验注意事项

（1）实验电路较复杂，相与相的触头距离近，因此接线时要求十分小心。

（2）通电后不要再改动电路，避免发生短路事故。

（3）注意控制电路的连接，起始线连在 W 相上，终点线却要连在 V 相上去，切记。

实验 13　单臂电桥法测量电阻

1. 实验目的

（1）理解并掌握单臂电桥测电阻的原理。

（2）学习用箱式单臂电桥测中值电阻。

2. 实验器材

（1）可调直流稳压电源（0～30 V）。

（2）万用表。

（3）直流数字毫安表。

（4）直流数字电压表。

（5）二极管。

（6）稳压管。

（7）白炽灯。

（8）线性电阻器（1 kΩ/1 W）。

3. 实验原理

我们知道的用伏-安法测电阻、用万用表（欧姆表）测电阻都只是一种粗略测量电阻阻值的方法，其相对误差一般都在百分之几以上。原因是在上述这些测量中电表本身的非理想化，给测量带来附加的误差。为了减小这种由于电表非理想化所带来的测量误差，我们学习一种用惠斯登电桥测量电阻的方法。在这个电路中，只要想办法使电流表（检流计）两端电势相等，则通过电表的电流就可以为零了。这种情况就称为"电桥平衡"。根据电桥平衡所需满足的关系，我们就可精确地测量电阻了。

其测量原理如下：

图 2-13-1 是惠斯登电桥的原理图，图中由可调标准电阻 R_1、R_2、R_0 和被测电阻 R_x 组成一个四边形 ABCD，每一边称为电桥的一个臂。通常称 R_1、R_2 为比例臂电阻，它们成为一个比例系数 C；R_0 称为调节电阻，用来调节电桥平衡。一般在对角线两端接上检流计 G，在另一对角线两端接电源 E。

电桥接通后，一般在桥路上有电流通过，则检流计 G 的指针会发生偏转。如果能适当调节 R_1、R_2 和 R_0，使桥的 B、D 两端电势相等，则检

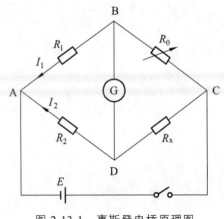

图 2-13-1　惠斯登电桥原理图

流计上无电流通过，指针应指在零位，这时电桥达到平衡。电桥平衡时，有 $I_g = 0$，则有：

$$I_1 = I_0, I_2 = I_x$$

各桥臂电阻上的电压降之间有关系式：

$$I_1 R_1 = I_2 R_2, I_0 R_0 = I_x R_x$$

将此两式相除，则有：

$$R_x = \frac{R_2}{R_1} R_0 = C R_0$$

$$C = R_2 / R_1$$

其中，C 称为比例臂的倍率，实验中 C 应取合适的倍率（一是取 10 的整数次幂，二是要保证测量结果至少有四位有效数字）。由于在式中 R_1、R_2 和 R_0 是已知电阻，所以只要提高 R_1、R_2 和 R_0 的准确度，就可以提高待测电阻 R_x 的测量准确度。

4．实验步骤

（1）实验前认真读 QJ23a 型直流电桥的使用说明书。

（2）将电源转换开关扳向"B内"，指零仪转换开关扳向"G内"，对指零仪进行机械调零，使指针与表面"0"线重合。

（3）将一只待测电阻接在箱式电桥的 R_x 位置上，调整量程倍率变换器的位置和测量盘的旋钮，使仪器上的读数与待测电阻的阻值相近。（思考测量不同的电阻值时应该选取何种量程倍率值）；

（4）先后按下"B"和"G"按钮，观察检流计(指零仪)指针的偏转情况。若指针向"+"方向偏转，表示待测电阻大于估计值，应将测量盘数值调大，反之则调小。逐步将测量盘由大到小、由粗到细调节，直到使指针不发生偏转为止。

（5）当指针指到零位后，电桥即平衡，这时待测电阻的阻值=测量盘数值之和×倍率，记下这一数值。

（6）用同样方法再测另一个待测电阻。

5．电桥灵敏度

电桥平衡后，将某一桥臂电阻（如 R_0）改变一微小量 ΔR_0 引起灵敏度电流计偏转 Δn 格，这时电桥灵敏度 S 定义为式：

$$S = \frac{\Delta n}{\Delta R_0 / R_0}$$

显然，电桥灵敏度 S 越大，则电阻相对变化相同时偏转的格数越大，对电桥平衡的判断越容易，这也意味着测量的结果越准确，因此提高电桥的灵敏度是提高电桥测量准确度的一个重要方面。

测量应注意的是：Δn 是在平衡后，R_0 改变 ΔR_0 时，检流计偏转的最大格数。

6. 注意事项

电桥使用完毕，必须将两转换开关分别扳至"B外""G外"使电源全部切断，并将"B"和"G"按钮复位。电桥若长期不用，则应将所有干电池取出。

参考文献

[1] 孔凡东. 电路基础[M]. 2 版. 西安：西安电子科技大学出版社，2011.

[2] 吴青萍，沈凯. 电路基础[M]. 2 版. 北京：北京理工大学出版社，2010.

[3] 高赟，黄向慧. 电路 [M]. 2 版. 西安：西安电子科技大学出版社，2011.

[4] 陈小虎. 电工电子技术[M]. 3 版. 北京：高等教育出版社，2010.

[5] 刘志民. 电路分析[M]. 4 版. 西安：西安电子科技大学出版社，2012.

[6] 刘蕴陶. 电工电子技术[M]. 北京：高等教育出版社，2016.

[7] 戴裕崴. 电工电子技术基础[M]. 2 版. 北京：机械工业出版社，2014.

[8] 林平勇. 电工电子技术[M]. 北京：高等教育出版社，2014.

[9] 王文槿. 电工技术[M]. 北京：高等教育出版社，2013.